ISBN 978-0-332-06475-8
PIBN 11020873

FB &c Ltd, Dalton House, 60 Windsor Avenue, London, SW19 2RR.
Company number 08720141. Registered in England and Wales.

For support please visit www.forgottenbooks.com

RECUEIL
DE PLANCHES,
SUR
LES SCIENCES
ET LES ARTS.

RECUEIL
DE PLANCHES,
SUR
LES SCIENCES,
LES ARTS LIBERAUX,
ET
LES ARTS MÉCHANIQUES,
AVEC LEUR EXPLICATION.

HUITIEME LIVRAISON, *ou* NEUVIEME VOLUME, 253 *Planches.*

A PARIS,
Chez BRIASSON, *rue Saint Jacques, à la Science.*

M. DCC. LXXI.

AVEC APPROBATION ET PRIVILEGE DU ROY.

ETAT des Arts, des Explications & des Planches contenues dans ce neuvieme Volume.

En tout 210 Planches équivalantes à 253, à cause de 39 doubles & deux triples.

Nota Qu'à l'exception de quelques Arts peu importans, les Explications sont des Dessinateurs mêmes dont les noms sont au bas des Planches à gauche.

CERTIFICAT DE L'ACADÉMIE.

MESSIEURS les Libraires associés à l'Encyclopédie ayant demandé à l'Académie des Commissaires pour vérifier le nombre des Desseins & Gravures concernant les Arts & Métiers qu'ils se proposent de publier: Nous Commissaires soussignés, certifions avoir vû, examiné & vérifié toutes les Planches & Desseins mentionnés au présent Etat montant au nombre de six cons sur cent trente Arts, dans lesquelles nous n'avons rien reconnu qui ait été copié d'après les Planches de M. de Réaumur. En foi de quoi nous avons signé le présent Certificat. A Paris, ce 16 Janvier 1760. MORAND. NOLLET. DE PARCIEUX. DE LA LANDE.

APPROBATION.

J'AI examiné par ordre de Monseigneur le Chancelier une Collection de deux cens cinquante-trois Planches gravées d'après des Desseins originaux que j'ai vûs & comparés avec les Gravures. Cette Collection destinée à former le neuvieme Volume du *Recueil des Planches sur les Sciences, Arts & Métiers*, ne m'a paru renfermer rien qui puisse en empêcher la Publication; & je pense qu'elle ne satisfera pas moins que les Volumes précédens à l'empressement que le Public a marqué pour cet Ouvrage. A Paris, le 5 Novembre 1771. BÉZOUT.

PRIVILEGE DU ROI.

LOUIS, PAR LA GRACE DE DIEU, ROI DE FRANCE ET DE NAVARRE: A nos amés & féaux Conseillers, les Gens tenans nos Cours de Parlement, Maitres des Requêtes ordinaires de notre Hôtel, Grand-Conseil, Prevôt de Paris, Baillifs, Sénéchaux, leurs Lieutenans Civils, & autres nos Justiciers qu'il appartiendra. SALUT: Notre amé le sieur BRIASSON, Imprimeur-Libraire, Nous a fait exposer qu'il desireroit faire imprimer & donner au Public une suite de Collection de Planches pour le Dictionnaire des Sciences & des Arts, s'il Nous plaisoit lui accorder nos Lettres de Permission pour ce nécessaires. A CES CAUSES, voulant favorablement traiter l'Exposant, Nous lui avons permis & permettons par ces Présentes de faire imprimer ledit Ouvrage autant de fois que bon lui semblera, & de le faire vendre & débiter par tout notre Royaume pendant le tems de trois années consécutives, à compter du jour de la date des Présentes. Faisons défenses à tous Imprimeurs, Libraires & autres personnes de quelque qualité & condition qu'elles soient, d'en introduire d'impression étrangere dans aucun lieu de notre obéissance. A la charge que ces Présentes seront enregistrées tout au long sur le Registre de la Communauté des imprimeurs & Libraires de Paris, dans trois mois de la date d'icelles; que l'impression dudit Ouvrage sera faite dans notre Royaume, & non ailleurs, en bon papier & beaux caracteres; que l'Impétrant se conformera en tout aux Réglemens de la Librairie, & notamment à celui du 10 Avril 1725, à peine de déchéance de la présente Permission; qu'avant de l'exposer en vente, le Manuscrit qui aura servi de copie à l'impression dud. Ouvrage, sera remis dans le même état où l'Approbation y aura été donnée, ès mains de notre très-cher & féal Chevalier, Chancelier, Garde des Sceaux de France, le Sieur DE MAUPEOU, qu'il en sera ensuite remis deux Exemplaires dans notre Bibliotheque publique, un dans celle du notre Château du Louvre, & un dans celle dudit Sieur de DE MAUPEOU; le tout à peine de nullité des Présentes. Du contenu desquelles vous mandons & enjoignons de faire jouir ledit Exposant & ses ayans cause pleinement & paisiblement, sans souffrir qu'il leur soit fait aucun trouble ou empêchement. Voulons qu'à la copie des Présentes, qui sera imprimée tout au long au commencement ou à la fin dudit Ouvrage, foi soit ajoutée comme à l'Original. Commandons au premier notre Huissier ou Sergent sur ce requis, de faire pour l'exécution d'icelles tous actes requis & nécessaires, sans demander autre permission, & nonobstant Clameur de Haro, Charte Normande & Lettres à ce contraires. CAR tel est notre plaisir. DONNÉ à Paris le quatrieme jour du mois de Décembre, l'an mil sept cent soixante-onze, & de notre Regne le cinquante-septieme. Par le Roi en son Conseil.

LEBEGUE.

Registré sur le Registre XVIII. de la Chambre Royale & Syndicale des Libraires & Imprimeurs de Paris, N. 821, fol. 1564. conformément au Réglement de 1723. A Paris, ce 5 Décembre 1771. J. HERISSANT, *Syndic*.

AVIS DU LIBRAIRE.

Les Arts nous ont trompés si souvent par la multiplicité des Planches qu'ils ont fournies jusqu'à présent, que malgré la bonne volonté des Artistes que nous avons employés, malgré nos desirs & l'attention que nous avons apportée à nous resserrer, le nombre s'en est continuellement accrû. Plus sûrs aujourd'hui de la quantité que doit produire ce que nous avons encore à publier, nous osons promettre de bonne heure dans l'été prochain de 1772 tout ce qui nous reste en deux divisions, sçavoir :

POUR LE TOME X.

Teinturier.
Théâtres, Salles de spectacles, Machines.
Tireur & Fileur d'or.
Tonnelier.
Tourneur.
Vannier.
Verrerie.
Vitrier.

POUR LE TOME XI ET DERNIER.

Nous avons réservé pour ce dernier Volume tous les Arts qui ont une analogie décidée avec celui de la tisse, & qui paroissent en avoir pris leur origine, sçavoir :
Tisserand.
Passementier, Gazier, Faiseur de marli & Rubanier.
Soieries, en partant des premieres manœuvres, & descendant jusqu'aux dernieres opérations du métier à étoffes.

Les Epreuves de toutes ces Planches seront montrées à volonté aux curieux chez BRIASSON, rue S. Jacques.

Afin que les possesseurs de cet ouvrage connoissent avec la plus grande exactitude à quel prix il leur revient, nous avons pensé à leur présenter le compte ci-après de leur dépense, qui comprend jusqu'au septieme Volume inclusivement.

CONDITIONS *proposées aux Souscripteurs*, extraites *du Prospectus.*

Ce Dictionnaire sera imprimé sur le même Papier & avec les mêmes Caracteres que le présent Projet. Il aura dix Volumes *in-folio*, dont huit de matiere, de deux cens quarante feuilles chacun ; & six cens Planches en Taille-douce, avec leur Explication, qui formeront les Tomes IX. & X.

On ne sera admis à souscrire que jusqu'au premier Mai 1751 ; & l'on payera en souscrivant, 60 liv.
En Juin 1751, en recevant le premier Volume, ... 36 liv.
En Décembre suivant, ... le second Volume, ... 24 liv.
En Juin 1752, ... le troisieme Volume, ... 24 liv.
En Décembre suivant, ... le quatrieme Volume, ... 24 liv.
En Juin 1753, ... le cinquieme Volume, ... 24 liv.
En Décembre suivant, ... le sixieme Volume, ... 24 liv.
En Juin 1754, ... le septieme Volume, ... 24 liv.
En Décembre suivant, ... le huitieme Volume, avec les 600 Planches en Taille-douce, qui formeront les Tomes IX. & X. .... 40 liv.

TOTAL, ... 280 liv.

Ceux qui n'auront pas souscrit payeront les Volumes à raison de vingt-cinq liv. chacun en feuilles, & les six cens Planches à raison de cent soixante-douze livres ; ce qui formera une somme de .... 372 liv.

Dans le cas où la matiere de cet Ouvrage produiroit un Volume de plus, les Souscripteurs payeront ce Volume sept livres de moins que ceux qui n'auront pas souscrit.

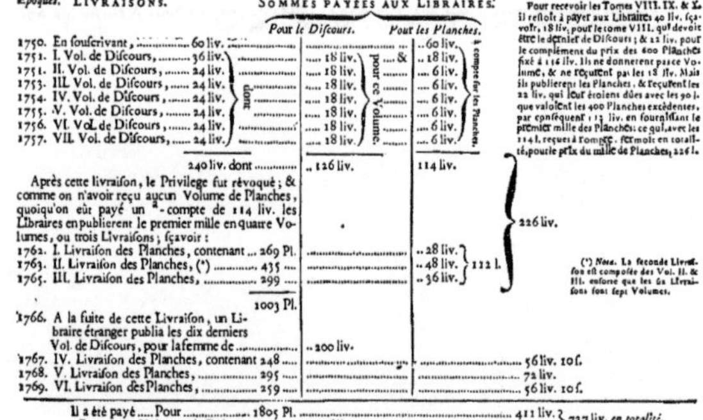

Époques.	LIVRAISONS.		SOMMES PAYÉES AUX LIBRAIRES. Pour le Discours.	Pour les Planches.
1750.	En souscrivant,	60 liv.		60 liv. à compte sur les Planches.
1751.	I. Vol. de Discours,	36 liv. dont	18 liv. pour ce Volume. &	18 liv.
1751.	II. Vol. de Discours,	24 liv.	18 liv.	6 liv.
1753.	III. Vol. de Discours,	24 liv.	18 liv.	6 liv.
1754.	IV. Vol. de Discours,	24 liv.	18 liv.	6 liv.
1755.	V. Vol. de Discours,	24 liv.	18 liv.	6 liv.
1756.	VI. Vol. de Discours,	24 liv.	18 liv.	6 liv.
1757.	VII. Vol. de Discours,	24 liv.	18 liv.	6 liv.
		240 liv. dont	126 liv.	114 liv. } 226 liv.
	Après cette livraison, le Privilege fut révoqué ; & comme on n'avoit reçu aucun Volume de Planches, quoiqu'on eût payé un à-compte de 114 liv. les Libraires en publierent le premier mille en quatre Volumes, ou trois Livraisons ; sçavoir :			
1762.	I. Livraison des Planches, contenant	269 Pl.		28 liv. } 112 l.
1763.	II. Livraison des Planches, (*)	435		48 liv.
1765.	III. Livraison des Planches,	299		36 liv.
		1003 Pl.		
1766.	A la suite de cette Livraison, un Libraire étranger publia les dix derniers Vol. de Discours, pour la somme de		200 liv.	
1767.	IV. Livraison des Planches, contenant	248		56 liv. 10 s.
1768.	V. Livraison des Planches,	295		72 liv.
1769.	VI. Livraison des Planches,	259		56 liv. 10 s.

Pour recevoir les Tomes VIII. IX. & X. il restoit à payer aux Libraires 40 liv. sçavoir, 18 liv. pour le tome VIII. qui devoit être le dernier de Discours ; & 22 liv. pour le complément du prix des 600 Planches fixé à 136 liv. Ils ne donnerent pas ce Volume, & ne reçurent pas les 18 liv. Mais ils publierent les Planches, & reçurent les 22 liv. qui leur étoient dûes avec les 90 l. que valoient les 400 Planches excédentes, par conséquent 112 liv. en fournissant le premier mille des Planches : ce qui, avec les 114 l. reçues à compte, formoit en totalité, pour le prix du mille de Planches, 226 l.

(*) *Nota.* La seconde Livraison est composée des Vol. II. & III. ensorte que les six Livraisons sont sept Volumes.

Il a été payé ..... Pour .... 1805 Pl. .... 411 liv. } 737 liv. *en totalité.*
Et pour 17 Volumes de Discours, ... 326 liv. ....

RECUEIL

RECUEIL
DE PLANCHES
SUR
LES SCIENCES,
LES ARTS LIBÉRAUX,
ET LES ARTS MÉCHANIQUES,
AVEC LEUR EXPLICATION.

SAVONNERIE,

CONTENANT cinq Planches équivalentes à neuf, à cause de quatre doubles.

PLANCHE Iere.

Différentes opérations pour la préparation du savon & ustensiles.

LA vignette représente l'intérieur d'une savonnerie dans la partie où sont les chaudieres.

Fig. 1. *a*, ouvrier qui enfonce le matras dans la chaudiere pour faciliter l'entrée des lessives & les mêler. *b*, ouvrier qui verse un seau de lessive le long du bâton du matras, afin d'avoir l'entrée plus libre & faciliter le mélange des matieres. *c*, autre ouvrier prêt à enfoncer le matras dans la matiere pour la remuer. *d*, *d*, *d*, dispositions des chandieres. *e*, *e*, bassins pour les lessives. *f*, *f*, regards des piles à huiles.

Bas de la Planche.

Fig. 1. Matras pour remuer les matieres dans les chaudieres.

1. n°. 2. Plan du matras.

2. & 2. n°. 2. Elévation & plan de la casserolle pour ôter les matieres des chaudieres.

3. Fil de fer monté fur un bâton pour couper le savon blanc.

4. Pelle de fer pour couper le savon madré.

5. Masse de bois ferrée pour aider à couper le savon avec le couteau, *fig* 18.

6. Cuve pour porter la matiere au forrit des fourneaux & pour le service des lessives.

7. & 7. n°. 2. Plan & élévation de la casserolle de fer avec son tuyau pour porter l'huile aux chaudieres.

8. & 9. Plan & coupe du canal de bois pour porter les lessives.

10. & 11. Coins & hache de fer pour fendre le bois.

12. Casserolle pour puiser les lessives des bassins.

13. Masse de bois ferrée pour enfoncer les coins dans le bois.

14. Pelle de fer pour transporter les matieres.

15. & 16. Masse de fer pour brifer les matieres.

17. Autre pelle de fer pour transporter les matieres.

18. Couteau pour couper le savon.

19. & 20. Platines de fer pour brifer les matieres.

21. Croc de fer pour ranger le bois dans les fourneaux.

22. Marras pour fermer le canal de l'écume des chaudieres.

23. Fourcas pour porter le bois dans les fourneaux.

PLANCHE II.

Plan d'une manufacture de savon, & opérations pour faire le savon.

Fig. 1. a, *a*, *a*, piles à huile. *b*, *b*, caves. *c*, *c*, bassins pour les secondes lessives. *d*, *d*, fourneaux. *f*, *f*, *f*, bassins pour les premieres lessives. *g*, g, cheminées. *h*, *h*, canaux pour porter les lessives des chaudieres dans l'épine. *i*, *i*, *i*, cuves pour recevoir les lessives de l'épine. *l*, *l*, abajours pour jetter le bois. *m*, *m*, bassins pour recevoir les écoulemens des cuves. n, *n*, canaux de sortie des lessives.

2. Ouvrier qui remue les matieres dans les chaudieres avec le matras sur lequel un autre ouvrier fait couler une cuve de lessive pour la mêler avec les matieres.

3. Ouvriers occupés à ôter avec des casseroles la matiere des chaudieres pour la transporter.

4. Autre ouvrier occupé à faire couler de l'huile de la casserole dans les chaudieres.

PLANCHE III.

Plan au rez-de-chaussée d'une manufacture de savon.

Fig. 1. a, porte d'entrée. *b*, *b*, *b*, portiques de communication pour le service des chaudieres. c, c, mises pour le savon madré. *d*, *d*, grands escaliers pour le service des magasins. *e*, *e*, bassins pour les lessives. *f*, *f*, *f*, bassins souterreins pour recevoir les premieres lessives. *h*, *h*, autres bassins souterreins pour recevoir les secondes lessives. *i*, *i*, fontaines. *l*, *l*, regards des piles à huile. *m*, massif pour soutenir les chaudieres. n, n, regards pour puiser les lessives dans l'épine. *o*, *o*, tuyaux des cheminées des fourneaux. *p*, *p*, chaudieres en briques, dont le fond est garni d'une tôle pour soutenir l'action du feu. *q*, *q*, regards pour la lessive perdue des mises au service madré. *r*, r, magasins pour mettre les matieres. *s*, *s*, cours pour le bois. *t*, *t*, magasins pour la chaux.

PLANCHE IV.

Plan du premier étage d'une savonnerie, & les opérations pour partager & couper également le savon.

Fig. 1. *a*, *a*, lieux où l'on fait sécher le savon blanc, dit *essuyant*. *b*, *b*, mise ou magasin pour le savon blanc. c, c, passages entre les mises & le savon blanc. *d*, *d*, magasins pour couper le savon blanc. *e e*, arrivée des escaliers au premier étage.

2. Trois ouvriers occupés à couper une piece de savon.

3. Ouvrier coupant le savon avec le fil de fer, *fig.* 3. Pl. I. lequel passe dans les lignes tracées sur la boîte qui contient cette piece de savon.

PLANCHE V.

Coupe sur la largeur de la manufacture de savon sur le n°. 3 & 4 de la Planche III.

Fig. 1. *a*, *a*, *a*, grand emplacement au premier étage, employé pour faire sécher le savon blanc. *b*, *b*, grandes chaudieres bâties en brique avec un fond de tôle pour faire chauffer les matieres. c, *c*, fourneaux des chaudières. *d*, *d*, passages des fourneaux. *e*, *e*, caves ou corridors souterreins pour la communication de chaque fourneau. *f*, *f*, bassins pour les lessives. g, *g*, autres bassins pour les secondes lessives. *h*, massif pour soutenir les chaudieres. *i*, *i*, cours pour serrer le bois.

Coupe sur la longueur de la manufacture de savon, prise sur le n°. 1 & 2 *de la* Planche III.

Fig. 2. *a*, *a*, séchoirs pour le savon blanc. *b*, *b*, soperficie des chaudieres. *c*, *c*, bassins des lessives. *d*, cave. e, escalier pour le premier étage. *f*, portique d'entrée pour l'attelier.

Radel Del. Benard Fecit

Savonerie, Différentes Opérations pour la préparation du Savon et Ustenciles.

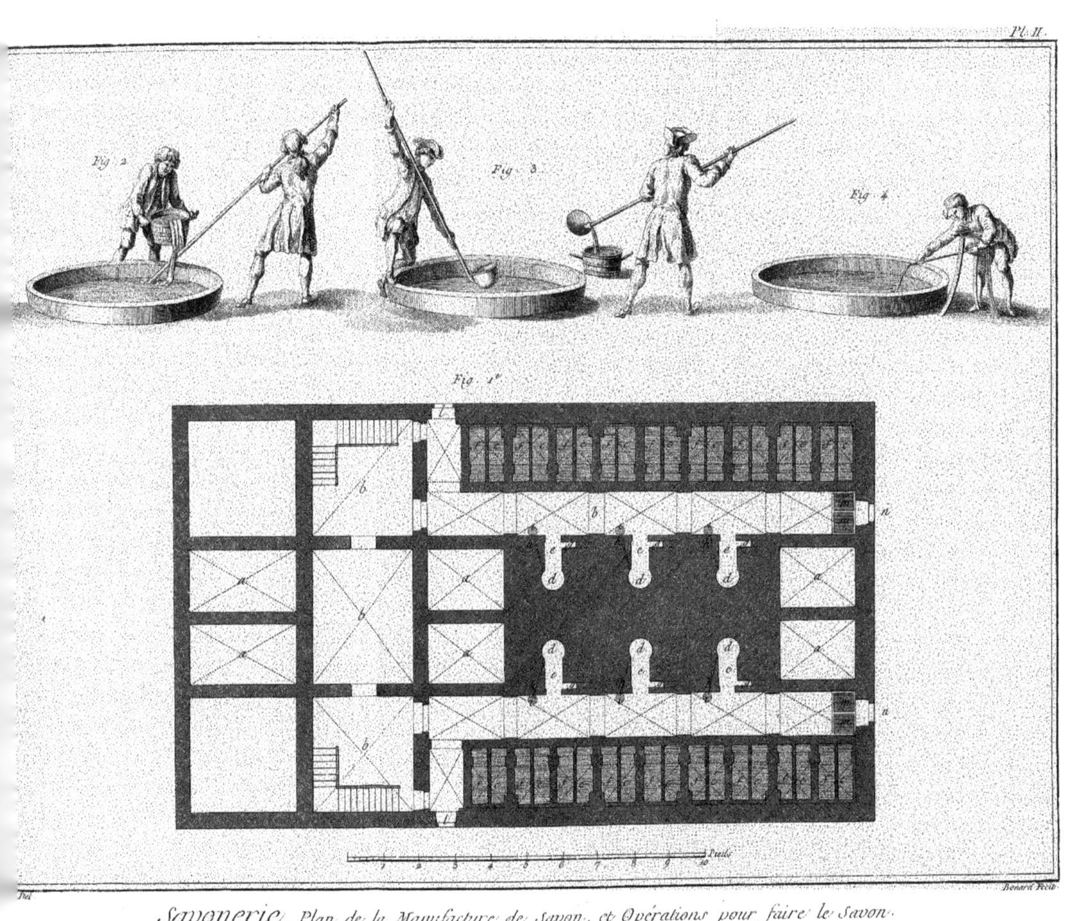

Savonerie, Plan de la Manufacture de Savon, et Opérations pour faire le Savon.

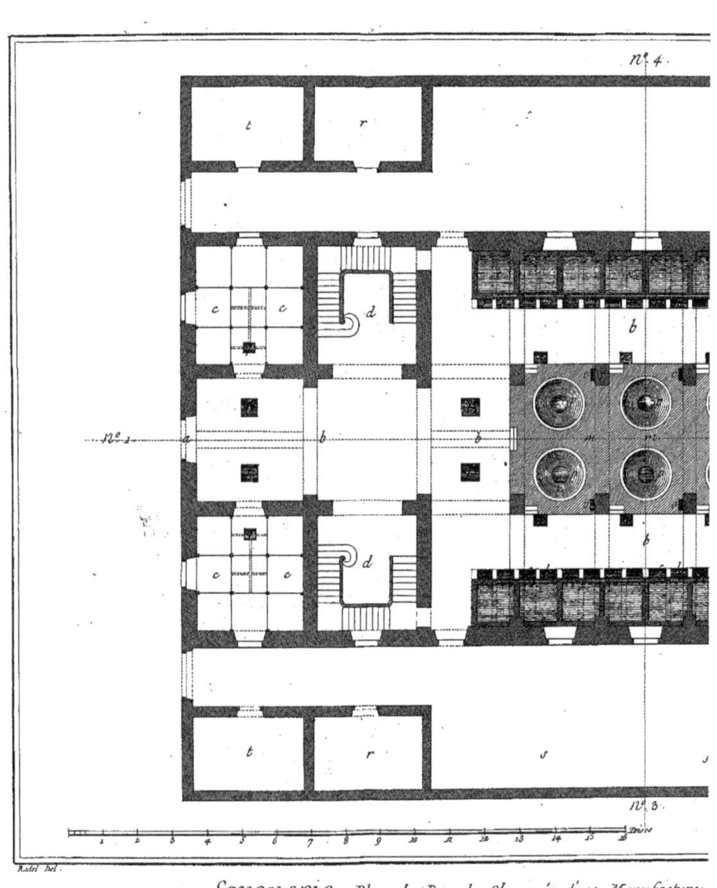

Savonerie, Plan du Rez de Chaussée d'une Manufacture.

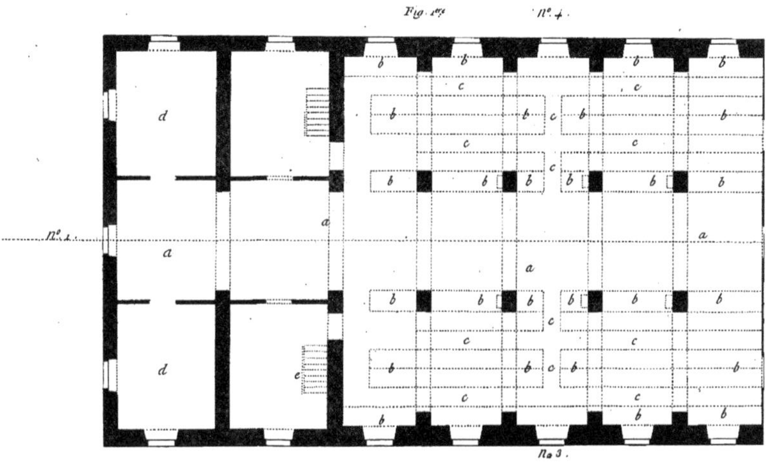

Fig. 1re

N°. 4

N°. 1

N°. 3

Savonerie, Coupe sur la largeur et Coupe sur la longueur d'une Manufacture de Savon.

SELLIER-CARROSSIER,

CONTENANT vingt-cinq Planches équivalentes à trente-neuf à cause de quatorze doubles.

PLANCHE Ière.

Le haut de cette Planche représente un attelier de sellier-carrossier, dont le devant est occupé d'ouvriers travaillans à divers ouvrages de sellerie, & le derriere est garni de toutes sortes de carrosses, chaises & autres équipages.

Fig. 1. Elévation perspective.

2. Plan d'une selle à piquer. A, l'un des panneaux. B B, les quartiers. C, le siège. D, la batte de devant. E, la batte de derriere. F, le pommeau. G G, les crampons de courroie.

3. Selle de chaise. A, l'un des panneaux. BB, les quartiers. C, le liège. D, la batte de devant. E, le crampon de courroie.

4. Selle rase ou à l'angloise. A, l'un des panneaux. BB, les quartiers. C, le siége.

5. Arçon de selle. A, le garrot. B B, les mammelles. CC, leurs pointes. D, le troussequin. EE, les pointes. F F, les bandes.

6. Elévation du devant d'un arçon. A, le garrot. B B, les mammelles. C C, les pointes.

7. Elévation du devant d'un autre arçon. A, le garrot. B B, la batte coupée. CC, les mammelles. D D, les pointes.

8. Elévation du derriere d'un arçon. A, le troussequin. B B, les pointes. CC, la batte coupée.

PLANCHE II.

Fig. 9. Panneau de selle.

10. Courroie de croupiere. A, la croupiere. B, la boucle. C, le sanglot.

11. Housse. A A, le galon ou la broderie.

12. Coussinet.

13. Sangle. AA, les bouts arrêtés à l'arçon de la selle. BB, les boucles. CC, les sanglots.

14. Contre - sangle. A, le bout arrêté à l'arçon de la selle. B, la boucle. C, le sanglot.

15. Courroie d'étrier. A, la courroie. B, la boucle. C, l'étrier.

16. Ventriere. AA, les courroies. B, la boucle.

17. Sout. A, le sout. B, le faux fourreau. C, le montant. D, la ventriere.

18. Selle pour femme. A, les panneaux. BB, la garniture. C, le dossier. D D, les battes. E, le pommean.

19. Plan de la selle. A A, la garniture. B, le dossier. CC, les battes. D, le pommeau.

20. Marchepié. AA, les courroies. B B, les boucles. C, le marchepié.

21. Arçon de selle de femme. A, le garreau. B B, les mammelles. C C, leurs pointes. D, le pommeau. E, le troussequin. F F, les pointes. G G, les plaintes. H, le dossier. I, la batte de devant. K, la batte de derriere. L L, les montans de dossier.

PLANCHE III.

Equipage de cheval de selle.

La vignette représente un cheval de selle entierement équipé.

Fig. 1. Monture de la bride. *a*, la têtiere. *b*, les portemords. *c*, le frontal. *d*, la sougorge. *e*, la muserolle. *ff*, les rênes. *g*, le bouton. *h*, bridon. *i*, martingale.

Bas de la Planche. Développement du ressort de la boîte du poitrail.

2. Face extérieure du ressort du poitrail & de la boucle qui le retient.

3. Face intérieure de la même boîte du côté qui s'applique à l'arçon.

4. La même boîte ouverte & garnie du porte-boucle.

5. La même boîte ouverte dont on a ôté le porte-boucle.

6. Le porte-boucle.

7. Profil de la boîte.

Toutes ces figures sont de la grandeur de l'objet.

PLANCHE IV.

Fig. 1. Elévation latérale.

2. Plan d'une berline ou vis-à vis à deux fonds montée sur de longues soupentes.

3. Bout du timon. G, la partie du timon. H, le crochet.

4. Siége. A A, le siége. B, la traverse du brancard.

5. Tiroir de derriere. A A, l'entretoise. BB, les montans. C C, le tiroir. D, le marchepié du tiroir.

6. Trépont du siége. A, la tige. B B, les branches.

7. Cric. A, la roue. B, le support. C, l'arcboutant.

PLANCHE V.

Fig. 1. Elévation latérale d'une berline ou vis-à-vis à panneau arrasé, montée sur quatre coins de ressort à la Daleine.

2. & 3. Ressorts à la Daleine. AA, les ressorts. B B, les mains de ressorts. CC, les boulons à vis à écrous pour les arrêter.

4. Ressort de derriere. A, le ressort. B, la main. C, le tiran à vis à écrou pour l'arrêter.

5. Marchepié des domestiques.

6. Liloir de derriere à la Daleine. A A, le liloir. BB, les montans.

7. Dessous du marchepié.

8. Avant-train supérieur. A, le marchepié. B, la tringle du marchepié. C, l'entretoise. DD, la fourchette. E E, les jantes. F, l'entretoise du brancard.

9. Avant-train inférieur. A, la fourchette. BB, la volée. C C, les palonniers. D, l'entretoise. E E, les jantes.

PLANCHE VI.

Fig. 1. Elévation latérale.

2. Plan d'une berline de campagne ou vis-à-vis à cul de singe à hautes roues avec ses lanternes, montée de ressorts à la Daleine.

3. Profil de la porte.

4. Elévation de la porte.

5. Elévation en face de la berline. AA AA, les lanternes.

6. Elévation en face d'un vis-à-vis.

7. Traverse de pavillon de berline ou vis-à-vis. A A, les mortoises.

8. Traverse de devant de berline. A A, les tenons.

9. Traverse de derriere de berline. A A, les tenons.

10. Traverse de devant de vis-à-vis. A A, les tenons.

11. Traverse de derriere de vis-à-vis. A A, les tenons.

PLANCHE VII.

Fig. 1. Elévation latérale.

2. Plan d'une berline de campagne à quatre portieres à six ou huit places, montées de longues soupentes.

3. Elévation en face de la berline.

4. Traverse de pavillon de la berline. A A, les mortoises.

5. Traverse d'en-haut de devant de la berline. A A, les tenons.

6. Traverſe d'en-haut de derriere de la berline. A A, les tenons.
7. Panneau à croſſe. A, le montant à croſſe. B, la traverſe à croſſe. C C, les tenons. D, l'accotoir. E E, les tenons.
8. Battant de derriere. A A, les mortoiſes. B, le tenon.
9. Pié cornier. A A, les mortoiſes. B, le tenon.

PLANCHE VIII.

Fig. 1. Elévation latérale.
2. Plan d'une caleche en gondole montée de longues ſoupentes.
3. Elévation en face d'un des ſiéges de la gondole.
4. Elévation latérale du même ſiége.
5. Elévation d'un ſtrapontin. A A, le pié du ſtrapontin.

PLANCHE IX.

Fig. 1. Elévation latérale.
2. Plan d'une diligence appellée *diligence de* Lyon, ſervant à tranſporter les voyageurs de Paris à Lyon, & de Lyon à Paris.
3. Elévation en face de la diligence.
4. Traverſe de pavillon de la diligence. A A, les mortoiſes.
5. Traverſe d'en-haut de devant de la diligence. A A, les tenons.
6. Traverſe d'en-haut de derriere de la diligence. A A, les tenons.
7. Volée. A, le bout du timon. B, la cheville. C, l'anneau. D, la volée. E E, les chaînes. F F, les palonniers.

PLANCHE X.

Fig. 1. Elévation latérale.
2. Plan d'une diligence à cul de ſinge à quatre places par le moyen d'un ſtrapontin.
3. Elévation du ſtrapontin ou ſiége de devant. A, le ſiége. B B, les crochets ſervant de ſupport.
4. Profil du ſtrapontin ou ſiége de devant. A, le ſiége. B, le crochet ſervant de ſupport.
5. 6. & 7. Mains de reſſort.

PLANCHE XI.

Fig. 1. Elévation latérale.
2. Plan d'une diligence montée ſur des cordes à boyau & dont la portiere eſt par derriere.
3. Elévation de la porte d'entrée de la diligence.
4. Elévation d'un des ſupports de derriere vu ſur deux faces. A A, la poulie. B B, la chappe. C C, *&c.* la tige du ſupport à fourchette. D D, *&c.* la vis à écrou.

PLANCHE XII.

Fig. 1. Elévation latérale.
2. Plan d'un diable monté ſur de longues ſoupentes.
3. Elévation de l'appui de devant du diable.
4. Traverſe d'en-haut de devant ou derriere du diable. A A, les tenons.

PLANCHE XIII.

Fig. 1. Elévation perſpective.
2. Plan d'une chaiſe de poſte montée ſur des reſſorts à l'écreviſſe.
3. Reſſort à écreviſſe. A A, les crochets ſoutenans les ſoupentes.
4. Armon de la chaiſe de poſte. A, la main de l'armon. B, le pié de l'armon. C C, les boulons à vis à écrous.
5. Les deux bouts des brancards de la chaiſe de poſte.
6. & 7. Arcboutans de devant, l'un oblique & l'autre droit. A A, les moufles. B B, les tiges. C C, les pointes ou vis.
8. Chantignole. A, l'échancrure de l'eſſieu. B B, les pattes. C C, *&c.* les boulons à vis à écrous.
9. Devant du gouſſet de la chaiſſe de poſte.
10. Support ou arcboutant de derriere de la chaiſe. A, la tête. B B, les tiges. C C, les pointes ou vis.
11. Cremailliere de la chaiſe. A A, les vis à écrous.
12. Cerceau de derriere de la chaiſe. A A, le cerceau. B, l'entretoiſe. C C, les tenons.

PLANCHE XIV.

Fig. 1. Elévation latérale.
2. Plan d'une chaiſe de poſte à cul de ſinge, montée ſur des reſſorts à la Daleine.
3. Chantignole de la chaiſe. A, en eſt l'échancrure. B B, les pattes. C C, *&c.* les boulons à vis à écrous.
4. Une des mains de la chaiſe.
5. Garde-crotte de la chaiſe. A, le garde-crotte. B B, les brancards. C, l'entretoiſe.
6. Un des moutons à la Daleine de la chaiſe. A, la tête des moutons. B, le tenon.
7. Reſſort de derriere de la chaiſe. A A, le reſſort. B, la main du reſſort. C, le tiran à vis à écrous.
8. Gouſſet de la porte de la chaiſe.

PLANCHE XV.

Fig. 1. Elévation latérale.
2. Plan d'une chaiſe ou cabriolet à ſoufflet ou ſans ſoufflet.
3. Garde-crotte du cabriolet. A, le garde-crotte. B B, l'entretoiſe.
4. Strapontin ou ſiége de devant. A, le ſiége. B, le crochet ou ſupport.
5. Strapontin ou ſiége avec doſſier. A, le ſiége. B, le doſſier. C, l'accottoir. D D, les ſupports à vis à écrous en E E, & à pointe ou à vis en F F.
6. Elévation en face du cabriolet. A A, la porte ou gouſſet. B B, le doſſier. C C, le fond. D D, les rideaux. E E, les yeux.
7. Elévation de derriere du cabriolet.
8. Carcaſſe en fer du ſoufflet du cabriolet. A, le centre. B, le cerceau de devant. C, les charnieres. D, le cerceau du milieu. E, ſes charnieres. F, le cerceau de derriere. G, ſes charnieres. H H, la tige de l'arcboutant. I, ſa charniere. K, point d'appui de derriere. L, point d'appui de devant.
9. Eſſien coudé du cabriolet. A A, les coudes. B B, les tourillons. C C, les écrous à vis.

PLANCHE XVI.

Fig. 1. Elévation latérale de cabriolet à quatre roues, monté ſur des reſſorts à la Daleine.
3. Elévation du ſiége ſervant de coffre.
4. Plan du ſiège. A A, le ſiége. B, le ſtrapontin.

PLANCHE XVII.

Fig. 1. Elévation latérale d'un petit carroſſe de jardin à nud à deux places, avec impériale, monté ſur trois roues.
2. Elévation latérale d'un carroſſe de jardin à trois ou quatre places ſans impériale, monté auſſi ſur trois roues.
3. Elévation latérale.
4. Plan d'une vource ou voiture de chaſſe.

PLANCHE XVIII.

Fig. 1. Elévation latérale.
2. Elévation en face.
3. Plan d'une chaiſe à porteur.
4. Un des deux bâtons ſervant à tranſporter la chaiſe.
5. Profil d'un des côtés & d'une partie du devant de la chaiſe. A, portion du panneau de derriere. B, pié cornu de derriere. C, panneau latéral. D, pié cornu de devant. E, battant de la porte. F, panneau de la porte. G, intervalle pour le chaſſis de la glace.

PLANCHE XIX.

Fig. 1. Elevation latérale.
2. Elévation de derriere.
3. Elévation en face.
4. Plan d'une brouette.
5. Extrémité d'un des brancards, bâtons de la brouette. A A, le bâton. B, la cheville.

PLANCHE XX.

Noms des pieces dont les figures ſuivantes ſont compoſées.

Fig. 1. 2. & 3. Pl. IV.
1. Pl. V.
1. 2. 3. 4. 5. & 6. Pl. VI.
1. 2. & 3. Pl. VII.
1. & 2. Pl. VIII.
1. 2. & 3. Pl. IX.
1. & 2. Pl. X.
1. 2. & 3. Pl. XI.
1. & 2. Pl. XII.
1. & 2. Pl. XIII.
1. & 2. Pl. XIV.
1. & 2. Pl. XV.
1. & 2. Pl. XVI.
1. 2. 3. & 4. Pl. XVII.
1. 2. & 3. Pl. XVIII.
1. 2. 3. & 4. Pl. XIX.

A, battant de pavillon? B, ſommier de pavillon. C, pié cornier de devant. D, pié cornier de derriere. E, montant à croſſe de devant. F, montant à croſſe de derriere. G, battant de devant. H, battant de derriere. I, panneau à croſſe de devant. K, panneau à croſſe de derriere. L, traverſe à croſſe de devant. M, traverſe à croſſe de derriere. N, accottoir de devant. O, accottoir de derriere. P, panneau de glace à croſſe de devant. Q, panneau de glace à croſſe de derriere. R, panneau plein de devant. S, panneau plein de derriere. T, traverſe d'en-haut de porte. V, traverſe de milieu de porte. U, traverſe de bas de porte. X, battant de porte. Y, panneau de glace de porte. Z, panneau plein de porte. A, grande courroie entretenant la caiſſe. B, petite courroie entretenant la caiſſe. C, brancard. D, marche-pié du brancard. E, courroie ou ſupport du marche-pié. F, ſoupente. FF, ſoupente de corde à boyau. G, timon. H, crochet ou cheville du timon. I, fourchette. K, volée. L, eſſieu. M, jante de train ſupérieur. N, jante de train inférieur. O, boulons. P, marche-pié du cocher. Q, traverſe de devant de brancard. R, ſupport de brancard. S, ſupport de fer. T, moyeu de la roue de devant. U, rayon de la roue de devant. V, jante de la roue de devant. X, ſiége. Y, ſupport hâté du ſiége. *æ*, arcboutant de devant de chaiſe. *aa*, garde-crotte. *a*, marche-pié des domeſtiques. *b*, taſſeau du marche-pié des domeſtiques. *c*, mouton. *d*, arcboutant de derriere. *e*, arcboutant de devant de mouton de derriere. *f*, cric. g, traverſe de derriere de brancard. *h*, moyeu de la roue de derriere. *i*, rayon de la roue de derriere. *k*, jante de la roue de derriere. *l*, traverſe de devant de ſommier. *m*, traverſe de derriere de ſommier. n, traverſe de milieu de ſommier. *o*, reſſort à la Daleine. *oo*, reſſort à l'écreviſſe. *p*, traverſe de devant. *q*, traverſe de milieu de devant. r, montans. *s*, panneau de glace de devant. *t*, panneau plein de devant. *u*, arcboutant de derriere du mouton de devant. *v*, arcboutant de devant du mouton de devant. *x*, mouton de devant. *y*, panier. *z*, ſupport à fourchette. *a*, traverſe d'en-haut de derriere. *b*, traverſe du milieu de derriere. *c*, poulie. *d*, chappe. *e*, gouſſet. *f*, armon. *g*, chantignolle. *h*, main. *i*, montant. *k*, paraſol. *l*, devant. *m*, ſiège de la vource. n, marche-pié de la vource. *o*, tourniquet. *p*, eſſe. *q*, bâton.

PLANCHE XX.

Fig. 1. Traverſe de pavillon de berline avec moulure. A A, les mortoiſes.
2. 3. & 4. Pié cornier de berline avec moulure. A, le tenon d'en-haut. B, le tenon d'en-bas. C, la mortoiſe du tenon de l'accottoir. D D, les feuillures.
5. Panneau à croſſe de berline.
6. Chaſſis à croſſe de berline. A, le montant à croſſe. B, la traverſe à croſſe. C C, les tenons. D, l'accottoir. E, les tenons.
7. Accottoir chantourné. A, l'accottoir. B B, les tenons. C, portion du montant à croſſe.
8. Chaſſis de glace à croſſe. A A, les montans. B, la traverſe.
9. Battant de pavillon de berline. A, le tenon d'en-haut. B, le tenon d'en-bas. C, mortoiſe du tenon de l'accottoir.
10. Profil de la traverſe de pavillon de berline, *fig.* 1. A, la traverſe de pavillon. B, portion de la traverſe à croſſe.
11. Profil ou plan du pié cornier de berline, *fig.* 2. 3. & 4. A, le tenon. B, les moulures. C C, les feuillures.
12. Profil de la traverſe à croſſe marquée B, *fig.* 6. A, le chaſſis. B, la feuillure du chaſſis de glace. C, la moulure.
13. Profil du montant à croſſe marqué A, *fig.* 6. A, la feuillure du chaſſis de glace. B, la feuillure du panneau à croſſe. C, les moulures.
14. Profil du chaſſis de glace. A, le chaſſis. B, la feuillure de la glace.
15. Profil de l'accottoir marqué D, *fig.* 6. A, la feuillure du chaſſis de glace. B, les moulures.
16. Profil de l'accottoir chantourné, *fig.* 7. A, la feuillure du chaſſis de glace. B, les moulures.
17. Profil du battant de pavillon de berline. A, le battant. B, la feuillure de la porte. C, la feuillure de chaſſis de glace. D, la moulure.
18. Sommier de pavillon de berline. A, la moulure. B B, les talons. C C, *&c.* les mortoiſes.
19. Profil du ſommier de pavillon de berline, *fig.* 18. A, le ſommier. B, la moulure. C, portion de traverſe.

PLANCHE XXI.

Fig. 20. & 21. Battans de porte de berline. A A, les mortoiſes ſupérieures. B B, les mortoiſes inférieures. C C, les mortoiſes du milieu.
22. Traverſe d'en-haut de porte de berline. A A, les tenons.
23. Traverſe du milieu de porte de berline. A A, les tenons.
24. Traverſe d'en-bas de porte de berline. A A, les tenons.
25. Chaſſis de glace de porte de berline. A A, les montans. B, la traverſe d'en haut. C, la traverſe d'en-bas. D, le cordon. E, le gland.
26. Traverſe inférieure de derriere de berline. A, la traverſe. B B, les tenons.
27. Traverſe ſupérieure d'en-haut de devant de berline. A, la traverſe. B B, les tenons. C C, les mortoiſes de montans.
28. & 29. Montans de devant de berline. A A, les montans. B B, *&c.* les tenons.
30. Traverſe du milieu de devant de berline. A, la traverſe. B B, les tenons. C C, les mortoiſes de montans.
31. Traverſe d'en-bas de devant de berline. A, la traverſe. B B, les tenons.
32. Traverſe inférieure de face de vis-à-vis. A, la traverſe. B B, les tenons.
33. Traverſe de milieu de vis-à-vis. A, la traverſe. B B, les tenons.
34. Traverſe d'en-bas de face de vis-à-vis. A, la traverſe. B B, les tenons.
35. Pié cornier de vis-à-vis. A, le tenon d'en-haut. B, le tenon d'en-bas. C, la mortoiſe du tenon de l'accottoir.
36. Sommier de pavillon de vis-à-vis. A A, la moulure. B B, *&c.* les mortoiſes.

PLANCHE XXII.

37. Traverſe de pavillon de diligence avec moulures. A A, les mortoiſes.

38. Sommier de pavillon de diligence. AA, la moulure. BB, &c. les mortoises.

39. Battant de pavillon de diligence. A, le tenon d'en-haut. B, le tenon d'en-bas. C, la mortoise du tenon de l'accottoir.

40. Pié cornier de diligence. A, le tenon d'en haut. B, le tenon d'en-bas. C, la mortoise du tenon de l'accottoir.

41. Pié cornier de la chaise de poste. A, le tenon d'en-haut. B, le tenon d'en-bas. C, la mortoise du tenon de l'accottoir.

42. Traverse de pavillon de chaise de poste avec moulure. AA, les mortoises.

43. Sommier de pavillon de chaise de poste. AA, la moulure. BB, &c. les mortoises.

44. Timon double à fourchette. AA, le timon. B, la queue, C, entre-toise supérieure. D, entre-toise inférieure.

45. Traverse de soupente sculptée.

46. Volée tournée.

47. Volée sculptée.

48. Tasseau de marche-pié de domestique marié avec son brancard. A, le marche-pié. B, le tasseau. C, portion du brancard.

49. Tasseau de marche-pié de domestique sans être marié avec son brancard. A, le marche-pié. B, le tasseau. C, portion du brancard.

PLANCHE XXIII.

Fig. 1. établi. AA, l'établi. BB, les tiroirs. CC, les treteaux.

2. Etaux. AA, les mords acérés. BB, les yeux. CC, les tiges. DD, les jumelles.

3. Gros tasseau. A, la tête acérée. B, le billot.

4. Petit tasseau. A, la tête acérée. B, la pointe.

5. Gros marteau. A, la tête acérée. B, la panne acérée. C, le manche.

6. Marteau à panne fendue. A, la tête acérée. B, la panne acérée & fendue. C, le manche.

7. Petit marteau. A, la tête acérée. B, la panne acérée. C, le manche.

8. Petit maillet de bois. AA, les têtes. B, le manche.

9. Gros maillet de bois. AA, les têtes. B, le manche.

10. Grosse masse. AA, les têtes acérées. B, le manche.

11. Petite masse. AA, les têtes acérées. B, le manche.

12. Gros burin. A, le taillant acéré. B, la tête.

13. Petit burin. A, le taillant acéré. B, la tête.

14. Gros bec d'âne à deux biseaux. A, le taillant acéré. B, la tête.

15. Petit bec d'âne à deux biseaux. A, le taillant acéré. B, la tête.

16. Gros bec d'âne à un seul biseau. A, le taillant acéré. B, la tête.

17. Petit bec d'âne à un seul biseau. A, le taillant acéré. B, la tête.

18. Grosse langue de carpe ou gouge en fer. A, le taillant acéré. B, la tête.

19. Petite langue de carpe ou gouge en fer. A, le taillant acéré. B, la tête.

PLANCHE XXIV.

Fig. 20. Poinçon rond. A, le poinçon acéré. B, la tête.

21. Poinçon plat. A, le poinçon acéré. B, la tête.

22. Ciseau en bois. A, le taillant acéré. B, la tête.

23. Gouge. A, le taillant acéré. B, la tête.

24. Bec d'âne en bois. A, le taillant acéré. B, la tête.

25. Bec d'âne à ferrer. AA, les taillans. B, la tige.

26. Broche ou chasse-pointe. A, la pointe acérée. B, la tête.

27. Gros emporte-piece. A, le taillant. B, la tête.

28. Petit emporte-piece. A, le taillant. B, la tête.

29. Pié de biche. A, le pié de biche acéré. B, la tête.

30. Leve-clou. A, le leve-clou acéré. B, la tête.

31. Petite alêne à coudre. A, l'alêne acérée. B, le manche.

32. Alêne coudée. A, l'alêne acérée. B, le manche.

33. Grande alêne à coudre. A, l'alêne acérée. B, le manche.

34. Broche ou poinçon à main. A, le poinçon acéré. B, le manche.

35. Gros passe-corde. A, l'œil acéré. B, la tige. C, le manche.

36. Petit passe-corde. A, l'œil acéré. B, la tige. C, le manche.

37. Serre-attache. A, la fourchette acérée. B, la tige. C, le manche.

38. Tire-bourres. AA, les tire-bourres. B, la tige.

39. Rembourroir. AA, les rembourroirs. B, la tige.

40. Rembourroir à main. A, le rembourroir à œil. B, la ligne. C, le manche.

41. Lime d'Allemagne carrelette. A, la lime. B, le manche.

42. Lime d'Allemagne demi-ronde. A, la lime. B, le manche.

43. Lime d'Allemagne tiers-point. A, la lime. B, le manche.

44. Lime d'Allemagne. queue de rat. A, la lime. B, le manche.

45. Rape carrelette. A, la rape. B, le manche.

46. Rape demi-ronde. A, la rape. B, le manche.

47. Rape queue de rat. A, la rape. B, le manche.

48. Pinces à deux. AA, les mords. B, l'œil. CC, les mains.

49. Pinces rondes. AA, les mords. B, l'œil. CC, les mains.

50. Pinces plates. AA, les mords. B, l'œil. CC, les mains.

51. Tenailles ou triquoises. AA, les mords. B, l'œil. CC, les mains.

52. Tenailles à vis. AA, les mords. B, les yeux. CC, les tiges. D, la charniere. E, le ressort. F, la vis. G, l'écrou à oreille.

PLANCHE XXV.

Fig. 53. Rainette à vis. A, le taillant acéré. B, la vis. C, le manche.

54. Scie à main. A, la scie acérée. B, le manche.

55. Lissoir.

56. Cornette. A, la cornette. B, le manche.

57. Forces. AA, les taillans acérés. B, le ressort.

58. Gros ciseaux. AA, les taillans acérés. B, l'œil. CC, les mains.

59. Petits ciseaux. AA, les taillans acérés. B, l'œil. CC, les anneaux.

60. Vrille. A, la meche. B, le manche.

61. Tariere. A, la meche. B, le manche.

62. Couteau à pié droit. A, le taillant. B, la tige droite. C, le manche.

63. Couteau à pié coudé. A, le taillant. B, la tige coudée. C, le manche.

64. Etui de cuir des couteaux à pié.

65. Compas. A, la tête. B, les pointes.

66. Gâteau de plomb.

67. Clé droite. AA, les yeux. B, la tige.

68. Clé ceintrée. AA, les yeux. B, la tige.

69. Clé en esse. AA, les yeux. B, la tige.

70. Pierre à aiguiser. A, la pierre. B, la châsse. C, le manche.

71. Toise ou aune pliante.

72. Pié de roi.

Pl. I.

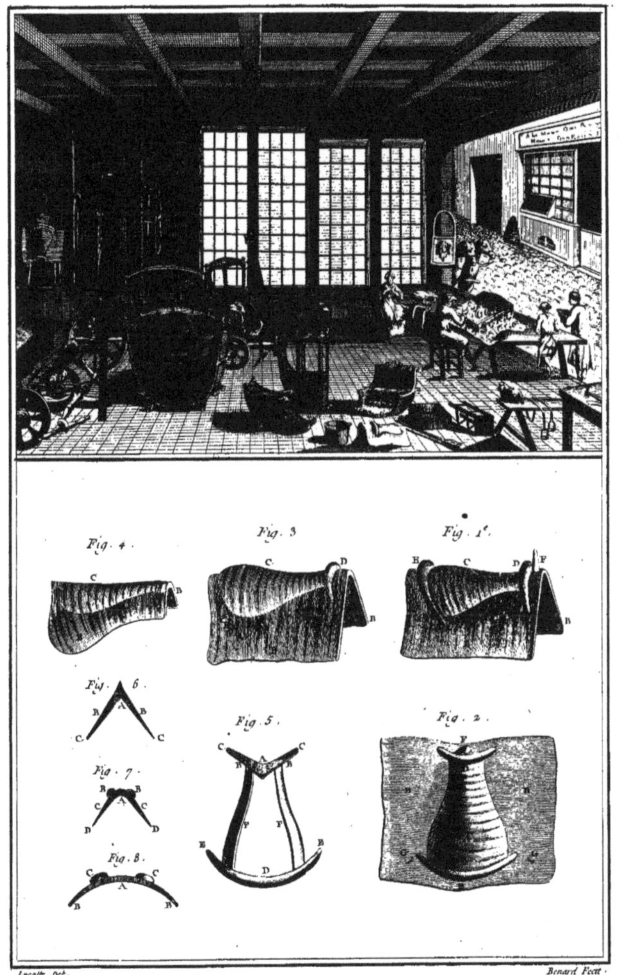

Lucotte Del. Benard Fecit.

Sellier - Carossier, Selles.

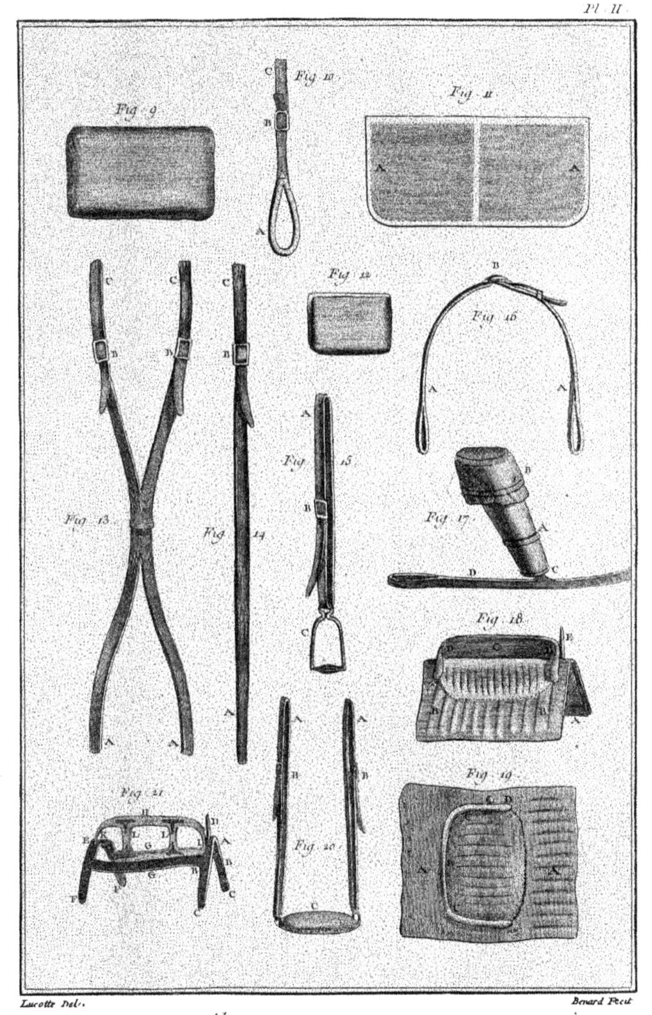

Lucotte Del. Benard Fecit

Sellier - Carossier, Selles.

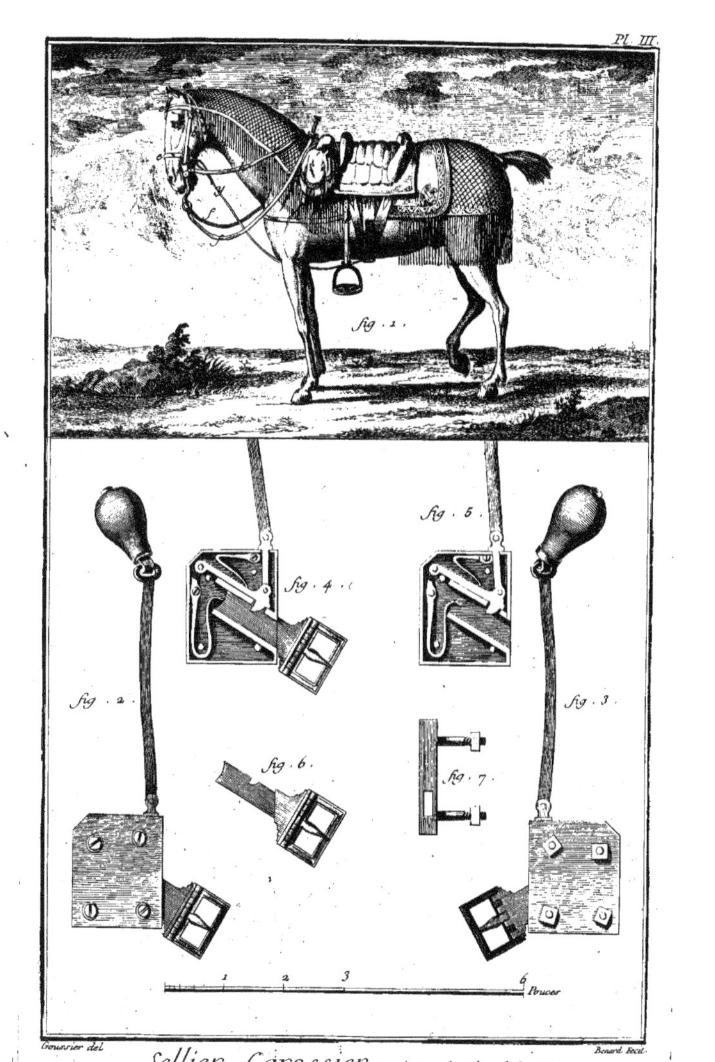

Goussier del. Benard Fecit.

Sellier - Carossier, Equipage du Cheval de Selle.

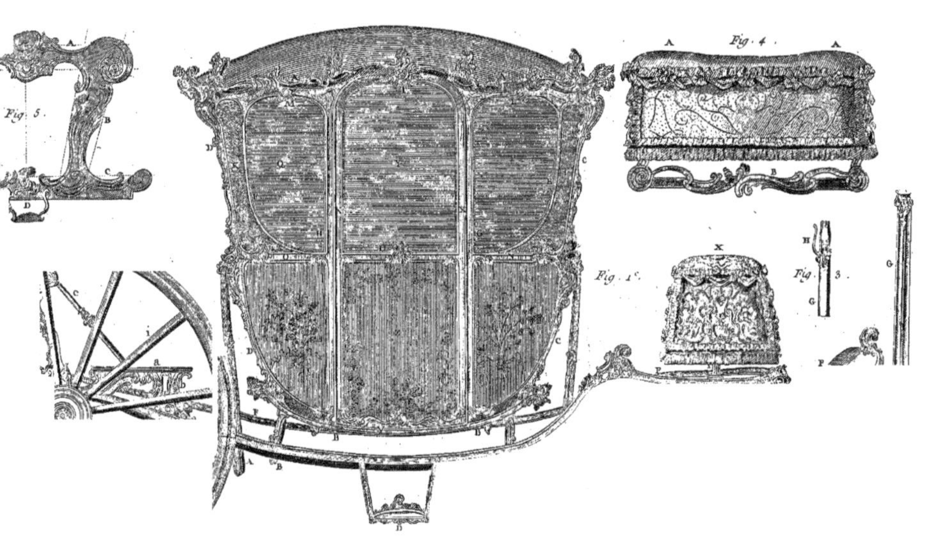

Benard Fecit.

Sellier - Carossier, Berline ou vis-à-vis à deux Fonds.

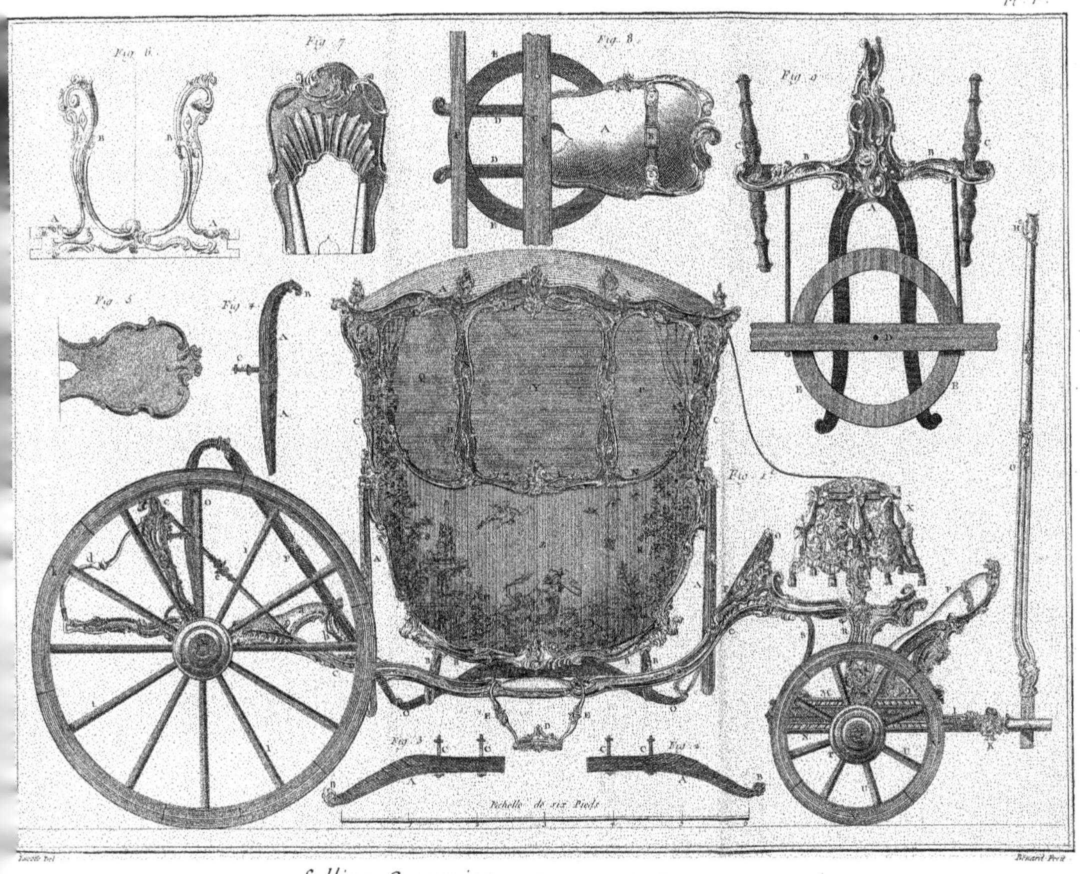

Sellier-Carossier, Berline ou vis-à-vis à panneaux arrasés.

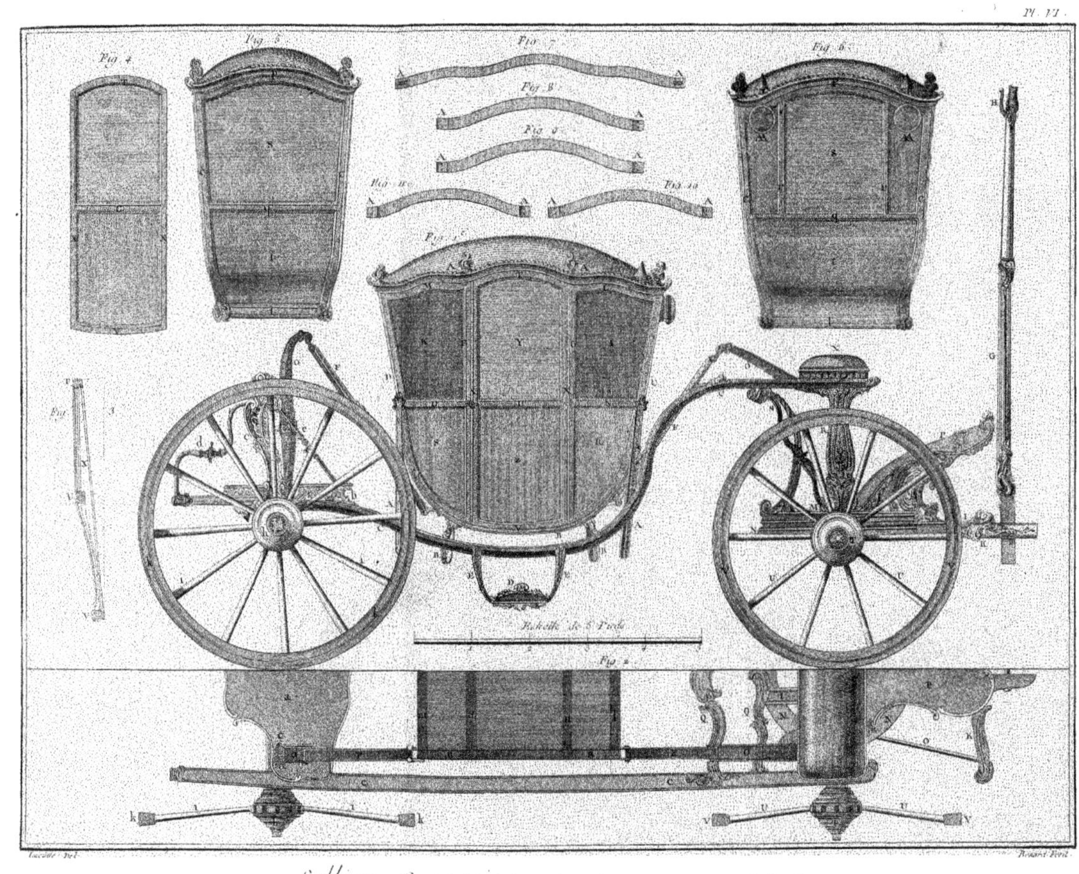

Sellier-Carossier, Berline de Campagne à Cul de Singe.

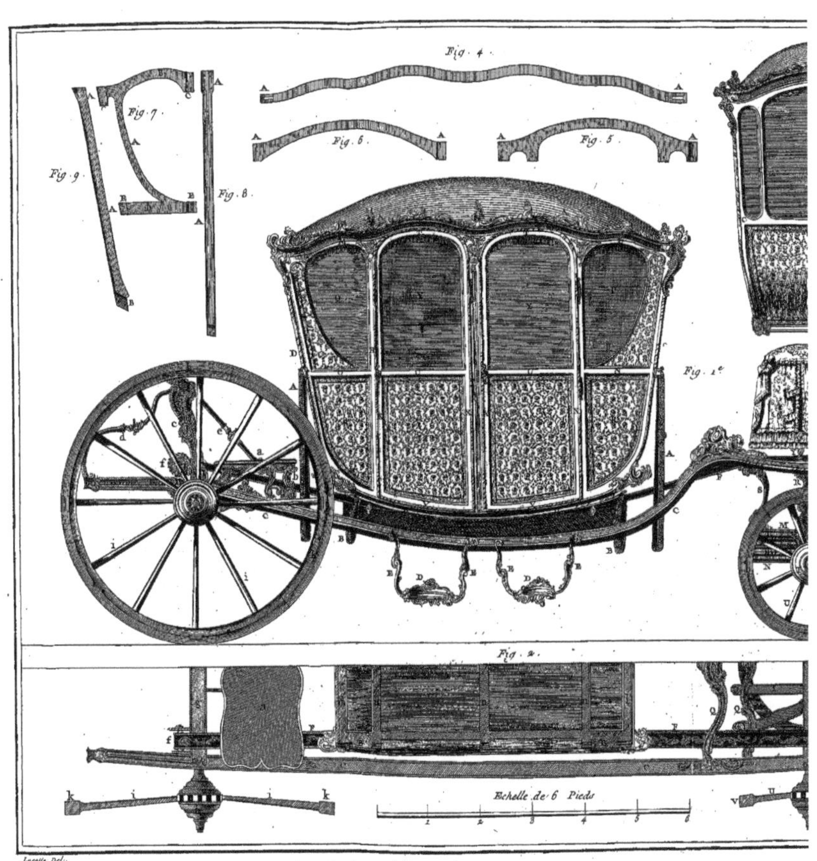

Larotte Del.

Sellier-Carossier, Berline de Campagne à 4 Portieres.

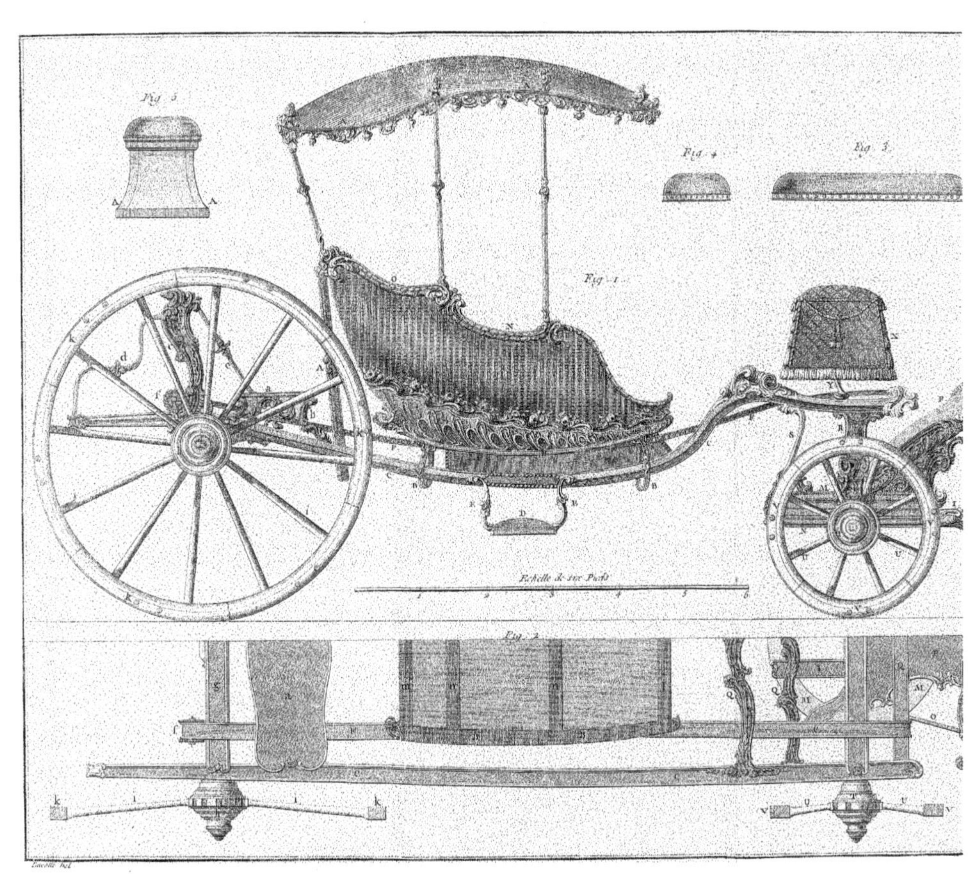

Sellier - Carossier, Caleche en Gondole.

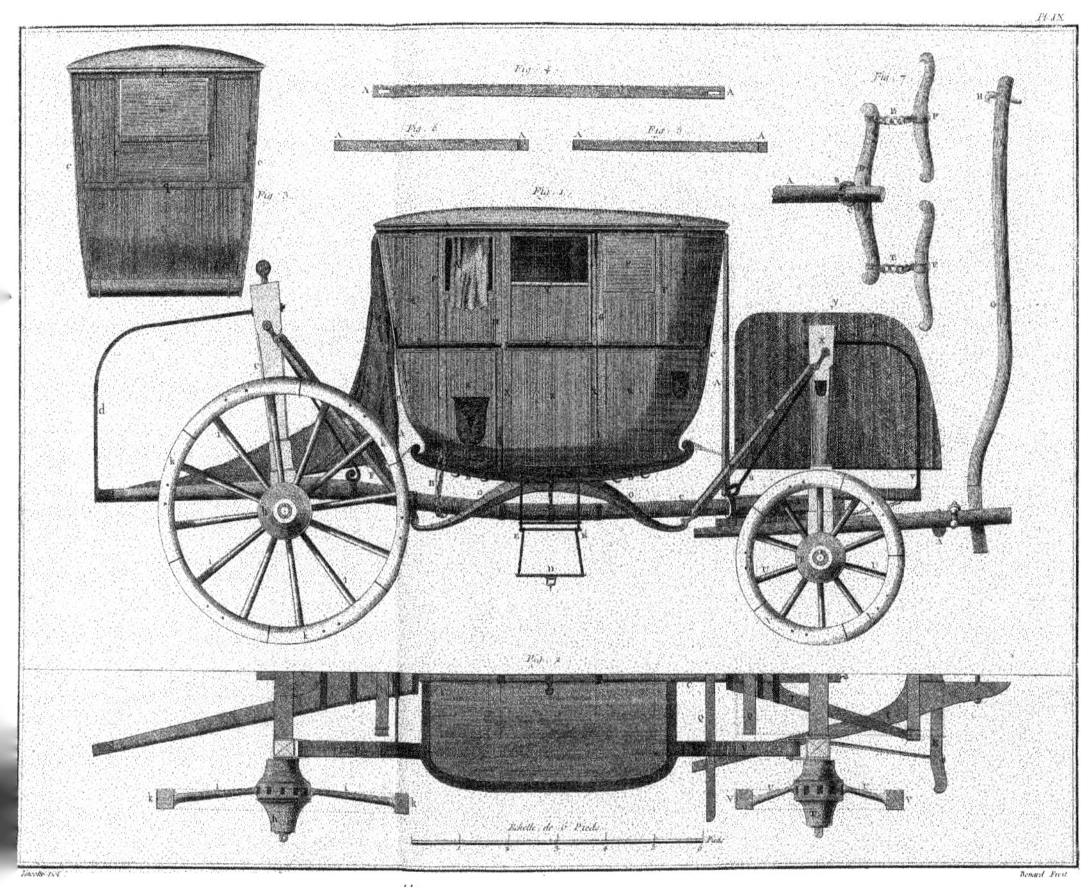

Sellier - Carossier, Diligence de Lyon.

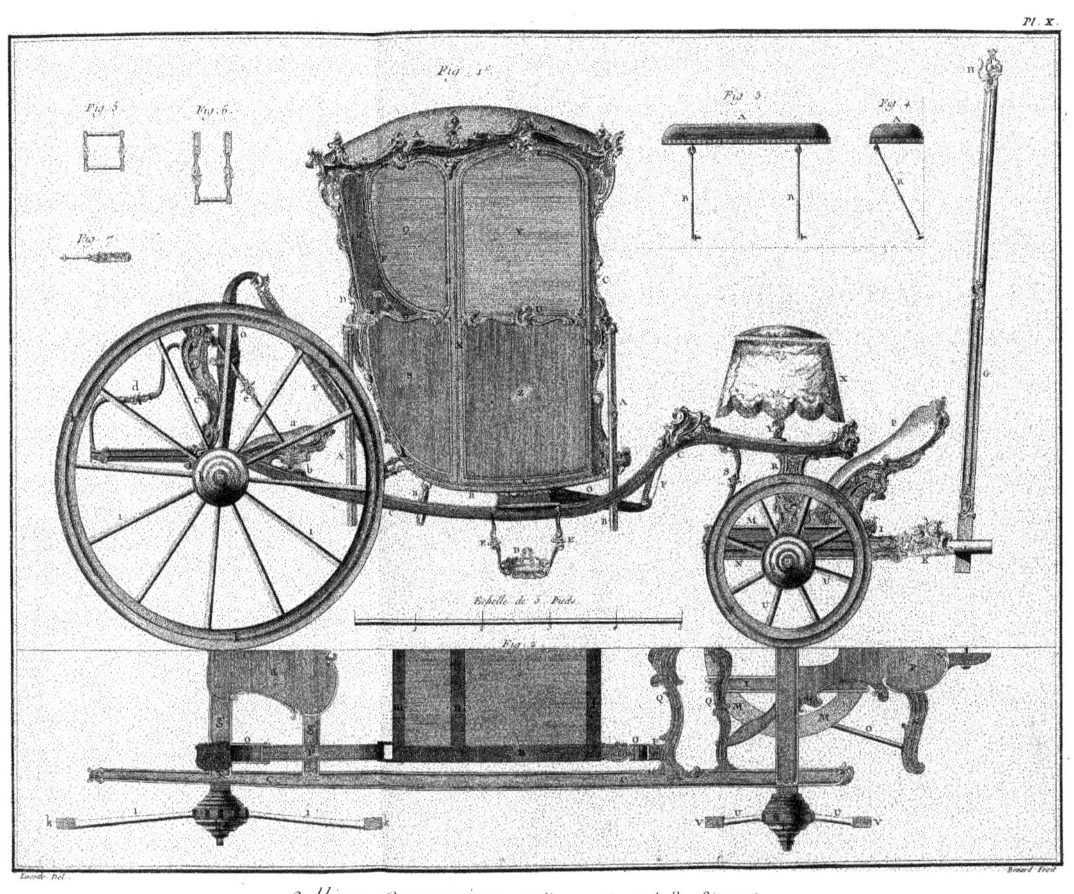

Lucotte Del. Benard Fecit

Sellier-Carossier, Diligence à cul de Singe.

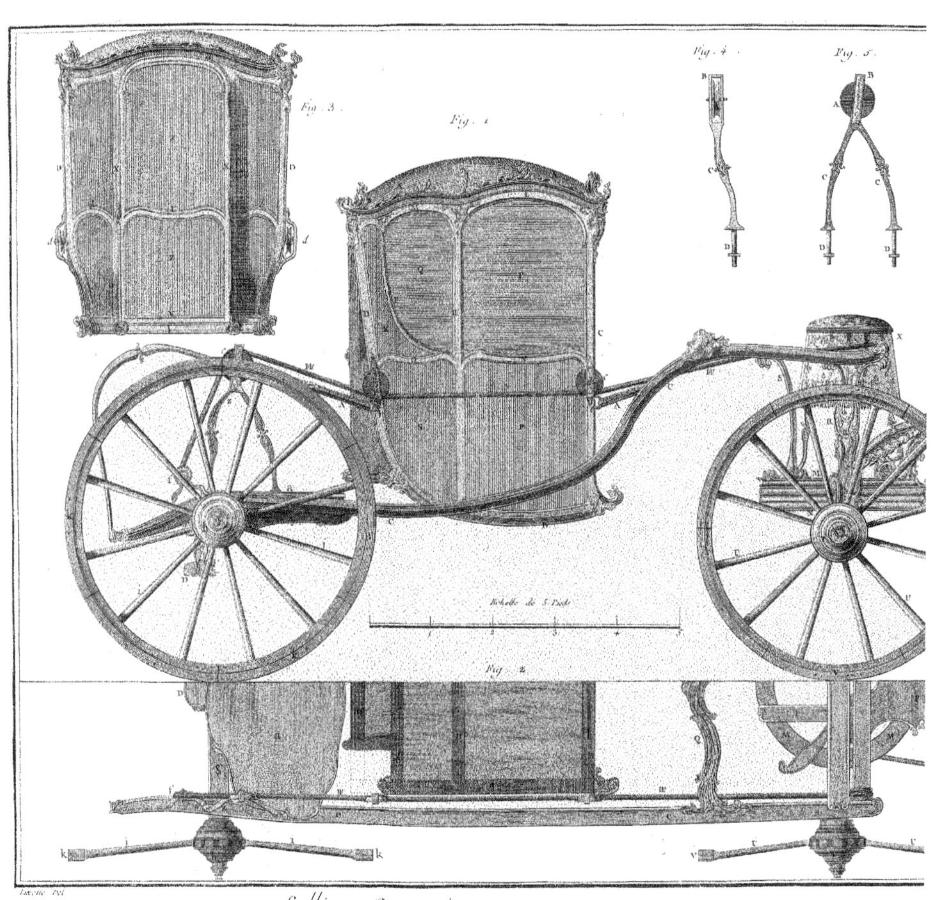

Lucotte Del.

Sellier Carossier, *Diligence montée sur des Cordes à Boyeau.*

Lucotte Del.

Sellier-Carossier, Diable.

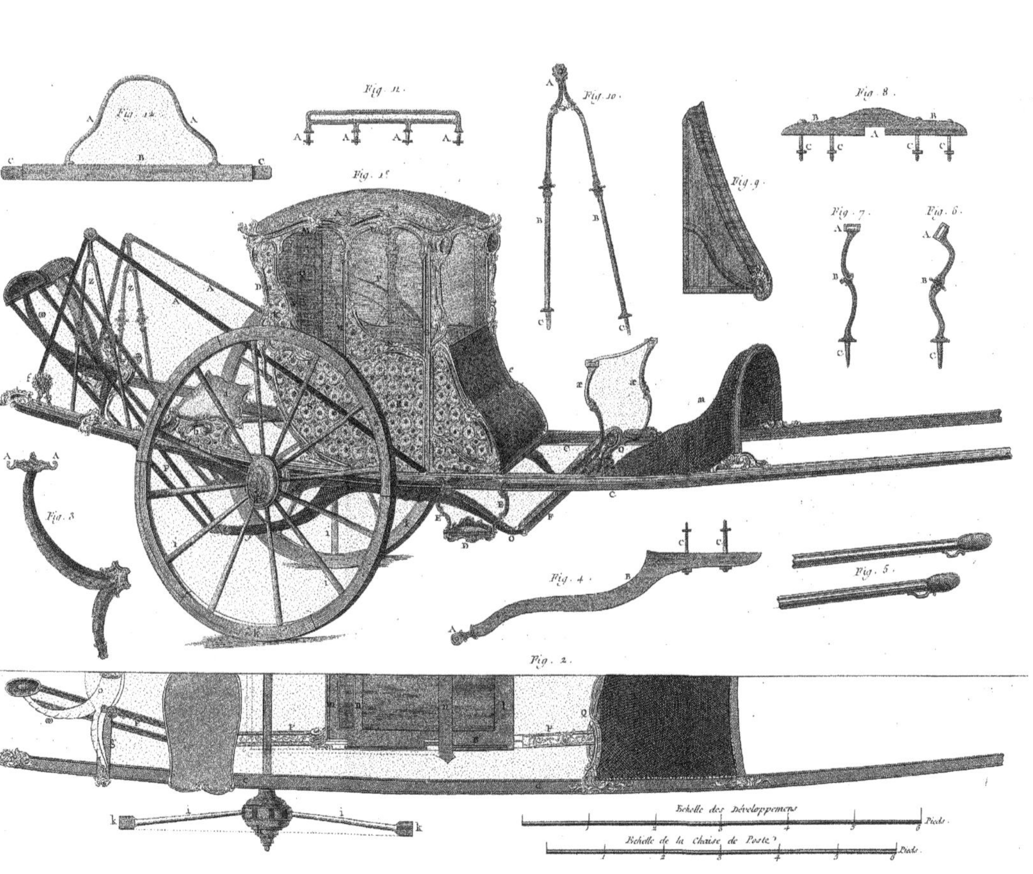
Fig. 12.
Fig. 11.
Fig. 10.
Fig. 9.
Fig. 8.
Fig. 7.
Fig. 6.
Fig. 1.
Fig. 3.
Fig. 4.
Fig. 5.
Fig. 2.
Echelle des Développemens
Pieds.
Echelle de la Chaise de Poste
Pieds.

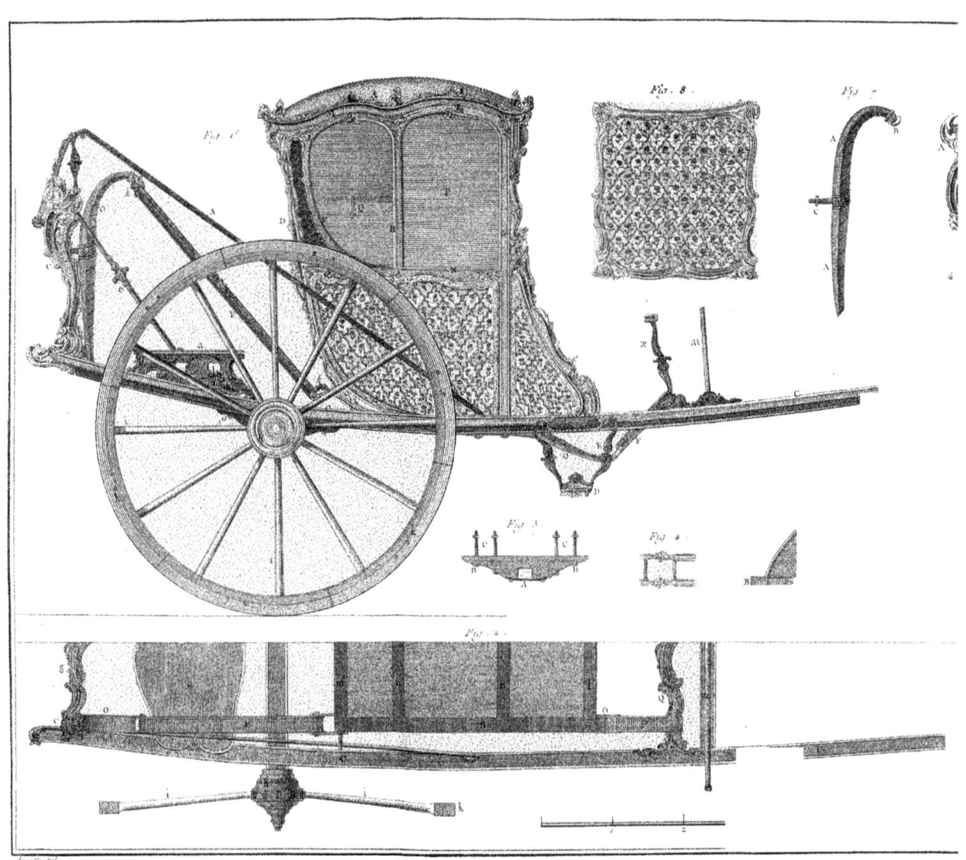

Sellier - Carossier, Chaise de Poste à cul de Singe.

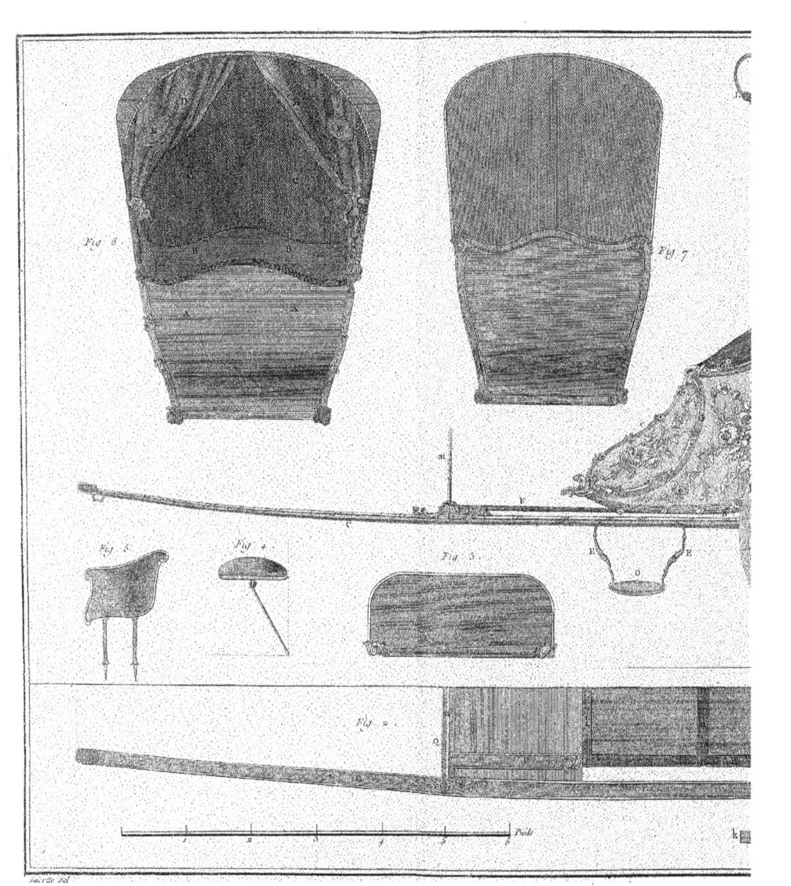

Sellier-Carossier, Chaise ou Cabriole

Fig. 4
Fig. 1.
Fig. 3.

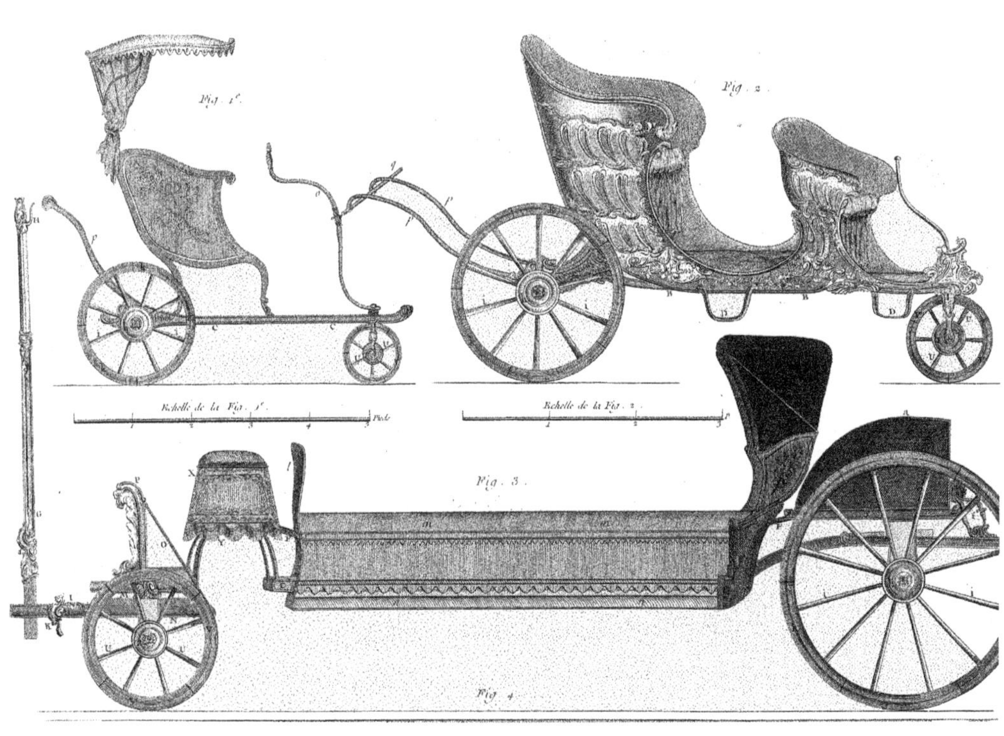
Fig. 1re.
Fig. 2.
Echelle de la Fig. 1re.
Echelle de la Fig. 2.
Fig. 3.
Fig. 4.

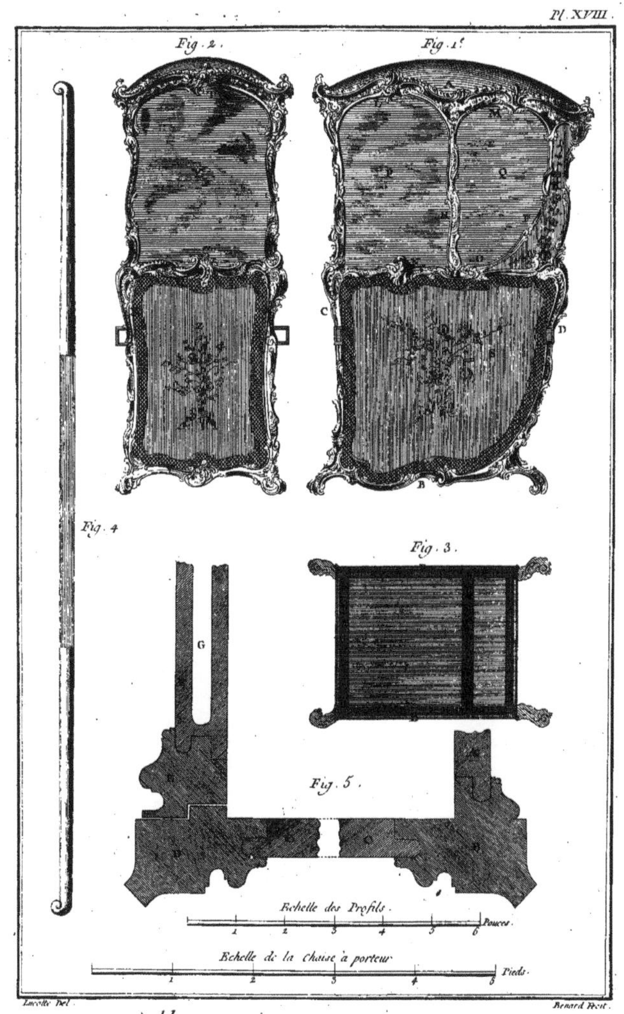

Lucotte Del. Benard Fecit.

Sellier - Carossier, Chaise à porteur.

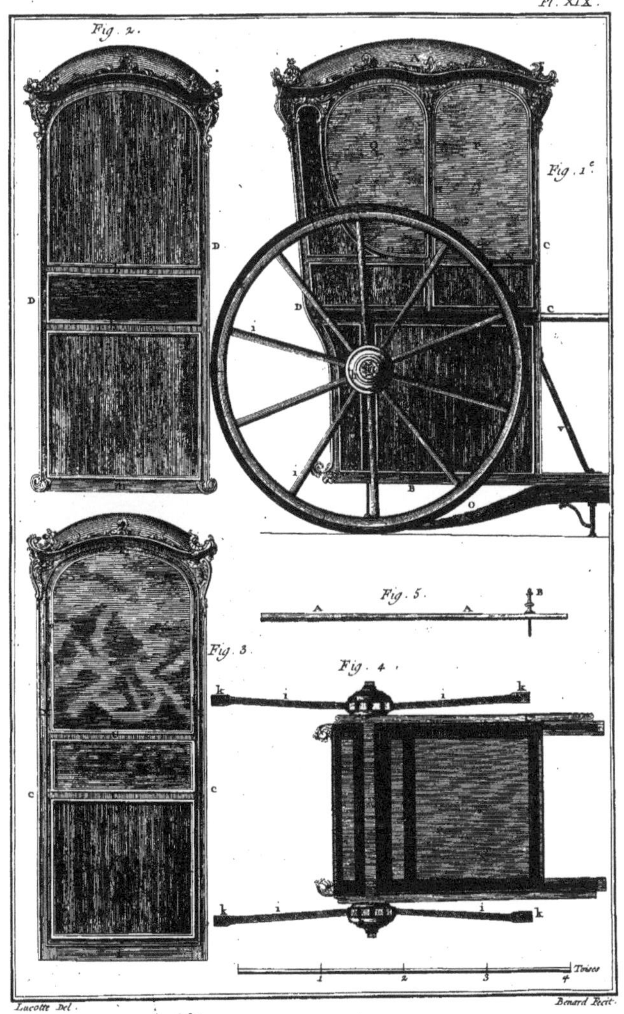

Lucotte Del. Benard Fecit.

Sellier-Carossier, Brouette.

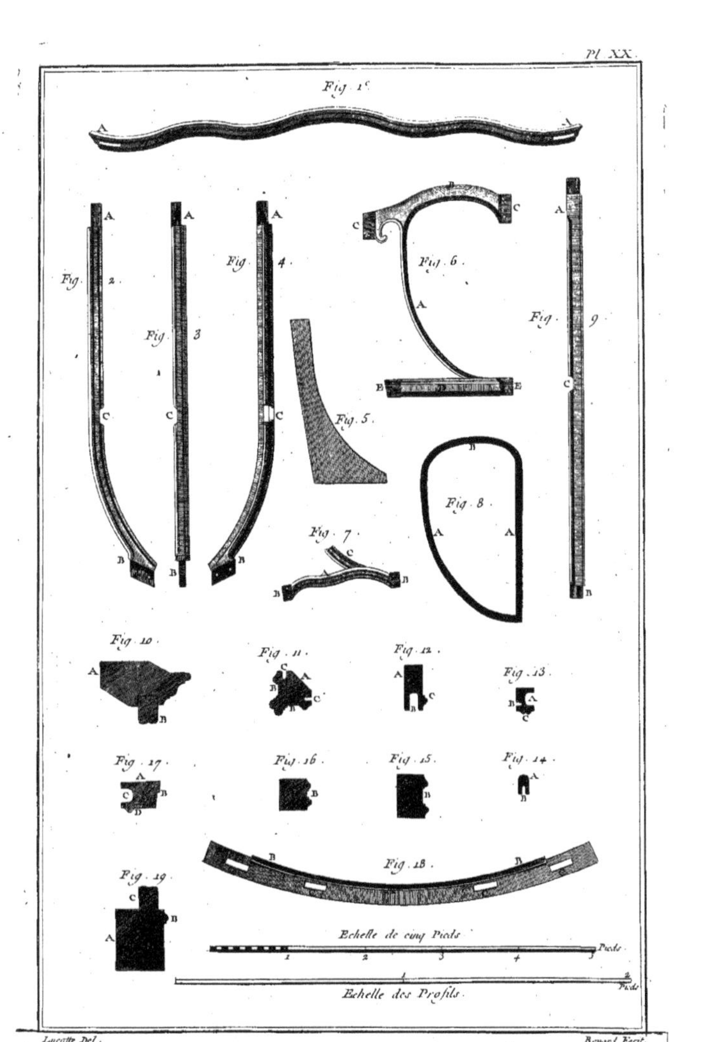

Lucotte Del. Benard Fecit.

Sellier-Carossier, Développemens, et leurs Profils.

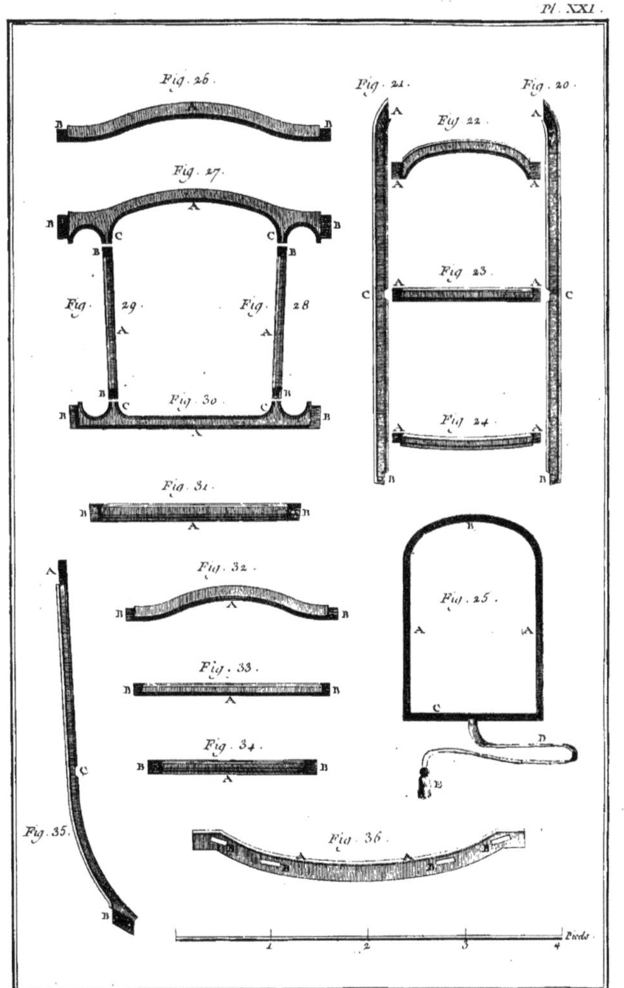

Lucotte Del. Benard Fecit.

Sellier-Carossier, Développemens.

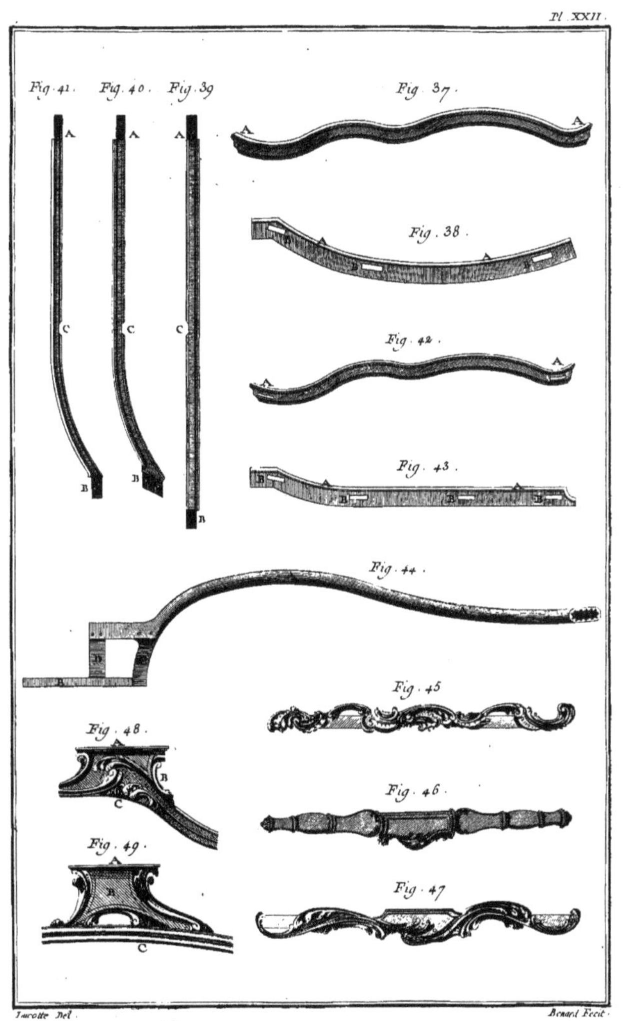

Lucotte Del. Benard Fecit.

Sellier - Carossier, Développemens.

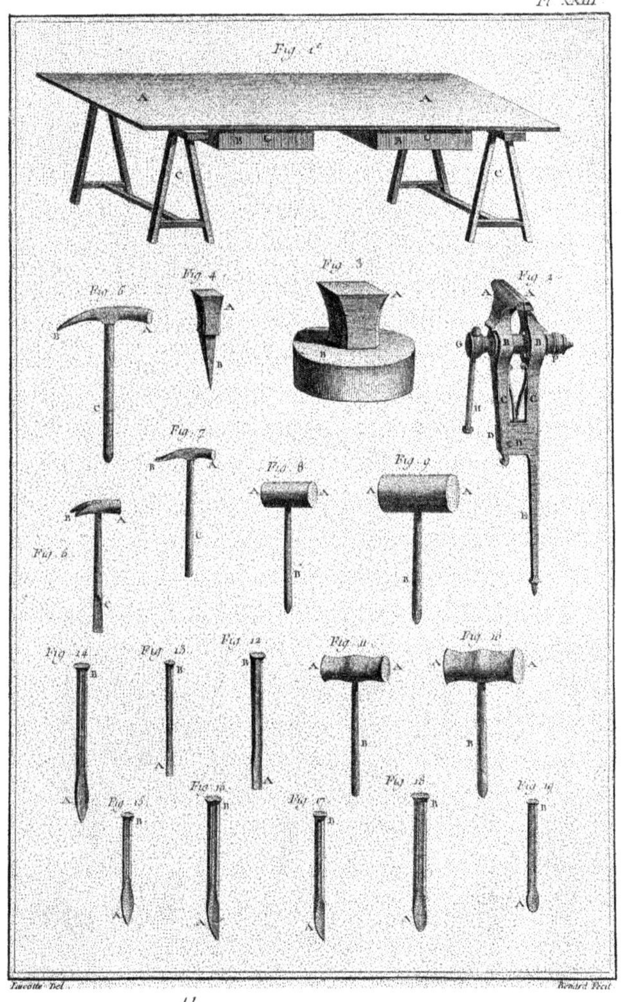

Lucotte Del. Bénard Fecit

Sellier-Carossier, Outils.

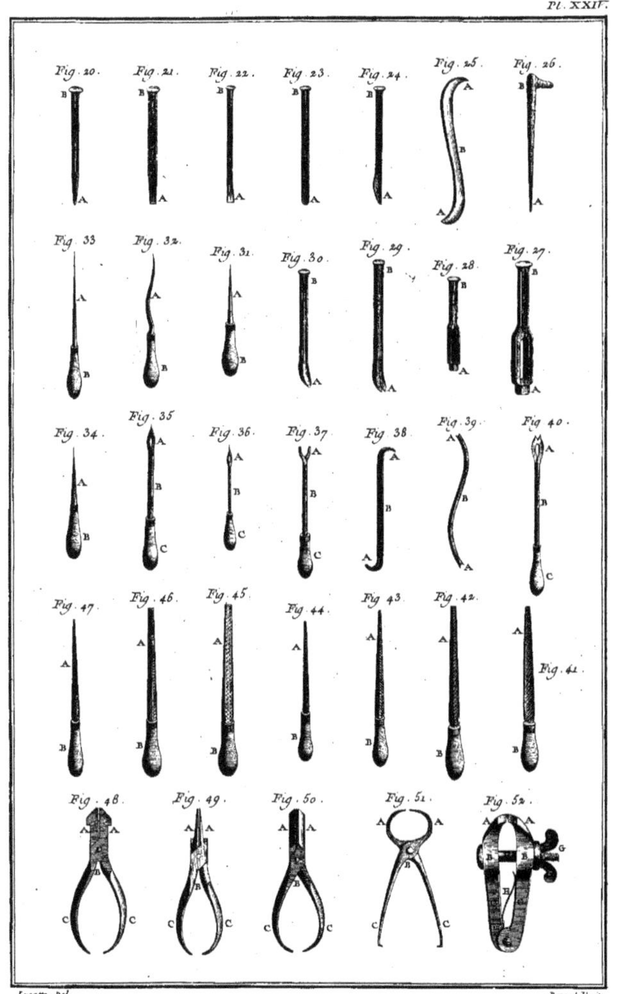

Lucotte Del. Benard Fecit.

Sellier-Carossier, Outils.

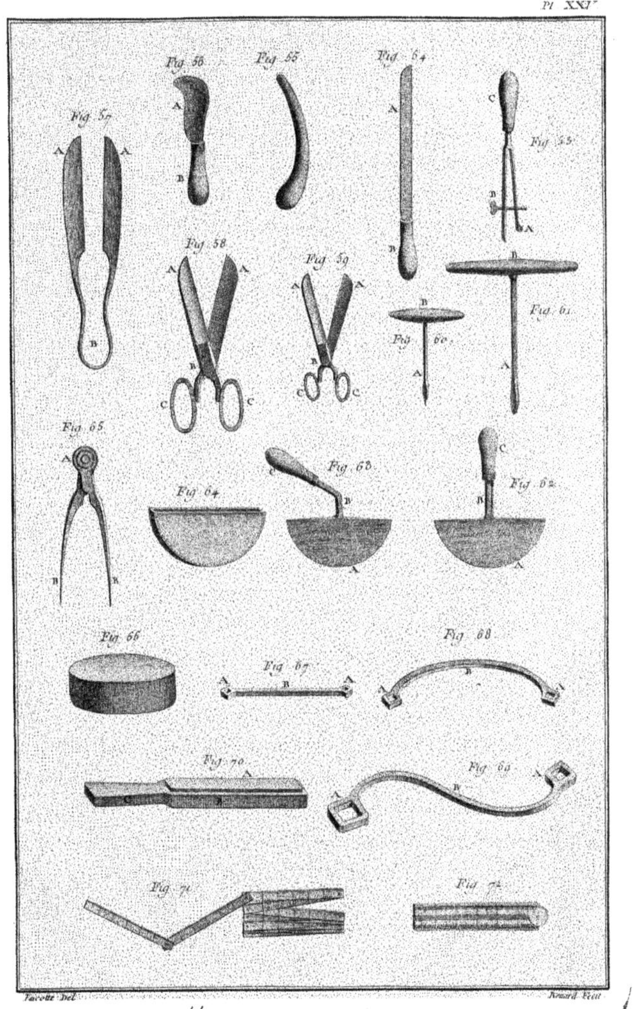

Jacotte Del. Benard Fecit

Sellier - Carossier, Outils.

SERRURIER,

CONTENANT cinquante-ſept Planches équivalentes à cinquante-neuf à cauſe de deux Planches doubles.

PLANCHE Iere.

LE haut de cette Planche repréſente la boutique d'un maître ſerrurier, dans laquelle travaillent pluſieurs compagnons; deux en *a*, à frapper devant ſur l'ouvrage *b*; un autre en *c*, appellé *forgeron*, occupé à forger le fer; *d* eſt la branloire du ſoufflet; *e* eſt un autre forgeron occupé à chauffer le fer à la forge; *f* eſt la forge; *g* eſt un autre ouvrier occupé à limer ſon ouvrage ſur un des étaux *h* arrêté à l'établi *i*, ſur lequel ſont différens outils.

Fig. 1. Botte de fer coulé. A A, les liens.
2. Botte de fanton. A A, les liens.
3. Tringle de fer arrondie.
4. Barre de fer plat.
5. Barre de fer quarré.
6. Barre de fer de carnette.
7. Courçon de Berry.

PLANCHE II.

Le haut de cette Planche repréſente une cour près de la boutique *a* du maître ſerrurier, dans laquelle il place ſon fer que deux ouvriers ſont occupés à ranger le long d'un mur; *b b* ſont des piles de fer de différentes qualités; c repréſente des ouvriers occupés à peſer du fer.

Fig. 8. Paquet de tôle commune.
9. Paquet de fil de fer.
10. & 11. Calibres.
12. Ancre droite.
13. Ancre en eſſe.
14. Tirant. A, l'œil. B, le talon. C, l'ancre.
15. Chaîne à moufle.

PLANCHE III.

Fig. 16. Autre chaîne.
17. Jonction de deux chaînes.
18. & 19. Jonction & développement d'autres chaînes.
20 Plate-bande. A A, les talons.
21. Barre de languette. A A, les coudes. BB, &c. les branches.
22. Autre barre de languette ſimple.
23. Boulon d'eſcalier. A, la tête. B, la vis. C, l'écrou.
24. Chevêtre. A A, les coudes. B B, les branches.
25. Etrier. A A, les coudes. C C, les yeux. B, le boulon. D, la clavette.
26. Manteau de cheminée. A B, les coudes. C C, les ſcellemens.
27. Seuil de porte cochere. A A, &c. les barres. BB, les coudes ou ſcellemens. C C, les entretoiſes.
28. Fanton de cheminée.
29. Pluſieurs fantons liés enſemble.
30. Fanton de mitre.
31. Grille de fourneau quarré. A A, le chaſſis. B B, les traverſes.
32. Grille de fourneau rond. A A, le chaſſis. B B, les traverſes.
33. Grille de gargouille. A, la traverſe. B B, les lacets. C C, les barreaux à pointe.
34. Barre de fourneau. A A, les coudes. BB, les ſcellemens.

PLANCHE IV.

Fers de bâtimens. Gros fers.

Fig. 1. Ancre à volutes. A A, les volutes. B, le talon.
2. Ancre en eſſe. A A, les ancres en eſſe. B, la moufle du tiran.
3. Ancre à croiſſant. A A, les ancres à croiſſant. B, la moufle du tirant.
4. Etrier à patte chantournée. A A, les pattes chantournées.
5. Etrier à pattes ſimples. A A, les pattes.
6. Etrier à pattes recourbées. A A, les pattes recourbées.
7. & 8. Chevêtres pour les cheminées. A A, les coudes.
9. Harpon coudé pour la charpente. A A, les talons.
10. Plate-bande hâtée. A, la hâture. BB, les talons.
11. Plate-bande ſimple. A A, les talons.
12. Harpon à ſcellement. A, le talon. B, le chantonnement. C, le coude. D, le ſcellement.
13. Corbeau ſimple. A, le ſcellement.
14. Corbeau à patte. A, la patte. B, le ſcellement.
15. Corbeau à talon. A, le talon. B, le ſcellement.
16. Tirant coudé. A, l'œil. B, le coude. C, le ſcellement.
17. Tirant à talon. A, l'œil. B, le talon.
18. Tirant hâté. A, la hâture. B, l'œil. C, le coude. D, le ſcellement.
19. Embraſure pour les cheminées de brique. A, la plate-bande. B, l'étrier.
20. Plate-bande de l'embraſure. A A, les mortoiſes.
21. Etrier de l'embraſure. A A, les coudes. B B, les tenons mortoiſés.
22. Crochet à talon. A, le crochet. B, le talon.
23. 24. & 25. Différens clous dits *clous de charette*, pour arrêter les fers de bâtimens. A A A, les têtes.

PLANCHE V.

Gros fers de vaiſſeaux.

Fig. 1. Courbe de potereau pour l'extérieur d'un vaiſſeau. A, le talon. B B, les branches courbes. C, l'arcboutant. D D, &c. les trous pour l'arrêter.
2. Branche ſans talon de la courbe. A, l'entaille de l'arcboutant. B B, les trous.
3. Branche à talon de la courbe. A, le talon. B, l'entaille de l'arcboutant. C C, les trous.
4. Arcboutant de la courbe. A A, les tenons.
5. Guirlande pour l'intérieur d'un vaiſſeau. A, le talon. B B, les branches courbes. C, l'arcboutant. D D, &c. les trous pour l'arrêter.
6. Branche à talon de la guirlande. A, le talon. B, l'entaille de l'arcboutant. C C, les trous.
7. Branche ſans talon de la guirlande. A, l'entaille de l'arcboutant. B B, les trous.
8. Arcboutant de la guirlande. A A, les tenons.
9. Courbe de faux-pont. A, la branche droite. B, la branche courbe. C C, les renforts. D, l'arcboutant.
10. Branche droite de la courbe. A, le talon. B, le renfort.
11. Branche courbe de la courbe de faux-pont. A, le renfort.
12. Arcboutant de la courbe. A A, les tenons.
13. Courbe de pont. A, la branche de champ droite. B, la branche de plat courbe. C C, les renforts. D, l'arcboutant.
14. Branche de champ de la courbe. A, le talon. B, le renfort.
15. Branche du plat courbe de la courbe de pont. A, le renfort.
16. Arcboutant de la courbe de pont. A A, les tenons.
17. Gond du haut de gouvernail. A, le mamelon. B B, les branches. C C, les pattes.
18. Gond de milieu de gouvernail. A, le mamelon. B B, les branches.
19. Penture du haut. A, l'œil. B B, les pattes.
20. Penture de milieu. A, l'œil. B B, les branches à patte.
21. Penture du bas. A, l'œil. B B, les branches.

22. Gond du bas de gouvernail. A, le mamelon. BB, les branches.
23. Cercle de bout de vergue à la françoiſe. A, l'anneau de la vergue. B, l'anneau du bout dehors. C, l'entretoiſe. D D, les charnieres.
24. Chandelier à pivot recevant le tape-cul. A, le collier. BB, les charnieres. C, le rouleau. D, portion de lardoir.
25. Cercle de bout de vergue à l'angloiſe. A, l'anneau de la vergue. BB, les charnieres. C, l'anneau du bout dehors. D, le rouleau. E, l'entretoiſe.
26. Cercle de bout de vergue ſimple. A, l'anneau de la vergue. B, l'anneau du bout dehors. C, l'entretoiſe.

PLANCHE VI.

Fig. 35. Armature de barre. A, la courbure. BB, les ſcellemens.
36. Borne armée de fer. A A, *&c.* les plates-bandes. B B, la borne. CC, les ceintures. D, le chapeau.
37. Modele d'un ajuſtement de ceinture C avec une plate-bande A.
38. & 39. Pointes de barriere ruſtiquéee. A, l'épaulement. B, la pointe.
40. Fragment de barriere. A, la borne. B B, les travées.
41. Chardon & artichaux. A, l'épaulement. B, la pointe.
42. Ferrure de barriere la plus ſolide. A A, les pointes. B, la plate-bande.
43. Clé de robinet. AA, les deux branches. B, l'œil.
44. Autre clé de robinet plus forte à une ſeule branche. A, l'œil. B, la branche.
45. Vis de ſoupape de réſervoir. A, la vis. B, la tête. C, la tige. D, la mouſle double. E, le tenon de la ſoupape. F, la ſoupape. G, la boîte de la vis. H, la traverſe. I I, les potences.
46. Berceau de jardin. A A, les montans extérieurs. BB, le berceau. CC, *&c.* les entretoiſes. D D, *&c.* les montans intérieurs. EE, le berceau intérieur. FF, les rayons.

PLANCHE VII.

Fig. 47. Vitrail d'égliſe. AA, *&c.* les traverſes. BB, *&c.* les montans. C C, *&c.* les ceintres. D D, *&c.* les rayons.
48. Modele d'aſſemblage de vitrail. A *a*, les traverſes. B B, le montant. E, le petit quarré de l'épaiſſeur des verres. F, la plate-bande. G G, les boulons clavetés.
49. Potence de goutiere. A, la potence. B, la gâche.
50. Pivot à bourdonniere. AB, les branches. C, le tourillon.
51. Pivot à crapaudine. A B, les branches. C, le pivot.
52. Crapaudine. A, le trou du pivot.
53. Tôle de porte-cochere.
54. Fléau de porte-cochere. A, la barre boulonnée. B B, les gâches. C, la tringle. D, le moraillon.
55. Tringle du fléau. A, le moraillon.
56. Boulon du même fléau. A, la tête. B, la tige. C, la clavette & ſa rondelle.
57. & 58. Gâches du fléau, l'une à vis à écrou, & l'autre à patte.
59. Tôle de mangeoire d'écurie.
60. Anneau de mangeoire. A, l'anneau. B, le crampon.
61. Cramaillée de porte cochere. AB, les extrémités à patte. C, la cramaillée. D, l'arrêt.
62. Crochet de porte cochere. A, l'extrémité arrondie avec piton. B, le crochet & ſon piton.

PLANCHE VIII.

63. Penture. A, l'œil. B, la queue d'aronde.
64. Penture à charnieres. A A, les charnieres. B, le talon.
65. Gond à repos à patte. A, le mamelon. B, la patte.
66. Gond ſans repos en plâtre. A, le mamelon. B, le ſcellement.
67. Gond à repos en plâtre. A, le mamelon. B, le ſcellement.
68. Gond ſms repos en bois. A, le mamelon. B, la pointe.
69. Porte de bouche. AA, les pentures. B, le loquet. C, ſon crampon.
70. Chaîne à puits.
71. Gâche en plâtre. A A, les coudes. BB, les ſcellemens.
72. Gâche en bois. A A, les coudes. B B, les pointes.
73. 74. & 75. Rapointis.
76. Clou de charrette.
77. Cheville.
78. Cheville d'aſſemblage.
79. Clou de bateau.
80. & 81. Clous de 4, 6, 8, 10, 12, *&c.* ſelon leur longueur.
82. Broquette à l'angloiſe.
83. Broquette commune.
84. Clou rivé.
85. Clou à briquet.
86. Clou d'épingle.
87. Pointe à fiche.

PLANCHE IX.

Fig. 88. Broche.
89. Patte en plâtre droite. A, la patte. B, le ſcellement.
90. Parte en plâtre coudée. A, la patte. B, le ſeeliement.
91. Patte en bois droite.
92. Patte en bois coudée.
93. Patte à lambris. A, la patte. B, la pointe.
94. Crochet à faitage à patte. A, le crochet. B, la patte.
95. Patte de contre-cœur. A, le coude. B, le ſcellement.
96. Patte à vis coudée. A, la vis. B, le coude. C, le ſcellement.
97. Crochet à chaîneau. A, le crochet à volute, B, le coude. C, la patte.
98. & 99. Pattes à marbrier. A A, les crochets. BB, les ſcellemens.
100. Crochet de treillage ou clou à crochet. A, le crochet. B, le coude. C, la pointe.
101. Piton à pointe. A, la pointe B, l'anneau.
102. Piton à vis en bois. A, la vis. B, l'anneau.
103. Petit gond à pointe. A, la pointe. B, le coude. C, le mamelon.
104. Petit gond à vis en bois. A, la vis. B, le coude. C, le mamelon.
105. Vis de parquet. A, la vis. B, la tête. C, l'écrou. D D, les branches à ſcellemens.
106. Vis de lit. A, la vis à écrou. B, la tête ronde.
107. Autre vis de lit. A, la vis à écrou. B, la tête quarrée. C, la rondelle.
108. Vis à écrou de ferrure. A, la vis à écrou. B, la tête quarrée.
109. Vis en bois à tête ronde.
110. Autre vis en bois à tête perdue ou fraiſée.

PLANCHE X.

Grands ouvrages. Details.

Fig. 1. Feuille d'eau forgée. A, la tête.
2. La même feuille d'eau emboutie. A, la tête emboutie.
3. La même à demi-tournée. A, la tête.
4. La même tournée tout-à-fait. A, la tête.
5. Tarau ſimple à fourche. A, la fourche. B, la pince.
6. Tarau double. A, la fourche. B, les pommes. C, la pince.
7. Poinçon à emboutir. A, la tête. B, le poinçon.
8. Poinçon à emboutir les feuilles d'eau. A, la tête. B, le poinçon.
9. Etampe à feuille d'eau.
10. Autre étampe à feuille d'eau à emboutir.
11. Embaſe ſimple.
12. Embaſe à conger.

13. Embaſe à quart de rond.
14. Embaſe à couger & quart de rond.
15. Lien à cordon. A A, la cloiſon. B, la couverture.
16. & 17. Cloiſon de face de lien à cordon. A A, les trous.
18. & 19. Entretoiſe de cloiſon. A A, les tenons.
20. Couverture. A A, les étochiots.
21. Premiere chaude pour la façon d'une Volute. A, la volute.
22. Seconde chaude. A, la volute.
23. Troiſieme chaude. A, la volute.
24. Premiere chaude pour la façon de la contre-volute. A, la volute. B, la contre-volute.
25. Seconde chaude. A, la volute. B, la contre-volute.
26. Troiſieme chaude. A A, les volutes, ce qui forme une anſe de panier.
27. Deux anſes de panier réunies. A A, les auſes de panier. B B, les liens à cordon. C, la graine.
28. Plate-bande du lien. A A, les trous.
29. Crampon du lien. A A, les tenons.
30. 31. 32. & 33. Boules.
34. Premiere chaude d'une double volute. A, la volute.
35. La même plus avancée.
36. La même finie.

PLANCHE XI.

Fig. 1. & 2. Appui & rampe à barreaux ſimpies & ſans chaſſis. A A, *&c.* les barreaux. BB, les pointes pour être enfoncées dans les limons. CC, les plates-bandes de limon. D D, les plates-bandes d'appui.

3. & 4. Appui en rampe à barreaux ſimples avec chaſſis. A A, *&c.* les barreaux. B B, les quarrés de limon. CC, les quarrés d'appui. DD, les plates-bandes.

5. & 6. Appui & rampe à arcades à tenon. A A, les arcades. B B, les liens à cordons. C C, les quarrés de limons. DD, les quarrés d'appui. EE, les plates-bandes.

7. & 8. Appui en rampe à arcades haut & bas. A A, les arcades. BB, les liens à cordons. CC, les quarrés de limon. D D, les quarrés d'appui. EE, les plates-bandes.

9. & 10. Appui & rampe à arcades en haut & volute en bas. AA, les arcades. B B, les liens à cordons. CC, les volutes. DD, petits liens à cordons des volutes. EE, les quarrés des limons. FF, les quarrés d'appui. G G, les plates-bandes.

11. & 12. Appui & rampe à cadres. A A, les cadres. B B, les quarrés de limons. C C, les quarrés d'appui. D D, les plate-bandes.

13. Panneau ceintré & tambouriné, c'eſt-à-dire garni de planches ceintrées, ſur leſquelles on donne le contour aux volutes en place.

14. Fragment de rampe à panneaux ceintrés par en bas.

15. Autre panneau à cadre ceintré.

16. Fragment de rampe à panneaux encadrés.

PLANCHE XII.

Grands ouvrages.

Fig. 111. Deſſus de porte compoſé des pieces ci-deſſous nommées, A, queue de poireau. BB, boules. C, culot. D, feuille d'eau. G G, chaſſis.

112. Deſſus de porte circulaire compoſé de pieces ci-deſſous nommées. A A, palmette. B, queue de poireau. C, graine. D, fleuron. E, culot. F, feuille d'eau. G G, chaſſis.

113. Balcon compoſé des pieces ci-deſſous nommées. A A, anſe de panier. B, fleuron. C, culot. D D, *&c.* feuille d'eau. G G, *&c.* chaſſis. HH, plate-bande quarderonnée.

114. Autre balcon compoſé des pieces ci-deſſous nommées. A A, anſe de panier. B, palmette. C, graine. D, fleuron. E, culot. G G, *&c.* chaſſis. H H, plate-bande quarderonnée.

115. Appui compoſé des pieces ci-deſſous nommées, A A, *&c.* rinceaux. B B, *&c.* coquilles. G G, *&c.* chaſſis. H H, *&c* plate-bande quarderonnée.

116. Rampe à arcade ſimple compoſée des pieces ci-deſſous nommées. A A, arcades. B B, liens à cordons. CC, chaſſis. D D, plate-bande quarderonnée. E, montant. F, vaſe de cuivre.

117. Rampe à panneau compoſée des pieces ci-deſſous nommées. A, conſole. B, enroulement. C C, *&c.* rinceau. D, agraffe. E, roſette. GG, *&c.* chaſſis. H H, plate-bande quarderonnée.

PLANCHE XIII.

Etudes de grilles.

Fig. 1. Arcboutant ſimple. A, l'arcboutant. B, le montant. C C, les ſcellemens en plâtre.

2. Arcboutant en eſſe. A, l'arcboutant. B, le montant. C, le ſupport. D D, les ſcellemens en plomb.

3. Tenons forgés. A A, les coupures.

4. Fer coupé préparé à recevoir un tenon.

5. Le même ouvert.

6. Le même garni de ſon tenon prêt à être fondé. A, le tenon.

7. Le même fondé. A, le tenon.

8. Tenon ſoudé au talon d'une traverſe de grille. A, le tenon. B, la traverſe. C, le talon.

9. Tenon ſoudé à une traverſe de milieu de grille. A le tenon. B, la traverſe. C C, les talons.

10. Bout de traverſe préparé à recevoir un tenon. A, le trou du tenon.

11. Façon de ſcellement dans le plâtre.

12. Façon de ſcellement dans le plomb.

13. Forme de tenon pour la traverſe à talon.

14. Forme de tenon pour les traverſes ſans talon.

15. 16. 17. & 18. Pointes diſpoſées à être fondées en chardon.

19. Les mêmes pointes réunies à un morceau de fer pour être fondées & former un chardon. A A, les pointes. B, la virole pour les retenir. C, morceau de fer.

20. Chardon ſoudé & préparé. A, la pointe du milieu. BB, les pointes extérieures.

21. Chardon fait en artichaux. A, la pointe du milieu. B B, les pointes extérieures.

22. 23. 24. 25. 26. 27. 28. 29. 30. 31. 32. & 33. Traverſes de grilles à barreaux de différentes formes. AA, *&c.* les ceintres.

PLANCHE XIV.

Fig. 118. Grille à barreaux ſimples. A A, *&c.* en ſont les barreaux.

119. Grille à barreaux & traverſes. A A, *&c.* en ſont les barreaux, & B, la traverſe.

120. Grille à barreaux à pointe. A A, *&c.* en font les barreaux à pointe, & B B, les traverſes.

121. Grille à barreaux à pointe montée ſur boules. AA, *&c.* en font les barreaux à pointe. BB, *&c.* les traverſes, & C C, les boules.

122. Grille ſimple à tombeau. A A, *&c.* en font les barreaux, & B, la traverſe.

123. Grille à tombeau avec traverſes. A A, *&c.* en font les barreaux, & B B, *&c.* les traverſes.

124. Grille à tombeau & en ſaillie par en-haut. A A, *&c.* en font les barreaux à pointe recourbée, & BB, les traverſes.

125. Grille à chaſſis avec barreaux & traverſes très-ferrés. A A, *&c.* en ſont les barreaux, & BB, *&c.* les traverſes.

126. Grille battante à un ſeul vantail. A, en eſt le montant de derriere. B, le battant. CC, *&c.* les traverſes, & D D, les barreaux à pointes droites & ondées.

PLANCHE XV.

Fig. 127. Grille à barreaux de château ou de parc, compoſée des pieces ci-deſſous nommées. A, conſolle de chardon. BB, *&c.* montans de la porte.

CC, *&c.* ſes traverſes. DD, *&c.* ſes barreaux. EE, ſa friſe. FF, *&c.* montans du pilaſtre. GG, *&c.* ſes traverſes. HH, *&c.* ſes barreaux. I, ſa friſe. KK, barre de linteau. L, le couronnement de la porte. MM, couronnement du pilaſtre.

128. Grille à panneau de chœur d'égliſe ou de chapelle composée des pieces ci-deſſous nommées. A, palmette. B, queue de cochon. C, agraphe. DD, roſette. EE, lions. FF, *&c.* montant de la porte. GG, *&c.* ſes traverſes. HH, fuſt du pilaſtre. I, ſa baſe. K, ſon chapiteau. LL, corniche. MM, *&c.* montant du contre-pilaſtre. NN, *&c.* ſes traverſes. O, ſon couronnement.

PLANCHE XVI.

Fig. 129. Grille à panneau placée au château de Maiſons, composée des pieces ci-deſſous nommées. AA, *&c.* rinceaux & feuillages. BB, têtes d'animaux & maſques. CC, ovale. DD, *&c.* chaſſis double. EE, *&c.* cercles entrelacés FF, *&c.* roſettes.

130. Grille dormante composée des pieces ci-deſſous nommées. AA, panneau. BB, pilaſtres. CC, *&c.* couronnement. DD, *&c.* appuis.

PLANCHE XVII.

Fig. 131. Couronnement de grille composé des pieces ci-deſſous nommées. AA, queues de cochon. BB, *&c.* rinceaux. C, coquille. D, roſette. E, cornet d'abondance. F, palme. G, feuilles, fruit & fleurs. HH, lauriers ou autres feuillages.

132. Vaſe. AA, le vaſe. BB, le ſocle. CC, un chapiteau de pilaſtre.

133. Potence ou porte-enſeigne composé des pieces ci-après nommées. A, conſole. B, pivot. C, maſque. D, ſep de vigne. EE, grande conſole faillanté. F, plateau. G, bélier ſervant d'enſeigne.

134. Autre potence ou porte-enſeigne composé des pieces ci-deſſous nommées. AA, eſſe. B, pivot. CC, vaſes. DD, lacets à ſcellement.

PLANCHE XVIII.

Ornemens de relevure.

Fig. 1. Demi-culots en chapelet. AA, *&c.* les demi-culots. B, queues de poireaux. CC, *&c.* les chapelets. D, la queue de cochon.

2. Culot ſimple.

3. Culot composé. A, le culot. BB, feuilles de revers. C, petit culot ſupérieur. D, queues de poireaux.

4. Petit fleuron rampant.

5. Agraphe.

6. Petite agraphe.

7. Feuilles d'eau adoſſées.

8. Petit rinceau duquel ſort une branche de laurier.

9. Autre rinceau.

10. Grand rinceau.

PLANCHE XIX.

Grands ouvrages, *ornemens de relevures.*

Fig. 1. Culot relevé.

2. Le même découpé pour être relevé.

3. Fleuron relevé.

4. & 5. Revers du fleuron découpé.

6. Le même fleuron découpé.

7. Revers du milieu du fleuron découpé.

8. Rinceau.

9. Le même rinceau découpé.

10. Revers du rinceau découpé.

11. Agraphe.

12. Revers de l'agraphe.

13. La même agraphe découpée.

14. Pointe à tracer. AA, les pointes.

15. & 16. Clous ſervant à attacher les ornemens ſur le taſſeau pour les ciſeler. AA, les têtes. BB, les pointes.

17. Taſſeau de plomb à ciſeler la relevure.

18, 19. 20. 21. 22. 23. 24. 25. 26. 27. 28. & 29. Ciſelets de différentes formes. AA, *&c.* les têtes.

PLANCHE XX.

Braſures & clés.

Fig. 1. Anneau de clé préparé pour être braſé (c'eſt faire couler du cuivre dans tous les joints par la chaleur du feu à l'aide du borax) avec le panneton, *fig.* 2. par la tige. A, l'anneau. B, le panneton. CC, la tige.

3. & 4. Autre tige de clé préparée d'une autre maniere pour être braſée.

5. Clé préparée pour y mettre une dent. A, la mortoiſe dans laquelle doit entrer la dent.

6. Dent préparée à être rivée au bout de la tige de la clé. A, le tenon qui doit entrer dans la mortoiſe.

7. Premiere chaude pour former une clé, ce qu'on appelle *enlever une clé.* A, le côté de l'anneau. B, le côté du panneton.

8. Seconde chaude. A, l'anneau épaulé.

9. Troiſieme chaude. A, l'anneau percé, & B, le panneton coupé ou tranché.

10. Quatrieme chaude. A, l'anneau bigorné.

11. Cinquieme chaude. A, l'anneau ravalé & fini.

12. Sixieme chaude. A, le panneton corroyé & refoulé.

13. Septieme chaude. A, le panneton tiré. B, l'ere formé.

14. Huitieme & derniere chaude. A, le panneton fini. B, l'ere. C, le muſeau.

Il y a des ouvriers qui font une clé en trois ou quatre chaudes.

15. Calibre de clé pour en égaliſer la tige d'épaiſſeur, après avoir été forée. A, la partie qui entre dans la forure.

16. Autre calibre. A, la partie qui entre dans la forure. B, ſa vis à écroux. C, la vis d'épaiſſeur. D, le chaſſis.

17. Chevalet à forer les clés. A, la clé montée. BB, les couſſinets d'arrêt. C, la platine coudée. DD, les vis pour arrêter la platine. E, le ſommier du chevalet. FF, les jumelles. G, la traverſe. H, la baſcule. I, l'anneau de la baſcule pour être chargée d'un poids. K, le foret. L, l'eſſieu. M, la boîte.

18. Sommier du chevalet. A, la charniere. BB, les mortoiſes des jumelles. C, le coude. D, la patte.

19. Baſcule du chevalet. A, différens trous ſervant de pivots à l'eſſieu. B, le point d'appui. C, l'anneau.

20. Platine coudée. AA, les trous des couſſinets. BB, les trous pour l'arrêter ſur le ſommier du chevalet.

21. Couſſinet ou cramponnel à patte. AA, les pattes.

22. Foret en langue de carpe. A, le taillant. B, la tige quarrée.

23. Foret quarré. A, le taillant. B, la tige.

24. Eſſieu. A, le canon de l'eſſieu. B, la vis pour retenir le foret. C, la boite.

PLANCHE XXI.

Fig. 1. 3. 5. 7. 9. 11. 13. 15. 17. 19. 21. 23. 25. & 27. Clés forées. AA, *&c.* les muſeaux, & B, C, D, les garnitures.

2. 4. 6. 8. 10. 12. 14. 16. 18. 20. 22. 24. 26. & 28. Elévation d'une des garnitures de la clé au-deſſous de laquelle elles ſont placées.

PLANCHE XXII.

Fig. 29. 31. 33. 35. 37. 39. 41. & 43. Clés à bouton. AA, *&c.* les muſeaux, & B, C, D, E, F, les garnitures.

30. 32. 34. 36. 38. 40. 42. & 44. Elévation d'une des garnitures de la clé au-deſſous de laquelle elles ſont placées.

45. Elévation, & 46. le profil d'un mandrin ou moule à garniture. A, la garniture. B, une plaque. CC & DD, des fentes. EE, les branches de la garniture.

47. Elévation, & 48. le profil d'un autre mandrin. ABC, les morceaux qui le composent. DD, les viroles ou liens.

49. Elévation d'un mandrin pour une garniture en eſſe A, le coude. B, la virole ou lien. C, la garniture.

50. Treſſe de la garniture, *fig.* 34.

51.

51. Croix de chevalier de la garniture, *fig.* 44.

PLANCHE XXIII.

Fig. 52. Serrure à tour & demi, composée des pieces dont nous verrons ci-après le détail ainsi que celles des serrures suivantes.
53. Pêne de cette serrure. A, la tête. BB, les barbes. C, la gâchette. D, son ressort.
54. Clé. A l'anneau. B, la tige. C, l'embasse. D, le bouton. E, le panneton. F, le museau. G, l'eve. H, la planche.
55. Picolet.
56. Cache-entrée.
57. Ressort à boudin.
58. Bouton à coulisse. A, le bouton. B, la coulisse.
59. Rateau. A, la patte. B, les dents.
60. Serrure à pêne dormant.
61. Pêne. A, la tête. BB, les barbes. C, le talon.
62. Ressort dormant.
63. Serrure à pêne dormant & demi-tour.
64. Pêne dormant. A, la tête. BB, les barbes. C, le talon. D, la gâchette. E, son ressort.
65. Pêne demi-tour. A, la tête chanfrinée. B, le talon. C, le trou du bouton à coulisse. D, celui de l'équerre.

PLANCHE XXIV.

Fig. 66. Serrure à pêne fourchu & demi-tour.
67. Serrure à pêne fourchu & demi-tour à fouillot ou bouton olive.
68. Pêne demi-tour. A, le coude.
69. Pouillot.
70. Bouton olive.
71. Serrure à pêne fourchu à trois branches demi-tour à fouillor & verrous.
72. Pêne fourchu à trois branches ou têtes. A, les têtes. BB, les barbes. C, le talon.
73. Serrure d'armoire à tour & demi.
74. Le ressort & la gâchette.
75. Serrure d'armoire à bec de canne ou bascule.
76. Bascule.
77. Serrure d'armoire à pêne fourchu & demi-tour, & à pignon.
78. Pêne fourchu. A, la tête. BB, les barbes. C, les dents. D, le talon.
79. Pignon.
80. Une des crémaillées.
81. Verrou de la crémaillée. A, le verrou. B, la platine. CC, les crampons.
82. Serrure de tiroir à pêne dormant non encloisonnée.
83. Serrure de tiroir à pêne fourchu & demi-tour encloisonnée.

PLANCHE XXV.

Fig. 84. Paneton de clé de serrure de coffre à double forure.
85. Canon.
86. Paneton de pareille clé à doubles forures & broches.
87. Canon.
88. Paneton de pareille clé à tiers-point, cannelé ou non cannelé.
89. Canon.
90. Paneton de pareille clé à étoile évuidée.
91. Le canon.
92. Paneton de pareille clé en trefle plein.
93. Canon.
94. Paneton de pareille clé en cœur évuidé.
95. Canon.
96. Paneton de pareille clé en fleurs-de-lis pleine.
97. Canon.
98. Paneton de pareille clé en fleurs-de-lis évuidées.
99. Canon.
100. 101 & 102. Modeles de mandrins des dernieres figures.

PLANCHE XXVI.

Fig. 103, 104. 105. & 106. Serrures de coffre, la premiere à une seule fermeture, la seconde à deux, la troisieme à trois, & la quatrieme à quatre fermetures.
107. Auberonniere simple. AA, les auberons. B, la platine.
108. Auberonniere à T. AAA, les auberons. BB, la platine à T.
109. Pêne dormant de la serrure à quatre fermetures. AA, les têtes. BB, le corps. CC, les barbes.
110. 111. Pênes demi-tour à bascule de la même serrure.
112. Celui de la serrure à trois fermetures. AAA, les têtes. BBB, les queues.

PLANCHE XXVII.

Fig. 113. Coffre fort garni d'une serrure à douze fermetures.
114. Un des pênes. A, la tête chanfrinée. B, le talon. C, son ressort à boudin.
115. & 116. Picolets.
117. Grand pêne. AA, &c. les talons. B, sa barbe.
118. Une des équerres.
119. Bascule.
120. & 121. Gâches à patte.
122. Clé.
123. Boîte composée des garnitures de la clé.

PLANCHE XXVIII.

Fig. 124. Serrure ovale.
125. Serrure à bosse.

Explication des pieces contenues dans les Serrures.

Fig. 52. 60. & 63. Planche XXIII. *Fig.* 66. 67. 71. 73. 75. 77. 82. & 83. Planche XXIV. *Fig.* 103. 104. 105. & 106. Planche XXVII. *Fig.* 113. Planc. XXVIII. *Fig.* 124. & 125. Planche XXIX.

AA, Palatres. BB, cloisons. CC, &c. étochiots simples. DD, &c. étochiots à patte. E, pêne à tour & demi. F, pêne dormant. G, pêne fourchu. H, pêne demi-tour. J, pêne à verrous. I, picolet dormant. K, picolet demi-tour. L, ressort simple. M, gâchette. N, ressort à boudin. O, ressort dormant. P, rateau. Q, foncet. R, canon de foncer. S, planche. T, rouet. U, broche. V, bouron à coulisse. X, équerre. Y, fouillot. Z, seconde entée. &, tringle de conduit. *a*, couverture. *b*, pignon. *c*, crémaillée. *d*, trous oblongs. *e*, gâche. g, pêne demi-tour à bascule. *hh*, bascules. *i*, grand pêne à talon. *k*, boîte. *lm*, gâches à pattes. *n*, moraillon. *o*, verrous. *p*, lacets à pointes molles.

PLANCHE XXIX.

Fig. 126. Intérieur d'un cadenat à serrure. A, le palatre. B, la cloison. C, les étochiots. D, le pêne dormant. E, un des picolets. F, le ressort. G, la broche. H, la bouterole. I, la gâche.
127. Extérieur d'un pareil cadenat, mais en forme de cœur. A, le palatre. B, la cloison. I, la gâche. L, le cache-entrée.
128. Intérieur d'un petit cadenat en triangle. A, le palatre. B, la cloison. D, le pêne dormant. F, le ressort. G, la broche. K, la gâche à charniere.
129. Clé. A, l'anneau. B, la tige. C, le paneton.
130. Cadenat en boule. A, la boule. K, la gâche à charniere.
131. Clé.
132. Cadenat quarré. A, le palatre. B, la cloison. K, la gâche à charniere.
133. Cadenat en écusson. A, le palatre. B, la cloison. K, la gâche à charniere. I, le cache-entrée.

PLANCHE XXX.

Fig. 134. Cadenat à cylindre. K, la gâche à charniere. M, le cylindre creux.
135. Clé.
136. Cadenat à ressort. I, la gâche. P, la boue. QQ, les ressorts.
137. Clé. A, l'anneau. B, la tige. C, le paneton.

138. Cadenat à ſecret. A, le cache-entrée à ſecret.
139. Cadenat à double ſecret. A, le cache-entrée à ſecret. B, la couliſſe auſſi à ſecret.
140. Cadenat ſimple à ſecret, dont les *figures* 141. 142. 143. & 144. ſont les développemens. A B en eſt la piece de fer à canon. C D, ſon canon ouvert. I K, la piece de fer à broche. L M, ſa broche à deux. g, le tenon. R, la moufle de la gâche. E, le trou des écuſſons. F G H, les cannelures évuidées.

PLANCHE XXXI.

Fig. 145. & 146. Becs de cannes, l'un à bouton & l'autre à baſcule, compoſés des pieces ci-deſſous nommées. A A, palatres. B B, cloiſons. C C, *&c.* étochiots ſimples. D, pêne. E, picolets. F, reſſorts à boudins. G, fouillot. H, bouton olive.
147. 148. 149. Terjettes, la premiere ovale, la ſeconde à croiſſant, & la troiſieme à panache. A A A, les verrous. B B B, les boutons. C C, *&c.* les crampons. D D D, les platines.
150. Loqueton. A, la baſcule. B, le cordon. C, le cramponet. D, le reſſort. E, la platine. F, le mantonet.
151. Platine d'entrée d'un loquet à cordeliere.
152. Loquet à cordeliere. A, la gâche. B, le loquet. C, le bouton. D, le crampon. E, le petit poinçon.
153. Paſſe-partout.
154. L'intérieur d'un loquet à vieille. A, la platine d'entrée. B, la baſcule.
155. Loquet à baſcule. A, le loquet. B, le crampon. C, le fouillot. D, le bouton.
156 Boucle tenant lieu de bouton du même loquet.
157. Poignée d'un loquet à pouſſier. A, la baſcule. B, la platine. C, les pointes de la poignée. D, la poignée.

PLANCHE XXXII.

Roulettes de lit. Pivots d'armoires à fiches rampantes.

Fig. 1. Roulette de lit. A, la monture. B, la chape. C, la roulette.
2. Bande à pattes. A A, les pattes. B, la crapaudine du pivot.
3. Etrier de la monture. A, la bourdonniere. B B, les branches. C C, les goujons pour être rivés ſur la bande.
4. Platines entre leſquelles on place des rondelles de cuir, qui rivées & ferrées enſemble forment roulettes. Ces cuirs débordent les platines de maniere qu'elles ne font point de bruit en roulant ſur le carreau. A A, les platines. B, le canon au travers duquel paſſe le boulon de la roulette.
5. Boulon de roulette. A, la tête. B, la vis à écrous.
6. Chape de roulette. A, le pivot. B, la chape. C, le trou de la goupille pour l'arrêter.
7. Roulette de bois de buis au gayac.
8. Coupe de la même roulette.
9. Pivots à patte de mon invention monté ſur menuiſerie. A, le double. B, le ſimple. C C, les pattes arrêtées de vis.
10. & 11. Le même en plan déſaſſemblé. A, le double, B, le ſimple. C C, les pattes.
12. & 13. Le même déſaſſemblé en perſpective. A, le double. B, le ſimple. C C, les pattes.
14. & 15. Pivots à ailes, de mon invention, montés ſur menuiſerie. A A, les doubles. B B, les ſimples. C C, les aîles. D D, les pointes pour les arrêter comme des fiches.
16. 17. 18. & 19. Les mêmes en plan déſaſſemblés. A A, les doubles. B B, les ſimples. C C, les ailes.
20. 21. 22. & 23. Les mêmes en elévation perſpective déſaſſemblés. A A, les doubles. B B, les ſimples. C C, les aîles. D D, les trous pour les pointes.
24. Pivot monté ſur menuiſerie ne paroiſſant pas en-dehors. A, le pivot. B, la branche. D, la crapaudine.
25. Le même en élévation perſpective. A, le pivot. B, la branche tournante. C C, les branches d'arrêt.
26. Crapaudine du pivot. A, le trou du pivot. B B, les branches d'arrêt.
27. Pointe à tête ronde à ferrer. A, la tête. B, la pointe.
28. Pointe ſans tête à ferrer. A, la pointe.
29. Fiches rampantes de mon invention montées, propres à faire fermer les portes d'elles-mêmes par leur propre poids. A, la rampe. B B, les vaſes. C C, les aîles.
30. Gond de la fiche rampante. A, la rampe. B, le vaſe. C, l'aîle.
31. Gond de la fiche rampante. A, la rampe. B, le mamelon. C, le vaſe. D, l'aîle.

PLANCHE XXXIII.

Fig. 1. & 2. Fiches à vaſes, l'une droite & l'autre coudée. A A, *&c.* les douilles. B B, *&c.* les vaſes. C C, *&c.* les aîles.
3. & 4. Fiches, l'une à broche ou bouton & l'autre de briſures. A A, les broches. B B, *&c.* les ailes.
5. Fiche à chapelet. A A, *&c.* les fiches. B B, les vaſes.
6. Fiche à gond. A, la douille. B, l'aîle.
7. Pomelle à queue d'aronde. A, la douille. B, l'aîle.
8. Pomelle en eſſe. A, la fiche. B, le gond. C D, leurs aîles en eſſe.
9. Charniere. A, les nœuds. B, la broche. C C, les aîles.
10. Couplet. A, la charniere. B, la broche. C C, les pattes.
11. Briquet de table. A, le nœud double. B B, les broches. C C, les pattes.
12. Crochet. A, le crochet. B, le piton à vis.
13. Equerre ſimple.
14 Equerre double.

PLANCHE XXXIV.

Fig. 15. Eſpagnolette de croiſée.
16. Eſpagnolette de croiſée avec chaſſis ſupérieur, & la *fig.* 17 une autre à verrous. A A, *&c.* les tiges. B B, *&c.* les vaſes. C C, *&c.* les lacets à vis à écrous. D D, *&c.* les panetons. E E, *&c.* les crochets. F F, les poignées G G, leurs boutons. H H, leurs ſupports à vis à écrous. I, une douille. J, ſon tenon. H K, la douille du verrou. K, ſa tige. L, le verrou. M, ſon bouton. N, ſes crampons. O, ſa platine.
18. Paneton à croiſſant.
19. Agraphe à croiſſant.
20. Support à charniere. A, la charniere. B, le ſupport. C, la queue à vis à écrous.
21. Support à pivot A A, les pivots. B, le ſupport. C C, les lacets à vis à écrous.
22. Gache d'eſpagnolette. A, le trou.
23. Un des lacets d'eſpagnolette. A, la tête. B, la vis à écrous.
24. Boîte contenant le mouvement d'une eſpagnolette à verrous ouvrant en-dehors & en-dedans. A A, la tige. B & C, les pignons ſans fin. D, le palatre. E, la cloiſon de la boîte. F, ſes étochiots.
25. & 26. Verrous ſur champ. A A, les tiges. B, un conduit. C C, les boutons. D D, les verrous. E E, leur embaſe. F F, leurs cramponets. G G, leurs platines.
27. & 28. Verrous ſur plat.
29. Baſcule à verrous à poignée. A, la poignée. B, le bouton.
30. Baſcule à verrou à pignon. A, le bouton. B, la platine. C, la couverture.

PLANCHE XXXV.

Façon d'eſpagnolettes.

Fig. 1. Etampes à tringles. A A, les étampes. B B, les talons.
2. Etampe d'une autre forme, qui ſe place en-travers de l'enclume. A, l'étampe. B B, les crochets.
3. La même étampe montée ſur l'enclume. A, l'é-

tampe. B, la bride pour l'arrêter. C, la clavette. D, l'enclume.

4. Bride de l'étampe. A A, les œils.

5. Clavette de la bride. A, la tête.

6. Etampe à poignée d'eſpagnolette. A, l'étampe. B B, les talons.

7. Etampe à vaſe d'eſpagnolette. A, l'étampe à vaſe. B, l'étampe à tringle. C C, les talons.

8. Etampe à bouton de poignée d'eſpagnolette. A, l'étampe. BB, les talons.

9. Etampe ou clouiere à lacets d'eſpagnolette. A l'étampe. B, le manche.

10. Lacets étampés. A, la partie deſtinée à être tournée. B, la tige pour la vis à écrou.

11. Lacets tournés. A, l'anneau. B, la tige.

12. Clou de poignée d'eſpagnolette prêt à mettre dans la clouiere. A, la tête. B, la tige quarrée.

13. Le même clou ſortant de la clouiere. A, la tête. B, la tige quarrée.

14. Clouiere à clou de poignée. A, la clouiere. B, le manche.

15. Clé à tourner les écrous d'eſpagnolette. A, la clé à fourche. B, le manche.

16. Poinçon à étamper les écrous d'eſpagnolette. A, le poinçon B, la tête.

17. Le même vu de côté du poinçon. A, le poinçon. B, la tête.

18. Betous d'eſpagnolette forgés.

19. Etampe emmanchée ſervant de deſſus de l'étampe à vaſe d'eſpagnolette. A, l'étampe. B, la tête. C, le manche.

20. Etampe emmanchée ſervant de deſſus de l'étampe à tringle. A, l'étampe. B, la tête. C, le manche.

21. Etampe emmanchée ſervant de deſſus de l'étampe à bouton de poignée. A, l'étampe. B, la tête. C, le manche.

22. Premiere chaude pour faire un vaſe d'eſpagnolette: A, la tige. B, la virole.

23. & 24. Viroles pour être fondées & faire le vaſe.

25. Seconde chaude, vaſe ſoudé & dégorgé. A, le dégorgement du vaſe. B, la tige.

26. Troiſieme chaude, vaſe fondé & étampé. A, le vaſe. BB, la tringle.

27. Premiere chaude pour fonder un panneton. A, le plion pour faire le panneton. B, la tringle.

28. Plion pour faire un panneton.

29. Seconde chaude, panneton fait. A, le panneton. B, la tringle.

30. Grain pour faire le ſupport de la poignée. A A, les crocs pour le faire tenir au fer pendant qu'il chauffe.

31. Grain fondé & percé. A, le grain. B, la tringle.

32. Bout de l'eſpagnolette diſpoſée pour en faire le crochet.

33. Crochet d'eſpagnolette fait. A, le crochet. B, la tringle.

PLANCHE XXXVI.

Fig. 1. Eſpagnolette tirée à la filiere, garnie de vaſes, pannetons & poignées de cuivre. AA, la tige. B B, les crochets. C C C, les vaſes. D D, les pannetons. E, la poignée. F, le bouton.

2. Vaſe d'eſpagnolette en cuivre monté ſur ſa platine. A, le vaſe. B, la platine.

3. Vaſe de cuivre fondu ſur une tige à vis à écrou de fer. A, le vaſe. B, la tige. C, la vis à écrou.

4. Vaſe de cuivre dégarni.

5. Platine. A A, les trous pour arrêter le vaſe. B B, les trous pour la viſſer en place.

6. Petit tenon ſur lequel on fond le vaſe de cuivre, & qui étant rivé ſur la platine, ſert à l'y arrêter. A A, les piés.

7. Tige de fer, à la tête de laquelle on fond le vaſe de cuivre. A, la tête. B, la vis.

8. Ecrou de la vis précédente. A A, fentes pour le tourner.

9. Crochet d'en-haut de l'eſpagnolette. A, le trou pour le river ſur la tringle.

10. Bout d'en-haut de l'eſpagnolette. A, le tenon pour y river le crochet. B, la rainure ſur laquelle tourne l'eſpagnolette dans le vaſe. C, le trou pour arrêter le panneton.

11. Tringle de l'eſpagnolette tirée à la filiere. A, le bout qui tient aux mâchoires des tenailles.

12. Goupille pour arrêter les vaſes & pannetons ſur l'eſpagnolette.

13. Panneton d'eſpagnolette fondu en cuivre. A, le trou pour l'arrêter.

14. Bouton de poignée d'eſpagnolette. A, le vaſe. B, la tige.

15. Poignée d'eſpagnolette évuidée. A, le côté du clou. B, le côté du bouton.

16. Clou de la poignée. A, la tête. B, la tige.

17. Vaſe de la charniere d'eſpagnolette. A, le trou du clou.

18. Poignée pleine. A, le côté du bouton. B, la charniere. C, le vaſe.

19. Charniere de la poignée. A, le vaſe. B, la charniere.

20. Bout d'en-bas de l'eſpagnolette. A, le tenon pour y river le crochet. B, la rainure ſur laquelle tourne l'eſpagnolette dans le vaſe. C, le trou pour arrêter le panneton.

21. Crochet d'en-bas de l'eſpagnolette. A, le trou pour le river ſur la tringle.

22. Clous de la charniere de la poignée. A, la tête. B, la tige.

23. Goujon pour arrêter l'eſpagnolette, lorſqu'elle eſt fermée. A, le goujon. B, le crochet.

PLANCHE XXXVII.

Banc à tirer les eſpagnolettes.

Fig. 1. Elévation perſpective. 2. Coupe. 3. Plan d'un banc à tirer les tringles d'eſpagnolettes. A, la filiere. BB, les ſupports de la filiere. CC, les jumelles. DD, les entretoiſes. EE, les montans. F, l'entretoiſe des montans. GG, les ſupports. H, le moulinet. I, le collier du moulinet. KK, les bras du moulinet. L, le cable. M, la tenaille. N, la tringle. O, le plateau. PP, les talons.

4. Tenailles. A A, les mords. B, la charniere. CC, les branches à crochet.

5. Filiere garnie de différens trous.

6. & 7. Supports à crochet de la filiere. A A, les crochets. BB, les talons. CC, les vis à écrous.

8. Collier du moulinet. A A, les pattes.

9. & 10. Vis à tête à chapeau du collier. A A, les têtes. B B, les vis en bois.

11. Collier monté ſur ſon entretoiſe. A, le collier. BB, les vis pour l'arrêter. C, l'entretoiſe. DD, les tenons.

12. Treuil du moulinet. A, la tête. B, le corps. C, le pivot ſcélé.

13. Crapaudine du treuil.

14. Entretoiſe des jumelles. A A, les tenons.

15. Entretoiſe ſervant de ſupport du treuil. A, la crapaudine. BB, les pattes ſervant de tenons.

16. & 17. Talons des jumelles. A A, les trous pour les arrêter.

18. 19. 20. & 21. Chevilles pour arrêter les talons. A A, les têtes.

PLANCHE XXXVIII.

Fig. 31. Marteau ou heurtoir de porte cochere en cuiſſe de grenouille. A, la cuiſſe de grenouille. B, le lacet. C, la roſette.

32. Marteau ou heurtoir en conſole. A, la conſole. B, ſa volute. C, ſa charniere. D, ſon lacet à vis à écrou.

33. Bouton. A, le bouton. B, la vis à écrou. C, ſa roſette.

34. Gâche encloiſonnée. A A, le palatte. B, la cloiſon. C, le talon.

35. & 36. Entrées de ferrures évuidées.

37. 38. 39. & 40. Anneaux de clés évuidés.

41. Tringle de croiſée. A, la tringle. BB, les yeux.

42. 43. & 44. Garniture de poulie de croiſée. AAA, les poulies. BBB, les chappes. CCC, les coudes ou gonds. DDD, les pointes.

45. Extérieur d'un ſtore. AA, la boîte ou cylindre. B, le piton. C, le gond. DD, la piece de coutil. EE, regle de bois. F, l'attache ou cordon.

46. Intérieur du même ſtore. AB, les tampons. CC, &c. les rouleaux de la vis. DD, &c. les rouleaux de fil de fer. EE, la tringle.

47. Porte ſonnette. A, la ſonnette. B, le reſſort. C, la tête de la ſonnette. D, la pointe.

48. Petite ſonnette. A, la ſonnette. B, le reſſort. C, la tête de la ſonnette. D, le tampon. E, la pointe.

49. & 50. Mouvemens de ſonnettes en fer, l'un monté debout & l'autre de coté.

51. & 52. Mouvemens de cordons en cuivre, l'un monté debout & l'autre de côté.

53. & 54. Mouvemens ſans cordons en cuivre, l'un monté debout & l'autre de côté.

PLANCHE XXXIX.

Fig. 55. & 56. Vitreaux en fer à cadres & panneaux à moulures.

57. Fourneau en fer à panneau & cadres à moulures.

58. Lambris de menuiſerie en fer avec panneaux & cadres à moulures.

PLANCHE XL.

Plates-bandes, Moulures & Corniches.

Fig. 1. 2. 3. 4. & 5. Différens profils de petits bois de croiſée en fer. AA, &c. les feuillures des carreaux.

6. & 7. Bouemens à baguette pour des cadres de lambris en fer. A, le cadre. B, la plate-bande. C, le panneau.

8. & 9. Bouemens à gorge à plate-bande à double filet. A, le cadre. B, la plate-bande. C, le panneau.

Plates-bandes d'appui & Rampes.

Fig. 10. Plate-bande plate.

11. Plate-bande demi-ronde.

12. Plate-bande quarderonnée. AA, les quarderons.

13. Demi-plate-bande quarderonnée. A, le quarderon.

14. Plate-bande à congés. AA, les congés.

15. Demi-plate-bande à congé. A, le congé.

16. Plate-bande à filet. AA, les filets.

17. Plate-bande à baguette. AA, les baguettes.

18. Plate-bande quarderonnée à baguette. AA, les quarderons à baguette.

19. Demi-plate-bande quarderonnée à baguette. A, le quarderon à baguette.

20. Plate-bande quarderonnée à filet. AA, les quarderons à filets.

21. Demi-plate-bande quarderonnée à filet. A, le quarderon à filet.

22. Bec de corbin ſimple de deux pieces.

23. Demi-bec de corbin ſimple de deux pieces.

24. Bec de corbin de quatre pieces à bouemens & congés. AA, les bouemens. BB, les congés.

25. Demi-bec de corbin de trois pieces à bouement & congé. A, le bouement. B, le congé.

PLANCHE XLI.

Croiſées à petit bois en fer.

Fig. 1. Croiſée en éventail à deux vanteaux à petit bois. AA, le chaſſis dormant. BB, les chaſſis à verres. C, l'éventail. D, le linteau. EE, les petits bois.

2. Croiſée de ſoupirail à un vantail. AA, le chaſſis dormant. BB, le chaſſis à verres. CC, les petits bois.

3. Autre croiſée de ſoupirail à deux vanteaux. AA, le chaſſis dormant. BB, les chaſſis à verres. CC, les petits bois.

4. Profil d'une bâtiſſe des battans. A, la bâtiſſe. B, la feuillure du carreau. C, l'étoile pour retenir le carreau.

5. Profil d'un petit bois. A, le petit bois. BB, les feuillures des carreaux. C, l'étoile pour retenir les carreaux.

6. 7. 8. 9. & 10. Différens onglets pour conſtruire les crampes.

11. & 12. Etoiles à pluſieurs branches que l'on place dans les croiſées pour retenir les carreaux.

13. Plan de la croiſée en éventail. AA, le chaſſis dormant. BB, le chaſſis à verre. CC, les petits bois.

PLANCHE XLII.

Perſienne à ſtore.

Fig. 1. Perſienne ou jalouſie garnie de ſes planchettes & ferrures. AA, chaſſis du vantail. BB, les planchettes. C, le conduit. DD, les verroux à reſſort pour maintenir les planchettes.

2. Coupe du vantail & ſes ferrures. A, le conduit des planchettes. B, le bouton. CC, &c. les pitons. DD, &c. les elſes. EE, les planchettes. FF, les verrous à reſſort. GG, les chaſſis du vantail.

3. Moitié du conduit, l'autre étant ſemblable. A, le bouton. BB, &c. trous pour river les pitons.

4. Une des planchettes. A, la planchette. BB, les tourillons.

5. & 6. Tourillons de la planchette. AA, les tourillons. BB, les fourchettes.

7. Une des elſes. A, le piton. B, la patte.

8. Un des pitons rivés ſur la tringle de conduite. A, la tête. B, la tige.

9. & 10. Verrous pour maintenir les planchettes. AA, les verrous. BB, les platines. CC, &c. les cramponets. DD, la branche de conduite.

11. Goujons pour conduire les verrous. A, le goujon. B, la fourchette.

12. Bouton de la tringle de conduite.

13. Store vu intérieurement. A, la boîte de fer-blanc. BB, la tringle. CC, les rouleaux de fil de fer. DD, les rouleaux de bois. EE, les bouchons.

14. Tringle du ſtore. A, l'œil. B, la tige.

15. Bouchon portant rouleau. A, le bouchon. B, le rouleau ſur lequel on arrête le fil de fer.

16. & 17. Rouleaux de bois.

18. Bouchon ſimple.

19. Coupe du même ſtore. A, la boîte. BB, la tringle. CC, les rouleaux de fil de fer. DD, les rouleaux de bois. EE, les bouchons arrêtés de clous. F, la goupille retenant le dernier rouleau à la tringle.

20. Rouleau de fil de fer monté. A, le fil de fer. B, le bouchon. C, le rouleau de bois.

21. Maniere de tourner le fil pour les ſtores. A, le fil de fer. B, le rouleau. C, la manivelle. D, la monture.

PLANCHE XLIII.

Fig. 1. Equerre ſur champ pour retenir les montans avec les traverſes des caiſſes de voitures. AA, les branches percées de trous pour les arrêter.

2. Equerre ſur champ à T. AAA, les branches.

3. Tirant à double patte. AA, les pattes pour empêcher l'écartement.

4. Tirant à une ſeule patte. A, la patte. B, la branche.

5. 6. 7. & 8. Equerres ſur plat de différentes formes ſuivant les places. A, la branche droite. B, la branche courbe. C, la branche à T.

9. Boulon pour empêcher l'écartement. AA, les embaſes. BB, les vis. C, la tige.

10. Boulon à tête deſtiné au même uſage. A, la tête. B, la vis à écrou. C, la tige.

11. Bande portant-mains. AA, les mains. B, la bande.

12. Boulons de main. A, la tête. B, la vis à écrou.

13. Main à charniere. A, l'anneau. B, le piton. C, la vis à écrou. D, le nœud.

14. & 15. Charnieres de portieres de chaiſe. AA, les platines. BB, les goujons à vis à écrou. CC, les nœuds.

16. Loqueteau à boucle de portieres. A, la boucle. B, la

la tige. C, la vis à écrou. D, la baſcule.
17. Tige du loqueteau. A, l'œil. B, la tige. C, la vis à écrou. D, le quarré de la baſcule.
18. Bouche du loqueteau. A, le tourillon.
19. Baſcule du loqueteau. A, l'œil.
20. Loqueteau à bouton. A, le bouton. B, la tige à vis à écrou. C, la baſcule.
21. Bouton olive du loqueteau. A, le bouton. B, la tige. C, la vis à écrou. D, le quarré de la baſcule.
22. Baſcule du loqueteau. A, l'œil.
23. Fermeture à verrous de portiere. AA, les deux verrous. B, le pignon pour les conduire. CC, les picolets. D, la platine.
24. & 25. Picolets de la fermeture. AA, les pattes.
26. 27. 28. & 29. Vis de picolet. AA, les têtes. BB, les vis.
30. Bouton à olive à tige. A, le bouton. B, la tige. C, le quarré.
32. & 33. Verrous de la fermeture. AA, les pênes. BB, la tige. CC, les coudes. DD, les queues d'entrées.
34. Pignon de la fermeture. A, le trou du boulon. BB, les dents.

PLANCHE XLIV.

Fig. 1. Fermeture à bec de canne de mon invention que l'on ouvre toujours de quelques côtés que l'on tourne le bouton, pour les portieres de chaiſe. AA, les pênes chanfreinés. BB, les reſſorts à boudins. CC, les platines des pênes. DD, les tiges des pênes. E, la platine du milieu. FF, les boucles des pênes recouvrantes l'une ſur l'autre. GG, leurs queues. HH, les picolets. I, le fouillor.
2. & 3. Pêne de la fermeture. AA, les chanfreins. BB, les tiges. CC, les étochiots. DD, les boucles entaillées. EE, les queues.
4. Crochet ſervant de bouton à l'uſage des cabriolets. A, le crochet. B, le quarré pour entrer dans le fouillot. C, la vis à écrou.
5. & 6. Reſſorts à boudin. AA, les reſſorts. BB, les goujons.
7. & 8. Picolets. AA, &c. les pattes.
9. Pouillot. AA, les branches. B' le touret.
10. & 11. Platines ou palatres des pênes. AA, les trous des pênes.
12. Main de brancard de caiſſe. A, la patte. BB, les branches. C, le boulon.
13. Boulon de la main. A, la tête. B, la tige. C, l'écron.
14. Cric pour bander les ſoupentes des voitures. AA, les roues d'entrée. B, le ſupport. C, l'arcboutant. D, le ſupport en arcboutant. E, l'arbre.
15. & 16. Roues dentées du cric. AA, les dents. BB, les trous de l'eſſieu.
17. Support du cric. A, l'œil quarré. B, la tige. C, l'embaſe. D, la vis à écrou.
18. Arcboutant du cric. A, l'œil de l'eſſieu. B, le trou pour l'arrêter.
19. Support & arcboutant. A, l'œil. B, l'embaſe. C, la vis à écrou.
20. Crampon pour arrêter la trappe. AA, les pointes.
21. Trappe. A, le trou ſervant de charniere.
22. Eſſieu du cric. A, le quarré pour le tourner. BB, les embaſes. CC, trous des dents de loup.
23. Eſpece de clou appellé *dent de loup* pour arrêter les ſoupentes.
24. Clé de voiture. A, la clé de l'eſſieu du cric. B, la clé des écrous de l'eſſieu de la voiture.
25. Cric de guindage. A, l'eſſieu. B, la roue d'entrée. C, le ſupport. D, la vis à écrou.
26. Eſſieu du cric de guindage. A, le quarré. B, le trou de la dent-de-loup. C, la vis à écrou.
27. Petite roue denrée du même. A, le trou de l'eſſieu. BB, les dents.
28. Dent-de-loup du même cric. A, la tête.
29. Platine du marchepié de voiture. AA, les échancrures des ſupports. BB, les trous pour l'arrêter.
30. & 31. Boulon pour retenir la platine. AA, les têtes. BB, les vis à écrous.
32. Support de marchepié. AA, les ſupports. BB, les tiges. CC, les vis à écrous. DD, les trous pour arrêter la platine.

PLANCHE XLV.

Ferrures de voitures.

Fig. 1. Marchepié à chappe. AA, les embraſures qui n'alterent point les brancards. BB, les vis à écrous.
2. & 3. Platines des embraſures du marchepié.
5. Platines du marchepié. AA, les échancrures. BB, les trous pour l'arrêter.
5. & 6. Boulons pour arrêter la platine. AA, les têtes. BB, les vis à écrous.
7. Support de guindage. A, le ſupport à patte. B, le conduit. C, la plate-bande à patte.
8. Autre ſupport de guindage. A, le conduit. BB, les branches. CC, les embaſes. DD, les vis à écrous.
9. Conduit de guindage. AA, les montans. BBB, les gonjons à vis à écrous.
10. Support de guindage à cric. A, le ſupport. B, le cric. CC, les branches. DD, les embaſes. EE, les vis à écrous.
11. Roue dentée du cric. A, le trou de l'eſſieu. BB, les dents.
12. Eſſieu du cric. A, le quarré. BB, les embaſes. C, le trou de la dent-de-loup. D, la vis à écrou.
13. Dent-de-loup de guindage. A, la tête.
14. Cliquet du cric. A, le pivot.
15. Boite d'arrêt qui eſt au bout des brancards par derriere pour les empêcher de s'écorcher. A, la boîte. B, la pomme.
16. Autre arrêt à patte deſtiné au même uſage. A, la patte. B, la pomme.
17. & 18. Crampons de guindage. AA, les anneaux. BB, les pattes. CC, les embaſes. DD, les vis à écrous.
19. Crampon de recul du brancard. AA, les pointes.
20. Chaſſis de garde crote. AA, la cerce. BB, les embaſes. CC, les vis à écrous.
21. Crampon de doſſiere. AA, les pointes.
22. Crochet de recul de timon. A, le crochet. B, la boîte.
23. Supports de ſiége. A, la traverſe. BB, les branches. CC, les embaſes. DD, les vis à écrous.
24. Support de derriere de liſoir de carroſſe. A, la patte. B, le vaſe. C, la boîte.
25. Support de devant de liſoir de carroſſe. AA, les pattes. B, le vaſe.
26. & 27. Supports de portiere de chaiſe. AA, les anneaux. BB, les tiges. CC, les embaſes. DD, les vis à écrous.
28. & 29. Goujon de charniere de portiere. AA, les œils. BB, les vis à écrous.
30. & 31. Brides de ſoupentes. AA, les boucles. BB, les vis à écrous.
32. & 33. Charnieres de portieres à deux branches. AA, les nœuds. BB, les branches.

PLANCHE XLVI.

Fig. 1. Tirant de ſoufflet de cabriolet à charniere. A, la charniere. BB, les œils.
2. Petit tirant de ſoufflet. A, la charniere. BB, les œils.
3. Support du tirant. A, le goujon à vis à écrou. B, le corps. C, le tourillon. D, la vis à écrou du tourillon.
4. Reſſort de brouette. AA, les trous d'arrêt. B, la fourchette.
5. Le même reſſort monté ſur ſon brancard. A, le reſſort. BB, les boulons pour le retenir. C, le tirant. D, le brancard de la brouette. E, le montant de devant. F, le montant de derriere.
6. Reſſort double. AA, le reſſort double. B, la bride. C, la volute. D, le ſecond reſſort en tire-bouchon.

7. Autre reſſort ſimple. A, les trous pour l'arrêter.
8. Reſſort ſimple coudé. A A, les trous pour l'arrêter. B, le coude.
9. Reſſorts ſimples ſurmontés d'un brancard de berline. A, le brancard. B B, les reſſorts. C C, les ſoupentes.
10. Reſſort double monté d'un brancard de berline. A, le brancard. BB, le reſſort. C C, les ſoupentes.
11. Brancard de berline ſuſpendu ſur des reſſorts doubles. A, le brancard. BB, les mains. CC, les ſoupentes. DD, les reſſorts doubles. EE, les brides.
12. Reſſort coudé. A A, les trous pour l'arrêter. B, le coude.
13. Brancard de diligence ſuſpendu ſur des reſſorts ſimples. A, le brancard. B, le reſſort de devant. C, le reſſort de derriere. D D, les ſoupentes. E, la main.
14. Brancard de diligence ſuſpendu ſur un ſeul reſſort. A, le brancard. BB, les mains. C C, les ſoupentes. D, le reſſort.

PLANCHE XLVII.

Fig. 1. Reſſorts à écreviſſes pour les chaiſes de poſte. A A, &c. les têtes. B, la boîte ſervant de point aux talons des reſſorts. C, le ſupport d'appui. D D, les crochets pour arrêter les ſoupentes. EE, les mufles.
2. & 3. Mufles des reſſorts à écreviſſes. A A, les conduits. BB, les platines.
4. Un des crochets des reſſorts. A A, les crochets. B, le point d'arrêt.
5. Boîte des reſſorts. A, la boîte. B B, les ſupports.
6. Support. A, l'œil. B, l'embaſe. C, la vis à écrou.
7. 8. 9. 10. 11. 12. 13. 14. 15. & 16. Feuilles des reſſorts droites. AA, &c. les pattes. B B, &c. les queues d'aronde.
17. Les feuilles de reſſorts réunies. A A, les pattes percées de trous pour les arrêter enſemble. BB, les queues d'aronde rabattues.
18. Le même reſſort chantourné.
19 Une feuille chantournée ſéparément.
20. 21. 22. 23. 24. 25: 26. 27. 28. & 29. Feuilles de reſſorts ceintrées. A A, &c. les queues d'aronde.
30. Les feuilles réunies formant un reſſort ceintré.
31. Reſſort garni d'une main à moufle. A, la main.
32. Feuilles du reſſort. A, la patte.
33. Feuilles du reſſort avec ſa main à moufle. A, la main. B, la patte.
34. 35. 36. & 37. Boulons des reſſorts. A A, &c. les vis à écrous.

PLANCHE XLVIII.

Fig. 1. Main à reſſort. A A, la main. B B, les reſſorts. C, la patte des reſſorts.
2. Main. A A, les jumelles. BB, &c. les boulons d'entroiſe.
3. Les deux reſſorts réunis. A, le reſſort ſupérieur. B, le reſſort inférieur. C, la patte.
4. Reſſort ſupérieur. A A, les pattes. BB, les queues d'aronde.
5. Reſſort inférieur. A A, les pattes. BB, les queues d'aronde.
6. Reſſort à tire-bouchon pour les ſoupentes de voitures. A A, les tire-bouchons. B, le tirant à boucle. C, la platine. DD, les écrous. EE, le chaſſis. FF, parties des ſoupentes.
7: Plan du chaſſis du reſſort à tire-bouchon. A, partie arrondie pour le pli de la ſoupente. B, le côté percé pour le paſſage des branches du tirant à boucle.
8. Coupe du chaſſis du côté de la ſoupente. A, la partie arrondie pour le pli.
9. Platine pour exhauſſer les reſſorts à tire-bouchons, lorſqu'ils ſont trop courts.
10. Coupe du chaſſis du côté du tirant à boucle. A A, les œils renflés.
11. Coupe intérieure du chaſſis & du tirant à boucle: A, la partie arrondie pour le pli de la ſoupente. B, la partie des œils. C, l'anneau du tirant. D, la branche du tirant.
12. Plan du tirant à boucle. A, l'anneau: B, la partie arrondie pour le pli de la ſoupente. CC, les branches du tirant à boucle. D D, les vis.
13. & 14. Platine du deſſons des écrous. A A, &c. les œils.
15. Elévation du tirant à boucle. A, l'anneau. B, la branche. C, la vis.
16. Ecrou des branches du tirant.
17. Virole des vis du tirant.
18. & 19. Reſſorts en tire-bouchon tournés.

PLANCHE XLIX.

Fig. 1. Elévation perſpective.
2. Elévation géométrale.
3. Plan d'un martinet à bras de mon invention. A, l'enclume. B, le billot. C, le martinet. D, le manche. E, l'arbre. F F, les couſſinets. G G, les vis des couſſinets. H, le rouleau. I, le volant. K, l'arbre. L, le talon. M, la manivelle. N N, les couſſinets. O O, les jumelles du chaſſis. PP, les ſommiers. QQ, &c. les ſupports. RR, &c. les liens. SS, &c. les entretoiſes.

PLANCHE L.

Détail du martinet à bras & de l'étau à moufle.

Fig. 1. Volant à quatre branches. A A, le cercle. BB, &c. les contre-poids. C C, les branches. D, le quarré de l'arbre.
2. Arbre. A, le talon. BB, les tourillons. C, l'embaſe. D, le quarré.
3. Manivelle. A, la clé. B, le bras. C, le rouleau.
4. & 5. Couſſinets de l'arbre. A A, les encoches. BB, &c. les trous des vis.
6. Platine portant les vis des couſſinets. A, la platine. BB, les vis. CC, les écrous.
7. & 8. Boulons pour retenir la platine ſur les jumelles du chaſſis. A A, les têtes. B B, les vis à écrous.
9. Arbre du manche du martinet. A A, les tourillons. BB, les embaſes.
10. 11. 12. & 13. Couſſinets de l'arbre du volant. A A, &c. les encoches. BB, les trous des vis.
14. & 15. Platines portant les vis des couſſinets. A A, les platines. B B, &c. les vis. C C, les écrous.
16. 17. 18. & 19. Boulons des platines. AA, &c. les têtes. B B, &c. les vis à écrous.
20. & 21. Chapes du rouleau du martinet. AA, les trous des tourillons. B B, les branches droites. CC, les branches coudées.
22. Rouleau du martinet. A A, les tourillons.
23. Etau à forger les groſſes moufles de bâtimens. A A, les jumelles. B, le ſommier. C C, les entre-pieces. D, le mandrin. E, la moufle à renformes.
24. Jumelles de l'étau. A, l'entaille du mandrin. BB, les épaules. C, le pié.
25. & 26. Entre-pieces de l'étau. A A, les trous des goupilles.
27. Moufles à renformes. A A, les branches.
28. Mandrin.
29. Moufle renformée prête à ſonder.

PLANCHE LI.

Des outils de forge.

Fig. 1. Goupillon. A, la rige. B, la boucle. C, les deux branches. D, l'attache.
2. & 3. Tiſonniers, l'un pointu & l'autre crochu. A, A, les tiges. BB, les boucles. CC, la pointe ou le crochet.
4. Enclume. A, le billot. B, la ſurface de l'enclume. C, la bigorne ronde. D, le trou. EE, les empattemens.

5. Bigorne. A, la tige. B, la bigorne ronde. C, la bigorne quarrée. D, l'embase. E, le billot. F, son cercle.
6. Tasseau. A, la tête. B, la pointe.
7. Faux rouleau. A, le faux rouleau. B, son billot.
8. & 9. Ciseaux, l'un à chaud & l'autre à froid. AA, le taillant. BB, la tête.
10. Tranchet. A, le taillant. B, l'épaulement. C, la queue.
11. Tasseau d'enclume. A, le tasseau. B, la queue.
12. Griffe d'enclume. A, la griffe. B, la queue.
13. Etampe. A, l'étampe. BC, les talons. DE, les brides. F, la clavette.
14. Petite étampe. A, l'étampe. BC, les talons.
15. Etampe à main ou dégorgeoir. A, le dégorgeoir. B, la tête.
16. Marteau à devant.
17. Autre marteau à devant à traverse.
18. Marteau à main, *fig.* 19. marteau à bigornet, *fig.* 20. marteau à tête ronde. AA, &c. les têtes. BB, &c. les pances. CC, &c. les yeux. DD, &c. les manches.
21. & 22. L'une une tranche & l'autre une langue de carpe. AA, les taillans. BB, les têtes. CC, les manches.
23. & 24. L'une un poinçon plat, & l'autre un poinçon rond. AA, les poinçons. BB, les têtes, CC, les manches.
25. & 26. L'une une chasse quarrée, & l'autre une chasse à biseau. AA, les quarrés à biseau. BB, les têtes. CC, les manches.

PLANCHE LII.

Outils de Forge.

Fig. 1. Pelle à charbon.
2. Pié de forge.
3. Compas d'épaisseur. A, la tête. BB, les jambes.
4. Compas droit de forge. A, la tête. BB, les jambes.
5. Dégorgeoir simple. AA, les branches. B, le ressort.
6. Dégorgeoir à graine. AA, les branches. B, le ressort.
7. Chambriere à potence que l'on place près de la forge pour soutenir le fer lorsqu'il chauffe. A, le pivot, B, la branche saillante. C, le lien. D, le tourniquet.
8. Chambriere ambulante, A, le tourniquet. B, le trépié.
9. Chandelier ambulant de forge. A, le chandelier. B, le pié.
10. & 11. Perçoirs.
12. Grand chandelier de forge. A, le chandelier. B, le crochet.
13. Grande chambriere ou servante à crémaillere. A, le pivot. B, la branche saillante. C, le lien. D, la crémaillere. E, la servante. F, le cliquet. G, l'anneau.
14. Hart portant un ciseau. A, la hart. B, le ciseau.
15. Chandelier glissant d'établi. A, la tige. B, la potence. CC, les branches. D, la bobeche.
16. Crochet d'étampe pour retenir les plates-bandes dans les étampes. A, le crochet. B, la tige. C, la pointe.
17. Gros ravaloir pour ravaler les anneaux de clé ou autres choses semblables.
18. Petit ravaloir.
19. 20. 21. & 22. Différens étampes de boutons, vases de fiches, &c.
23. & 24. Dessus d'étampes de vases, &c. & boutons.
25. 26. 27. & 28. Etampes à plates-bandes & à moulures. AA, &c. les talons.

PLANCHE LIII.

Outils de Forges d'établi.

Fig. 27. 28. & 29. Poinçons à main, le premier quarré, le second plat, le troisieme rond. AA, &c. les poinçons. BB, &c. les têtes.
30. 31. 32. 33. 34. & 35. Mandrins quarrés, plats, ronds, ovales, triangles, & à pans.
36. Perçoire.
37. A, une griffe. B, un tourne-à-gauche.
38. 39. 40. & 41. Tenailles, les premieres droites, les secondes croches, les troisiemes à bouton, & les dernieres à rouleaux. AA, &c. les mors. BB, les branches.
42. Ratelier de forge. AA, la plate-bande. BB, les pointes.
43. Etaux. AB, les tiges. C, les mors. D, les yeux. E, le pié. F, les jumelles. G, le ressort. H, la boîte. I, la tête de la vis. K, la manivelle. L, l'établi. M, la bride double. N, la bride simple. O, les clavettes. P, leurs vis.
44. Petite bigorne d'établi. A, la tige. B, la bigorne ronde. C, la bigorne quarrée. D, l'embasse. E, la pointe.
45. Tasseau d'établi. A, la tête. B, la pointe.
46. Etampe d'établi. A, la tête. B, la queue.
47. Quarreau, 48. demi-quarreau. AA, les quarreaux. BB, les manches.
49. 50. 51. 52. & 53. Limes de Forez ou d'Allemagne en paquet, la premiere quarrelette, la seconde demi-ronde, la troisieme quarrée ou à potence, la quatrieme tierspoint, & la cinquieme queue de rat. AA, &c. les limes. BB, &c. les manches.
54. 55. 56. 57. & 58. Limes d'Allemagne à queues semblables aux précédentes. AA, &c. les limes. BB, &c. les queues.

PLANCHE LIV.

Outils d'établi.

Fig. 59. 60. 61. 62. 63. & 64. Limes d'Angleterre, la premiere quarrelette, la deuxieme demi-ronde, la troisieme tierspoint, la quatrieme quarrée ou à potence, la cinquieme queue de rat, & la sixieme ovale. AA, &c. les limes. BB, &c. les manches.
65. 66. & 67. Rapes, la premiere quarrelette, la deuxieme demi-ronde, & la troisieme queue de rat. AA, &c. les rapes. BB, &c. les manches.
68. Brunissoir. A, le brunissoir. B, le manche.
69. 70. & 71. L'une un rivoir, l'autre un demi-rivoir, & la derniere un rivoir à pleine croix. AA, &c. les têtes. BB, les pannes. CC, les yeux. DD, les manches.
72. Rateller d'établi. AA, la plate-bande. BB, les pointes.
73. 74. 75. Ciseaux, l'un but, l'autre bec d'âne, & le dernier langue de carpe. AA, &c. les taillans. BB, les têtes.
76. 77. & 78. Poinçons, l'un quarré, l'autre plat, & le dernier rond. AA, &c. les poinçons. BB, &c. les têtes.
79. Une paire de tenailles à chanfrein. AA, les mors. B, la charniere.
80. Tenailles à liens. AA, les mors. B, le ressort.
81. Tenailles à boutons. AA, les mors. BB, la charniere.
82. Tenailles à rouleaux. AA, les mors. B, le ressort.
83. Tenailles à vis. AA, les mors. B, la charniere. CC, les yeux. D, la boîte. E, la vis & son écrou.
84. Tenailles à blanchir. A, la vis. B, l'étrier. C, le bois.
85. Une filiere & son tarau. AA, les trois filetres. BB, les branches. C, le tarau.
86. & 87. Taraux. AA, les taraux. BB, les têtes.
88. Tourne-à-gauche de tarau. AA, les branches. B, l'œil.
89. Frais. A, la fraise. B, la queue. C, la boîte.
90. Foret. A, le foret. B, la queue. C, la boîte.
91. Arçon. A, l'arçon, B, le manche. C, la corde.
92. Palette à forer. A, le fer. B, le bois.
93. Machine à forer. A, la palette. B, le coude. C, l'œil. D, le crochet. E, sa vis à écroux.

PLANCHE LV.

Outils d'établi.

Fig. 1. Grande filiere double. AA, les jumelles. BB,

les coussinets. C, le bras. D, l'œil. E, le bras à vis.

2. & 3. Coussinets. A A, les languettes.

4. Faux coussinets. A A, les languettes.

5. Petite filiere double. A A, les jumelles. B B, les coussinets. C, l'œil. D, la vis.

6. 7. & 8. Coussinets de la filiere à une & deux faces. A A, &c. les languettes.

9. Faux coussinets. A A, les languettes.

10. Grosse filiere à manche. A A, les taraux. B, la filiere. C, le manche.

11. Petite filiere à manche. A A, les taraux. B, la filiere. C, le manche.

12. 13. 14. 15. Taraux. A A, &c. les têtes. B B, &c. les vis.

16. Vis de la petite filiere double. A, la tête. B, la vis.

17. Grand tourne-à-gauche. A, l'œil. B B, les bras.

18. Petit tourne-à-gauche. A A, les œils. B B, les bras.

19. Etau ou pinces de bois. A A, les mors. B, le coin. C C, les fretes.

20. Coin de l'étau de bois. A, la tête.

21. & 22. Frettes de l'étau de bois.

23. Etau à trépié à tarauder. A, le mors immobile. B, le mors mobile. C C, les vis. D D, les manivelles. E E E, les jambes. F F F, les pattes.

24. & 25. Vis de l'étau à tarauder. A A, les têtes. B B, les vis.

26. Mors mobile. A A, les yeux.

27. Etau à patte. A A, les mors. B, la bride. C, la patte. D, la vis. E, l'étoile. F, le ressort. G G, les jumelles. H, la vis. I, la manivelle. K, la boîte.

28. Vis de l'étau. A, la vis. B, la tête. C, la manivelle.

29. Ressort. A A, les branches.

30. Boîte d'étau. A, le corps de la boîte. B, le vase.

31. 32. & 33. Rondelles de différentes épaisseurs pour la vis de l'étau.

PLANCHE LVI.

Outils d'établi.

Fig. 94. 95. 96. & 97. Ciseaux en bois; les deux premiers ciseaux larges, le troisieme ciseau d'entrée, & le quatrieme bec d'âne. A A, &c. les taillans. B B, &c. les têtes.

98. Bec d'âne à ferrer. A & B, les taillans.

99. Chasse-pointe. A, la pointe. B, la tête à crochet.

100. Meche. A, la meche. B, la tête.

101. Fût de villebrequin & sa meche. A, la tige de la meche. B, la meche. C, la douille du fût. D E, les coudes. F, le manche à touret. G, le manche à virole.

102. Vrille. A B, le fer. C, le manche.

103. Tarriere. A B, le fer. C, le manche.

104. Tourne-vis. A B, le fer. C, le manche.

105. Une paire de tenailles ou triquoises. A A, les mors. B, la charniere. C C, les branches.

106. Paire de cisaille. A A, les mors. B, la charniere. C D, les branches coudées.

107. Compas. A, la tête. B B, les pointes.

108. Fausse équerre ou sauterelle. A A, les branches. B, la charniere.

109. Equerre.

110. 111. 112. 113. & 114. Marteaux à relever. A A, &c. les têtes. B B, &c. les yeux. C C, &c. les manches.

115. 116. 117. 118. 119. 120. 121. 122. Tasseaux à relever. A A, &c. les têtes. B B, &c. les doubles épaulemens.

123. Poinçon à feuilles d'eau. A, le poinçon. B, la tête.

124. Etampe à épis feuilles d'eau.

125. Etampe à épis de blé ou autres ornemens.

126. Tasseau de plomb.

127. Tasseau. A, la tête. B, le tenon.

128. Tasseau à tête un peu ronde. A, la tête. B, le tenon.

PLANCHE LVII.

Outils d'établi.

Fig. 1. Tourne-à-gauche.

2. Petite griffe à main. A, la griffe. B, le tourne-à-gauche.

3. Très-petite griffe à main. A, la griffe. B, le tourne-à-gauche.

4. Fer double à couper de la tôle. A, l'œil servant de ressort.

5. Griffe d'enclume montée en travers. A, la griffe. B, la monture.

6. Petite griffe d'enclume montée en long. A, la griffe. B, la monture.

7. Griffe d'enclume sans monture. A, la griffe. B, le tenon.

8. Machine à forer. A, le montant. B, le ressort. C, la palette. D, la bride. E, la vis.

9. Drille. A, l'arbre. B, le manche. C C, les cordes. D, le contre-poids. E, la boîte. F, le foret.

10. Machine à forer. A, la piece coudée servant de pivot. B, la poupée. C, le foret. D, la boîte.

11. Boîte à foret.

12. Piece coudée. A, le pivot du foret. B, la mortaise.

13. Poupée. A, la lumiere. B, le tenon. C, la mortaise de la clé.

14. Foret à forer le fer. A, le taillant.

15. Poret à forer le cuivre. A, le taillant.

16. Fraise quarrée. A, la fraise.

17. Fraise ronde. A, la fraise.

18. Balance à peser les fers. A, le crochet à patte. B, le Béau. C C, les plateaux.

19. & 20. Poids à peser les fers. A A, les anneaux.

21. Petites balances à peser les clous, &c. A, la potence. B, le fléau. C C, les bassins.

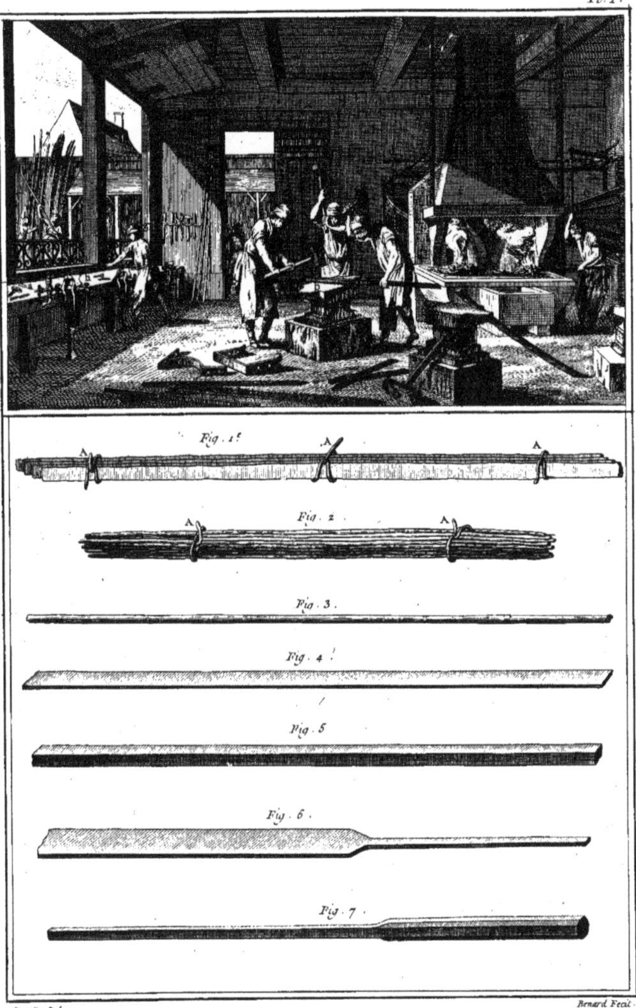

Lucotte Del.

Benard Fecit.

Serrurerie, Fers Marchand.

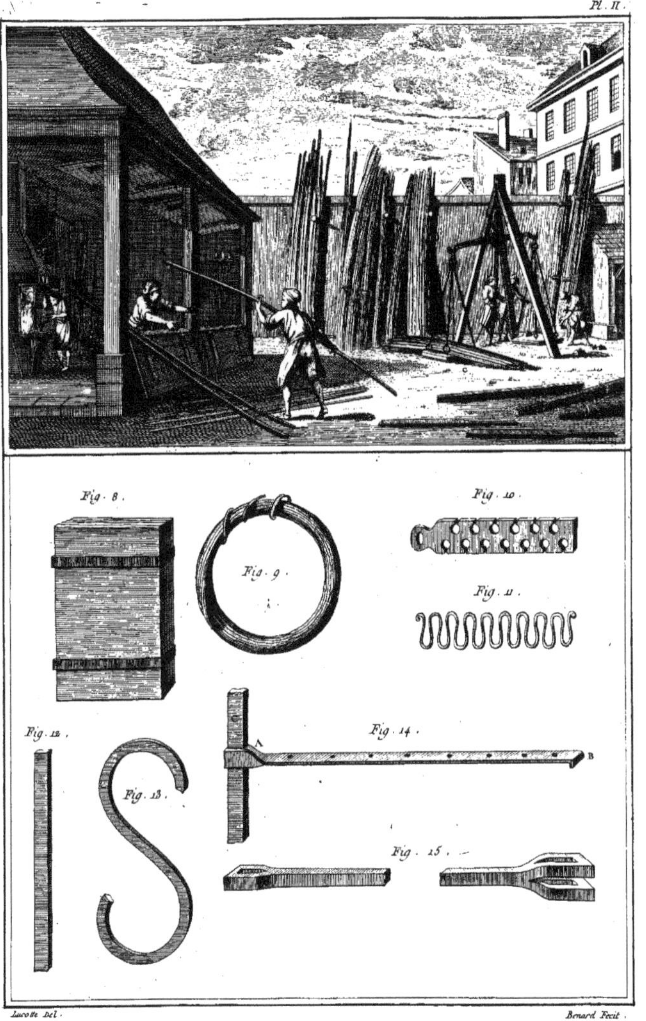

Lucotte Del. Benard Fecit.

Serrurerie, Fers Marchands et de Batiments; Gros Fers.

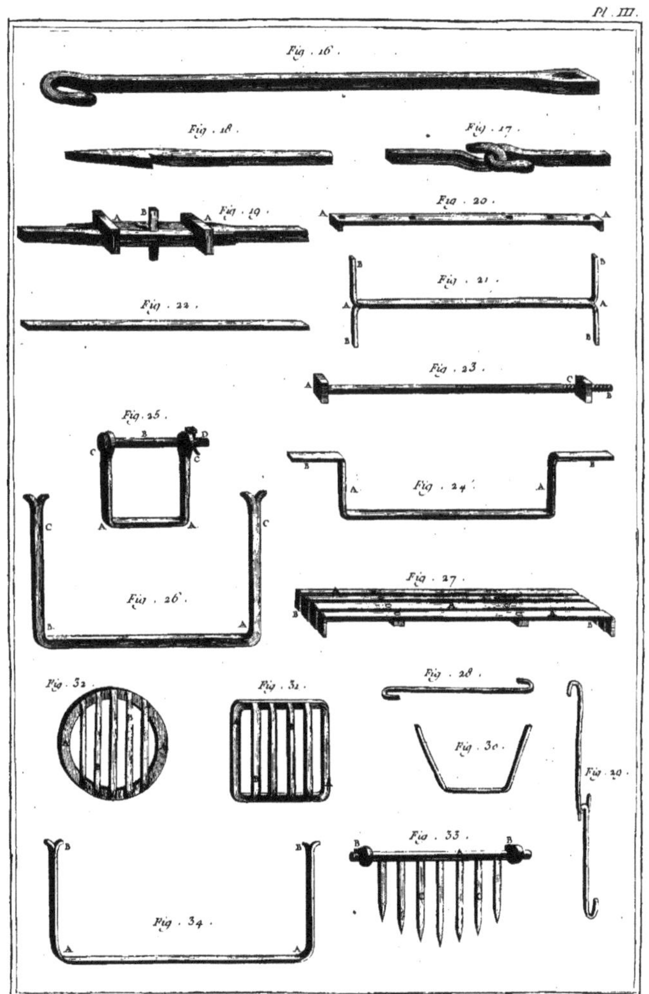

Serrurerie, Fers de Batiment, Gros Fers.

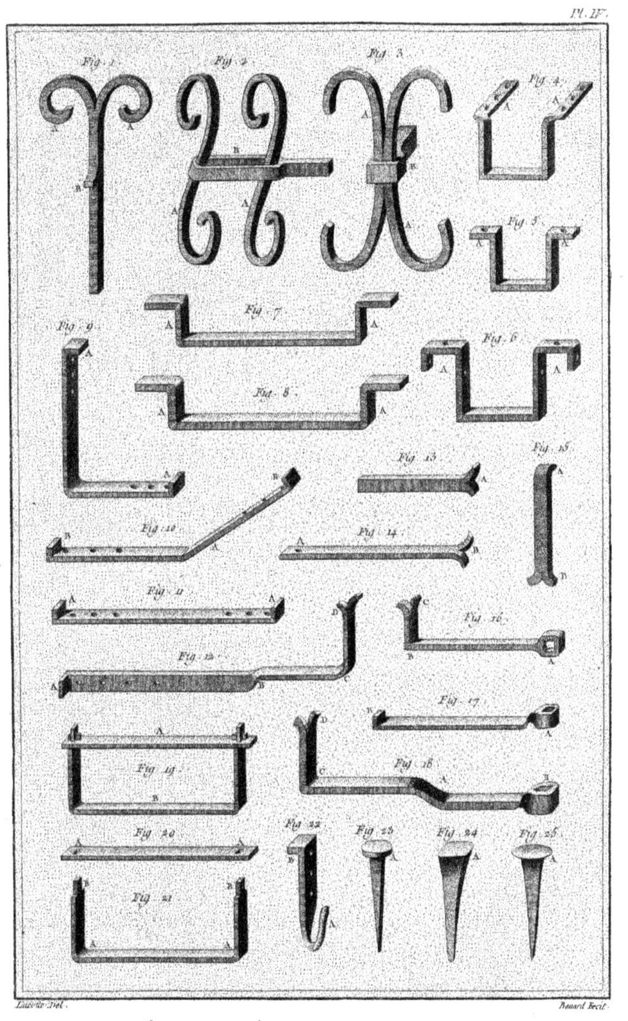

Lucotte Del. — Benard Fecit.

Serrurerie, Fers de Batimens, Gros Fers.

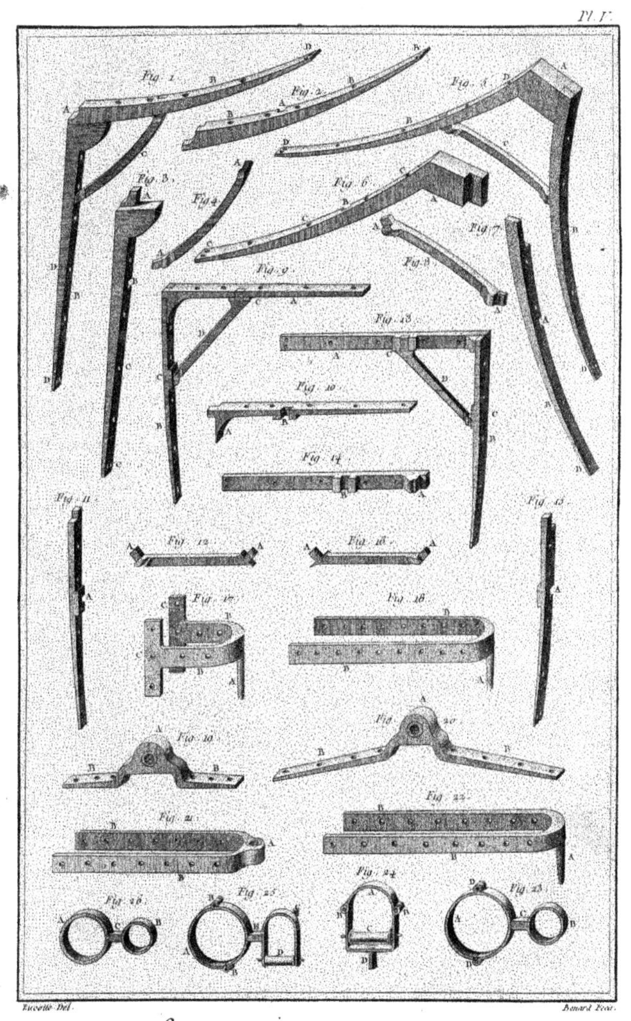

Lucotte Del. — Benard Fecit.

Serrurerie, Gros Fers de Vaisseaux.

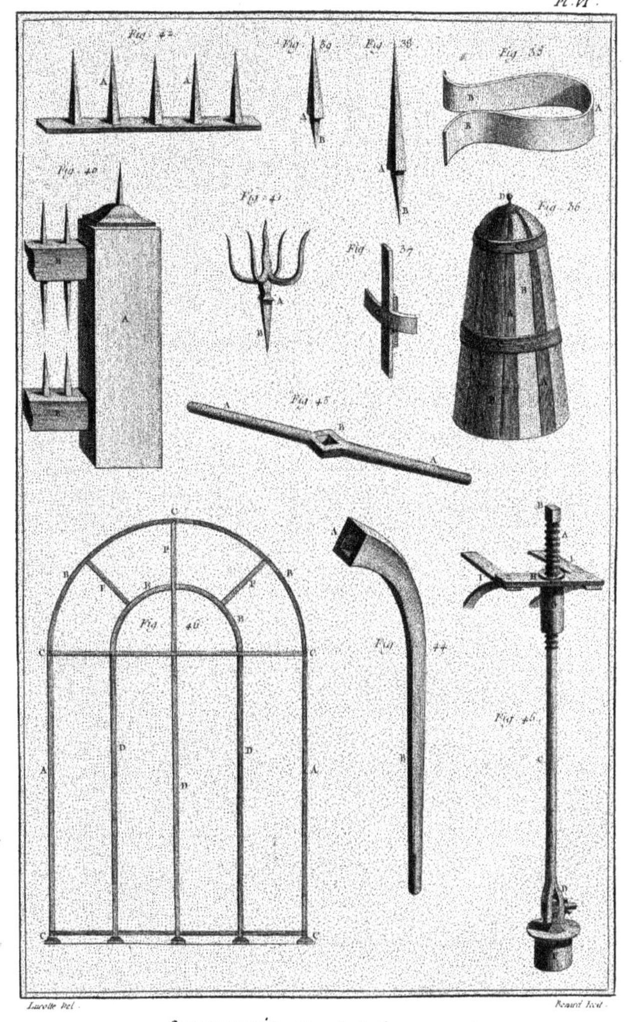

Lucotte Del. | Benard Fecit.

Serrurerie, Fers de Batimens. Gros Fers.

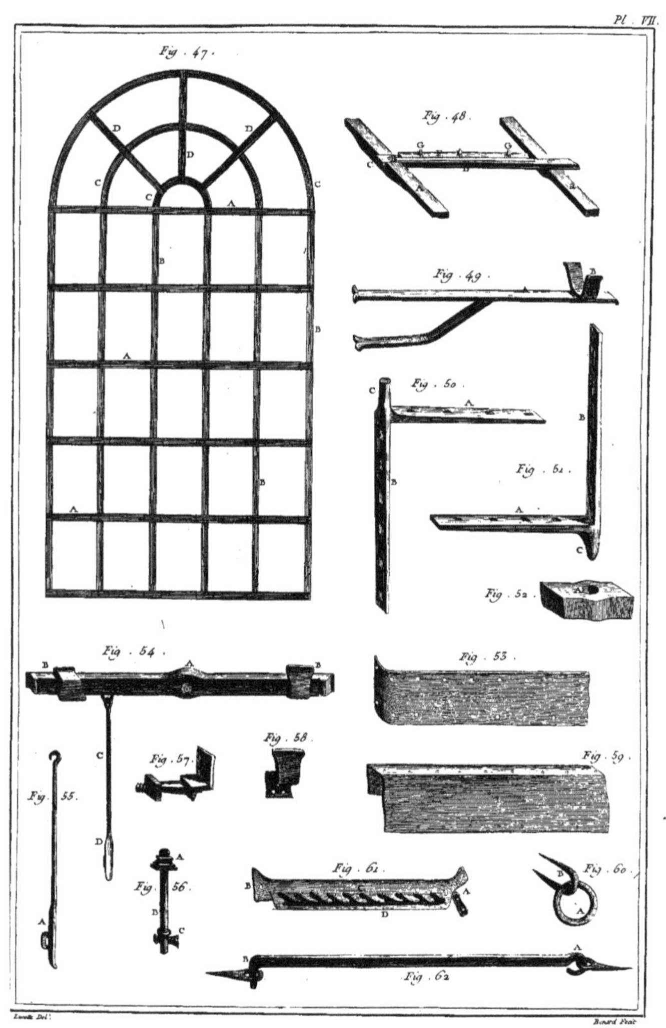

Serrurerie, Fers de Batiment, Gros Fers

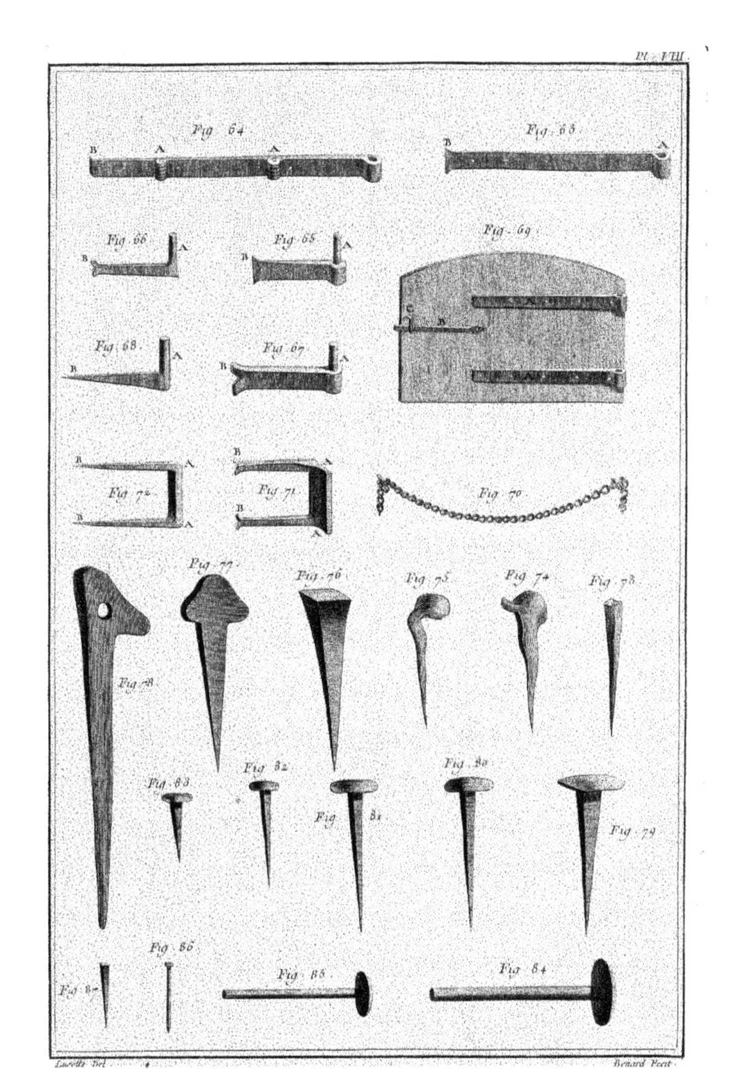

Lucotte Del. Benard Fecit.

Serrurerie, Fers de Batiment, Gros Fers et legers Ouvrages.

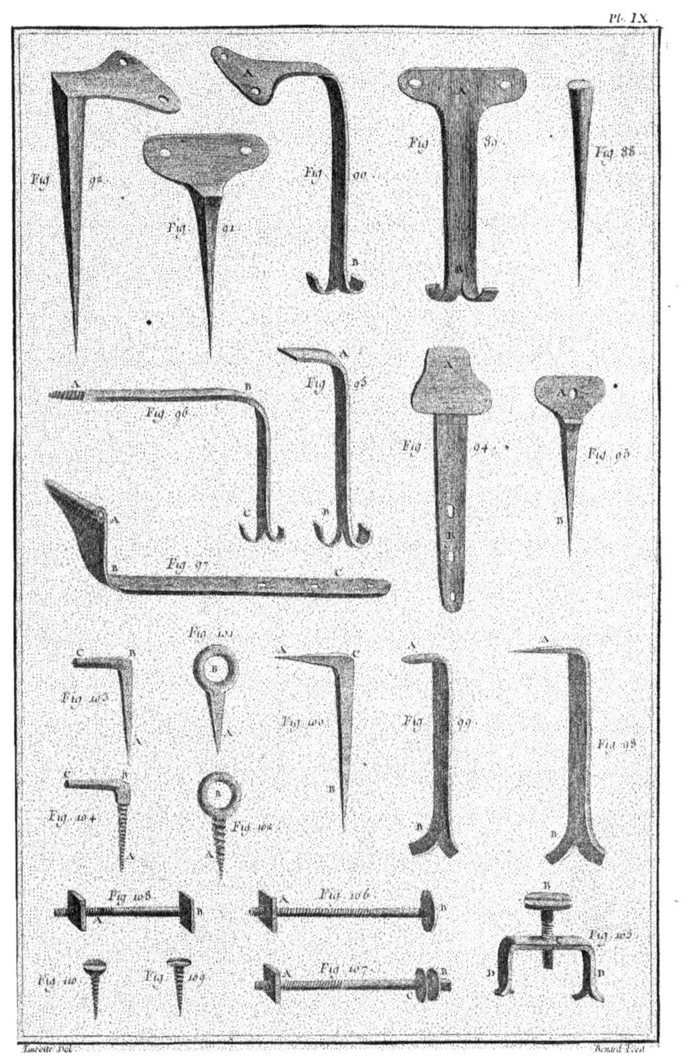

Serrurerie, Fers de Batiment, legers Ouvrages.

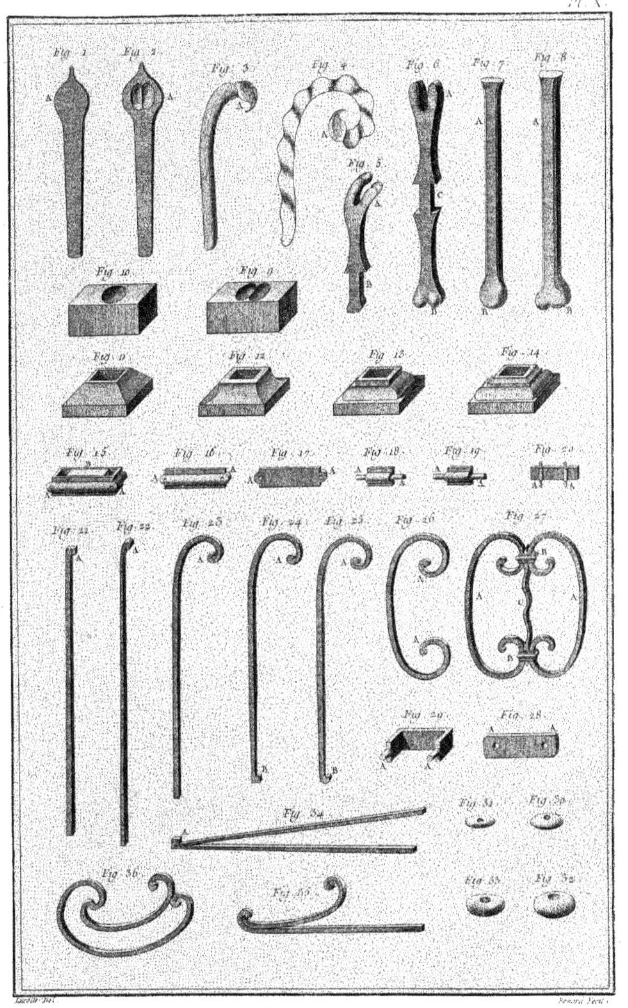

Lucotte Del. Benard Fecit.

Serrurerie, Grands Ouvrages, Détails.

Lucotte Del. Benard Fecit.

Serrurerie, Grandes Ouvrages, Appuis et Rampes.

Lucotte Del. Benard Fecit.

Serrurerie, Grands Ouvrages, Dessus de Portes, Balcons, Appuis et Rampes.

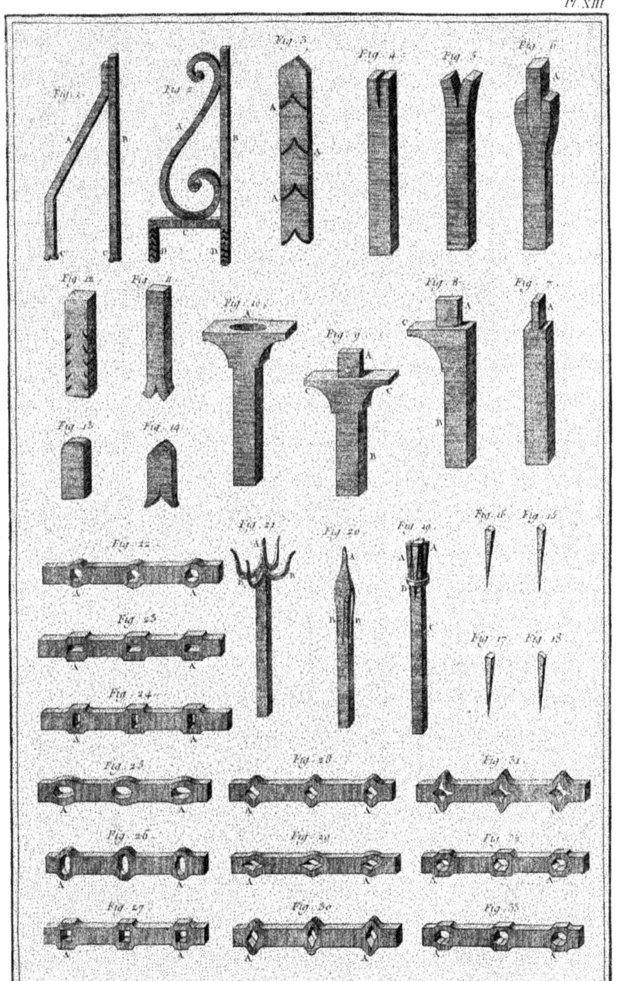

Lucotte Del. Benard fecit

Serrurerie, Etudes de Grilles

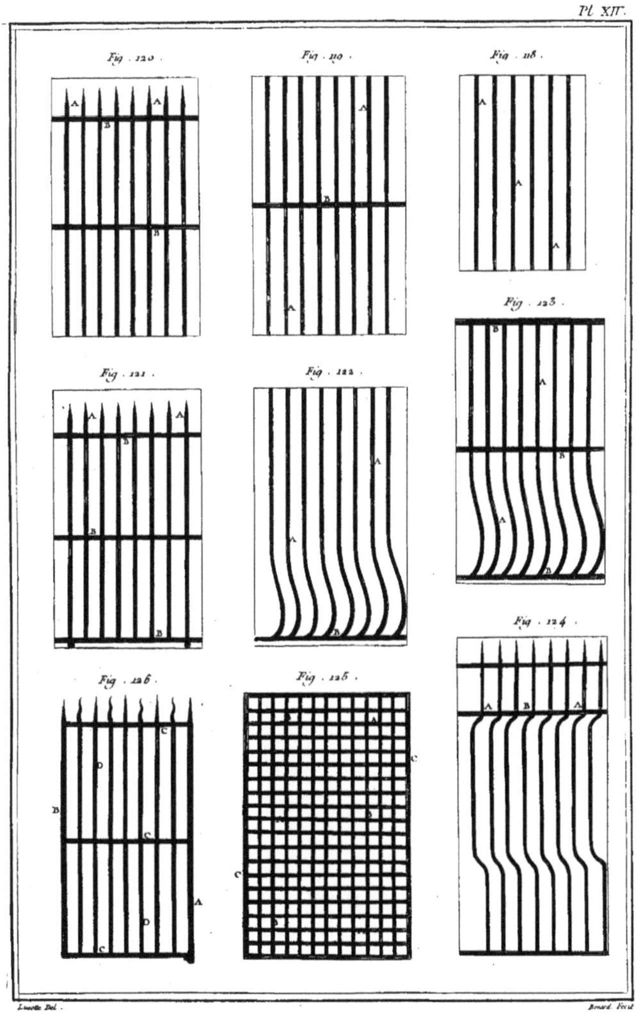

Serrurerie, Grilles à Barreaux.

Lucotte Del.

Serrurerie, Grands Ouvrages, Grilles Battante et Do

Serrurerie, Grands Ouvrages Grilles Battantes.

Jacotte Del. Benard Fecit.

Serrurerie, Grands Ouvrages, Couronnement, Vase et Porte-Enseignes.

Lucotte Del. — Benard Fecit.

Serrurerie, Ornemens de Relevures, Grands Ouvrages.

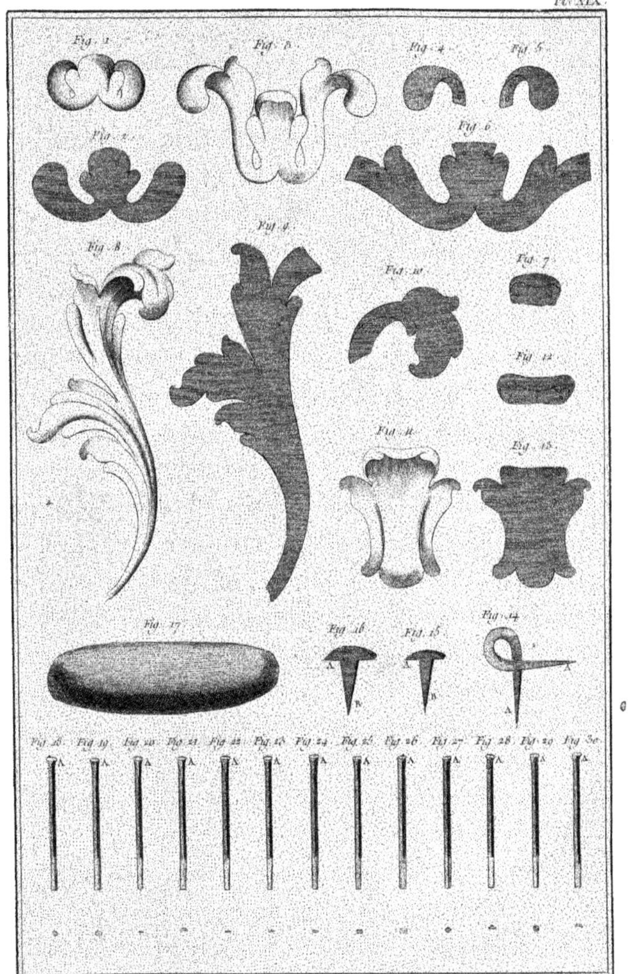

Lucotte Del. | Benard Fecit

Serrurerie, Grands Ouvrages, Ornemens de relevures.

Pl. XX.

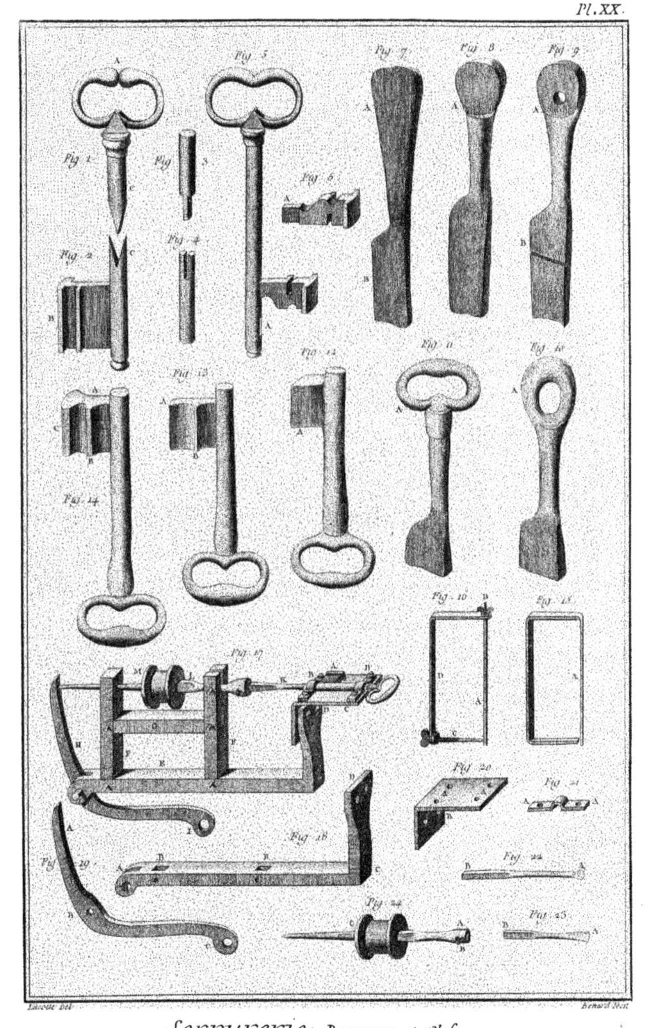

Lucotte Del. Benard Fecit

Serrurerie, Brasures et Clefs.

Lucotte del. Benard Fecit.

Serrurerie, Clefs Forées et leurs Garnitures.

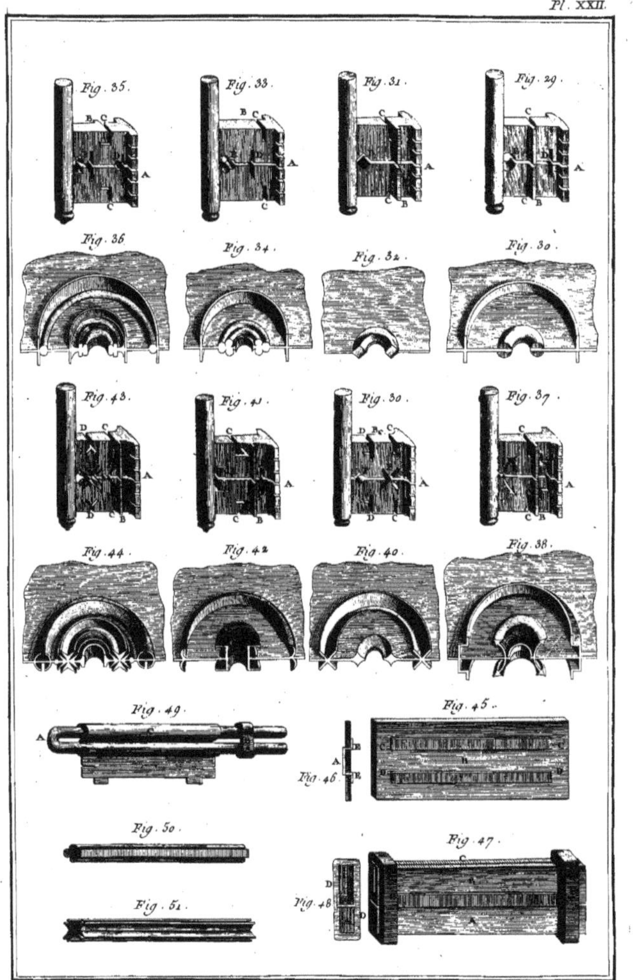

Lucotte Del. Benard Fecit.

Serrurerie, Clefs à Bouton et leurs Garnitures.

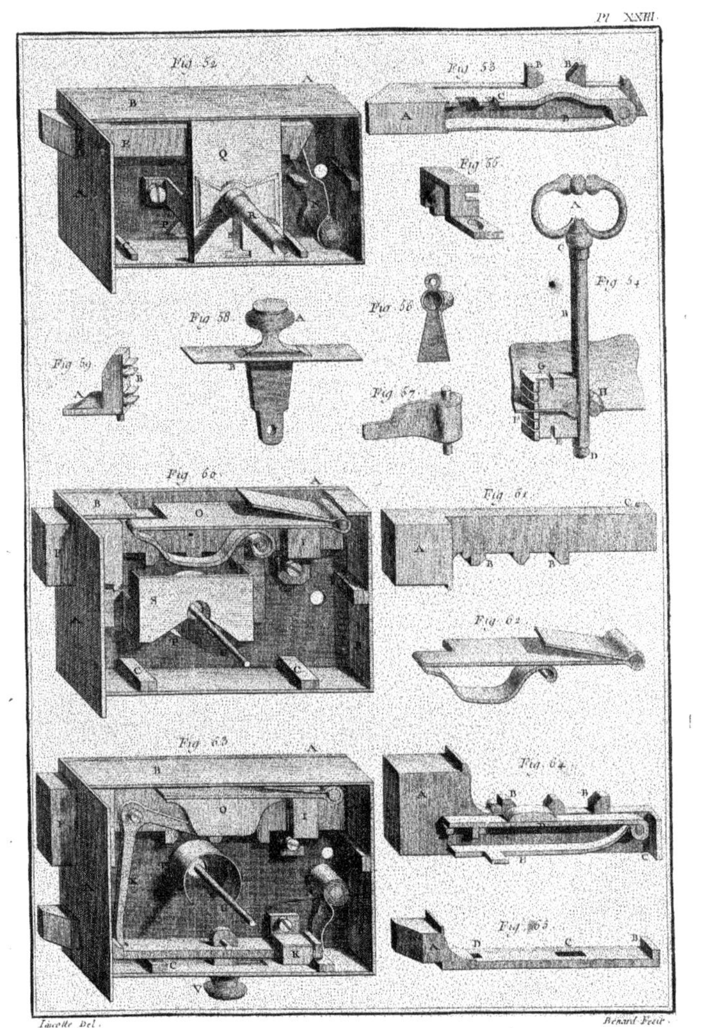

Lucotte Del. Benard Fecit.

Serrurerie, Serrures de Portes.

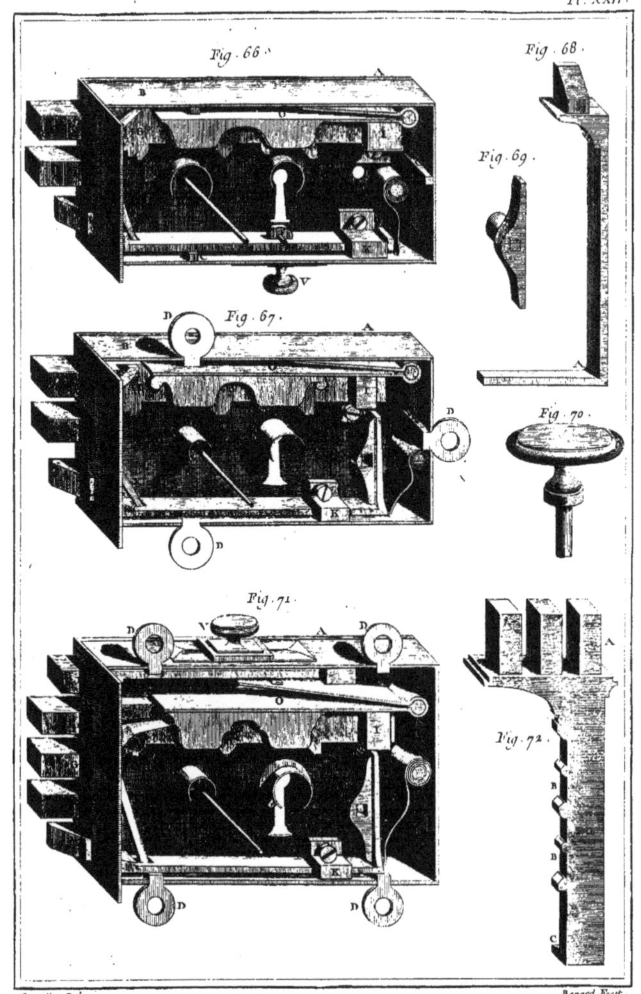

Lucotte Del. Benard Fecit.

Serrurerie, Serrures de Portes.

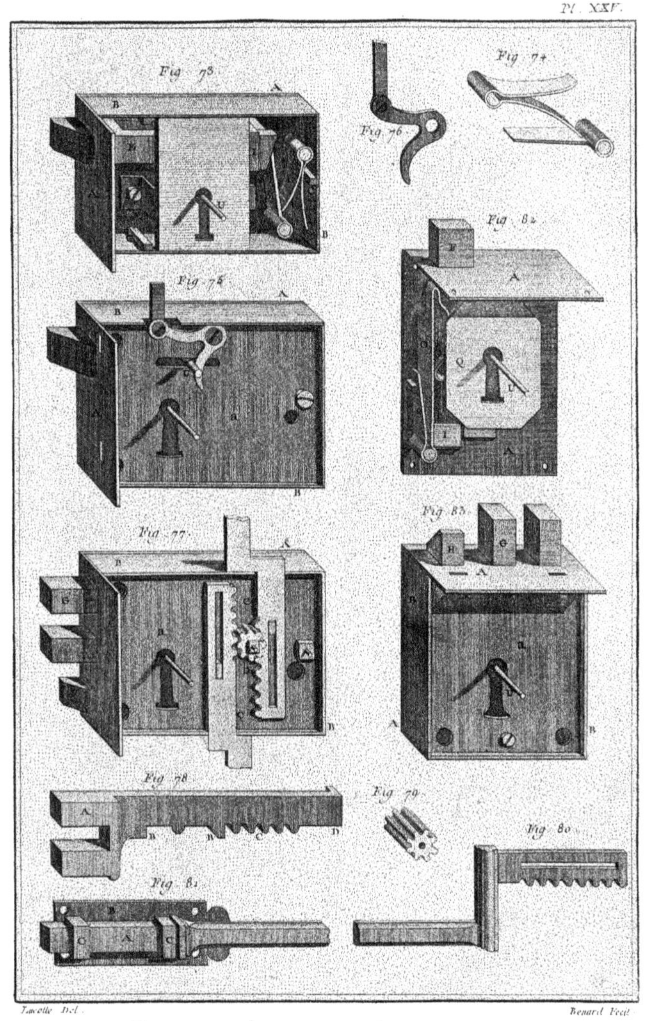

Lucotte Del. Benard Fecit.

Serrurerie, Serrures d'Armoires et de Tiroirs.

Pl. XXVI.

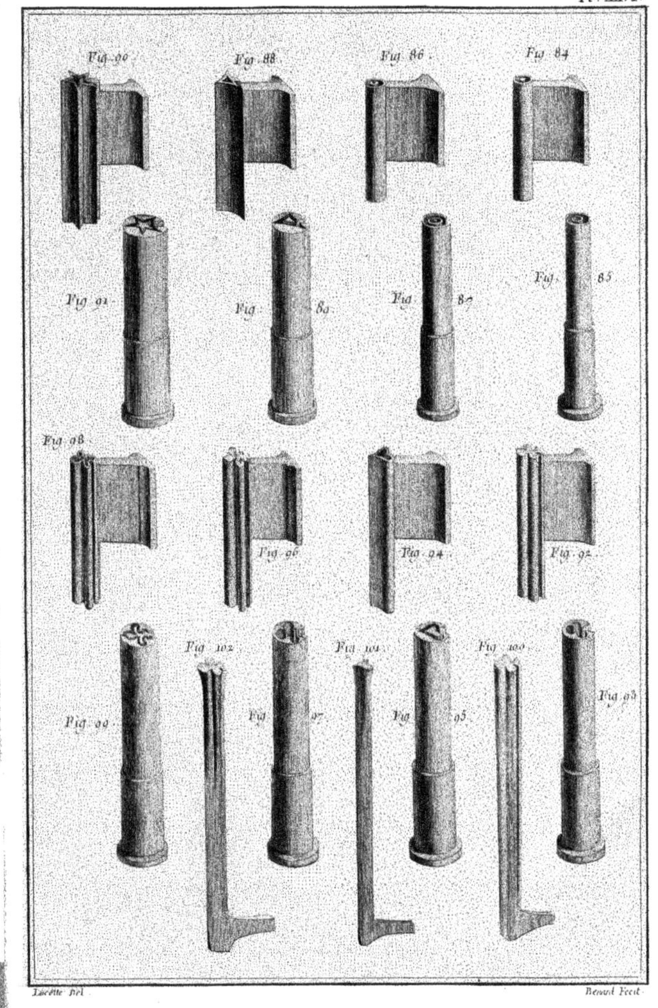

Lucotte Del. Benard Fecit.

Serrurerie, Clefs et Canons de Serrures de Cofre.

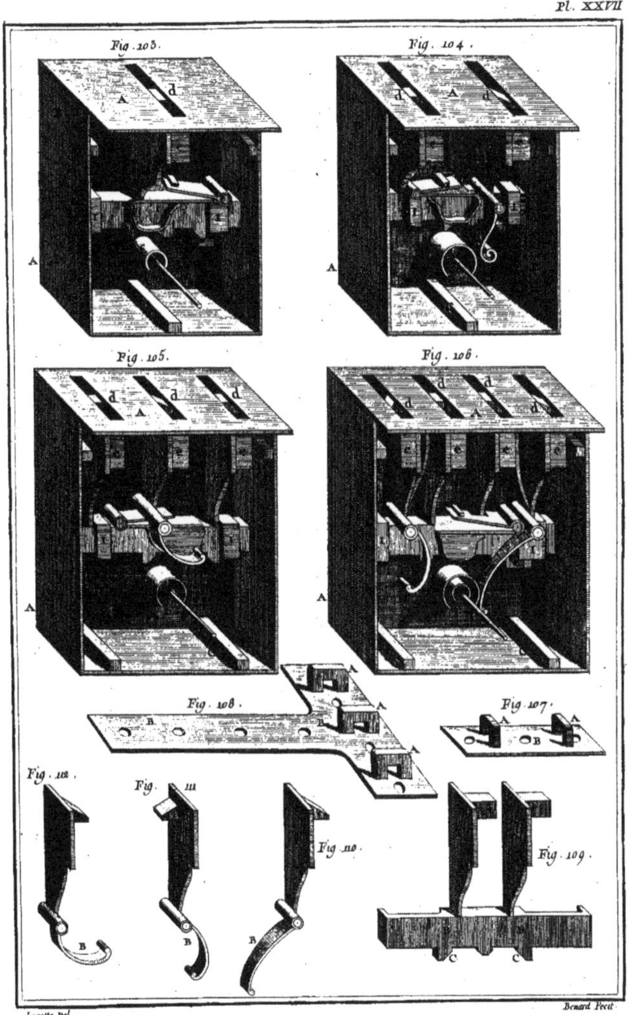

Lucotte Del. Benard Fecit

Serrurerie, *Serrures de Cofre à 1, 2, 3 et 4 Fermetures.*

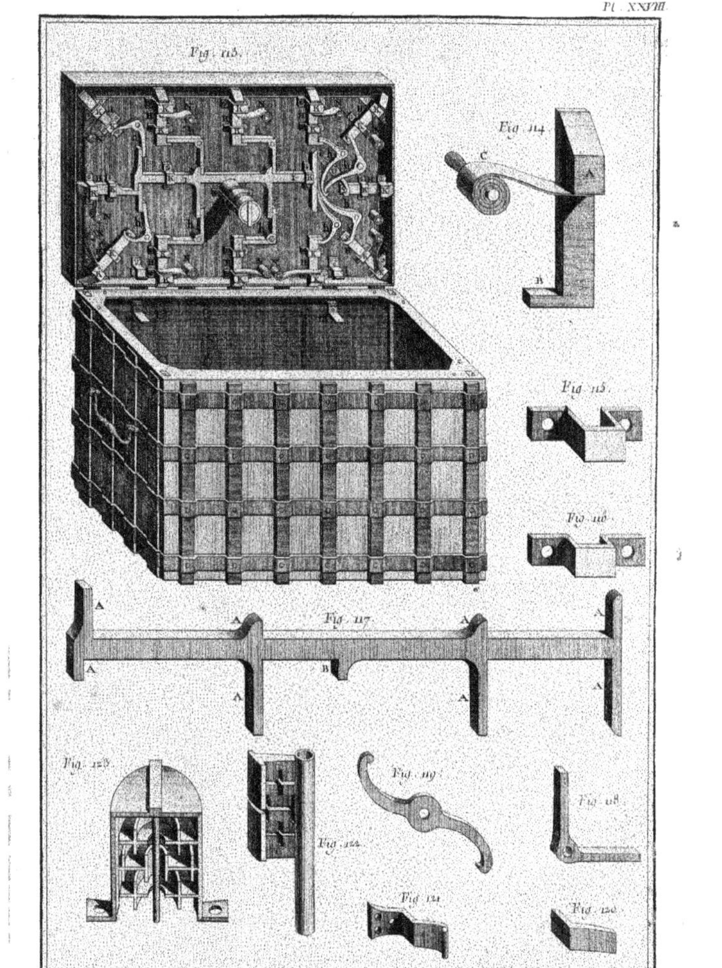

Lucotte Del. Benard Fecit.

Serrurerie, Serrure de Cofre à douze Fermetures.

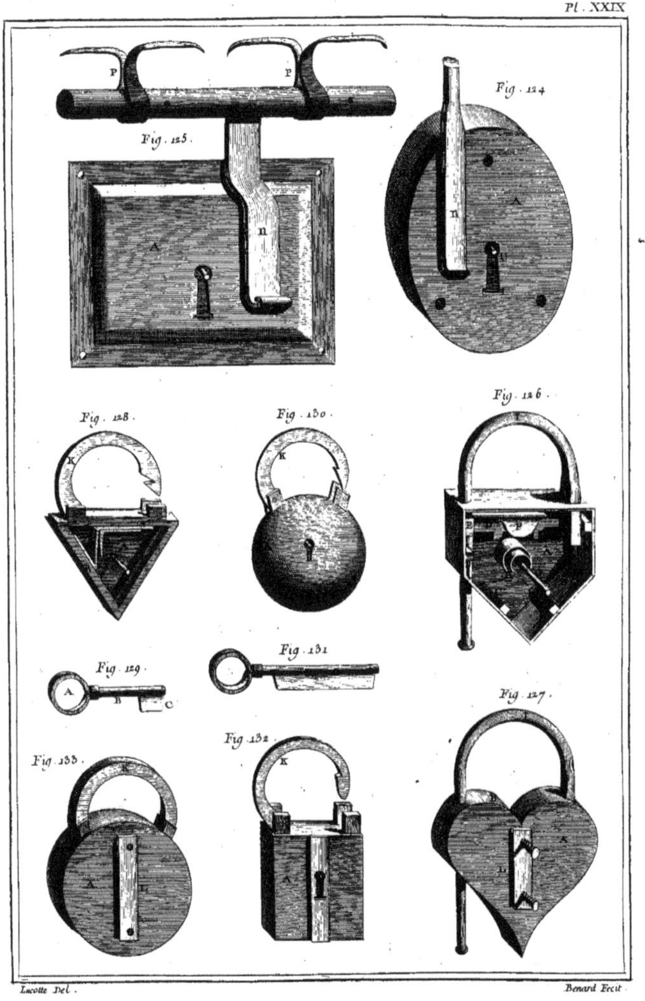

Lucotte Del. Benard Fecit.

Serrurerie, Serrures Ovalles et a Bosse et Cadenats a Serrure

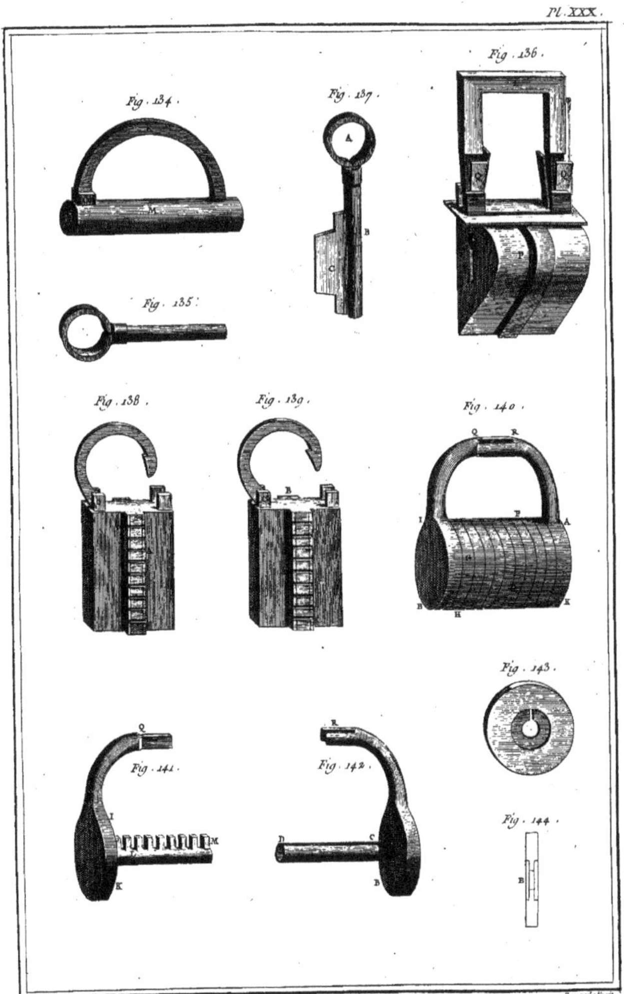

Lucotte Del. Benard Fecit.

Serrurerie, Cadenats à Serrure et à Secret

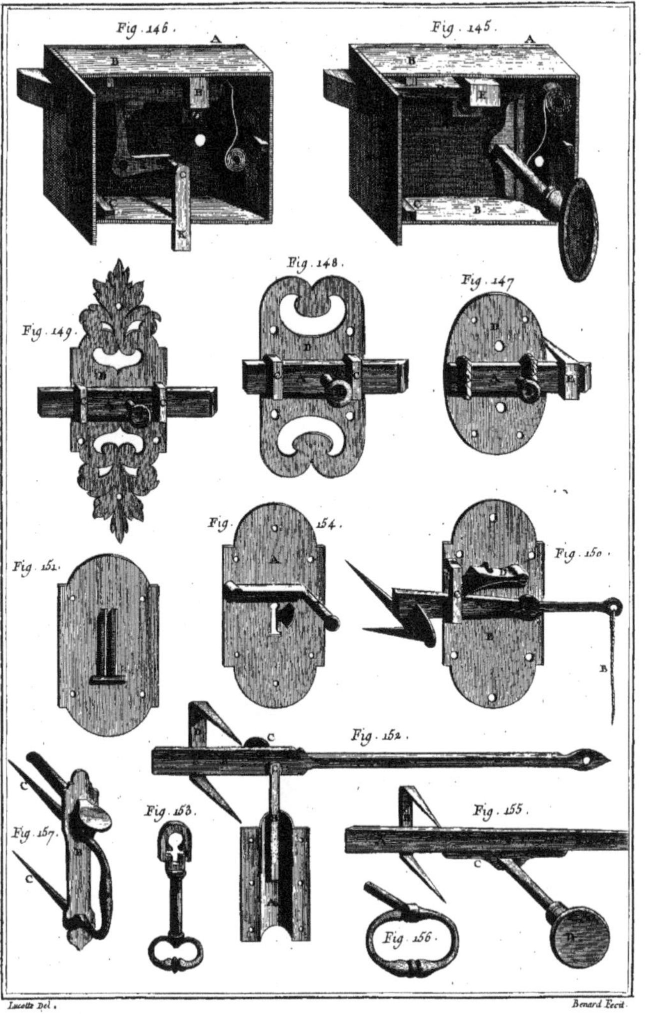

Lucotte Del. Benard Fecit.

Serrurerie, Bec de Cannes, Targettes, Loqueteaux et Loquets.

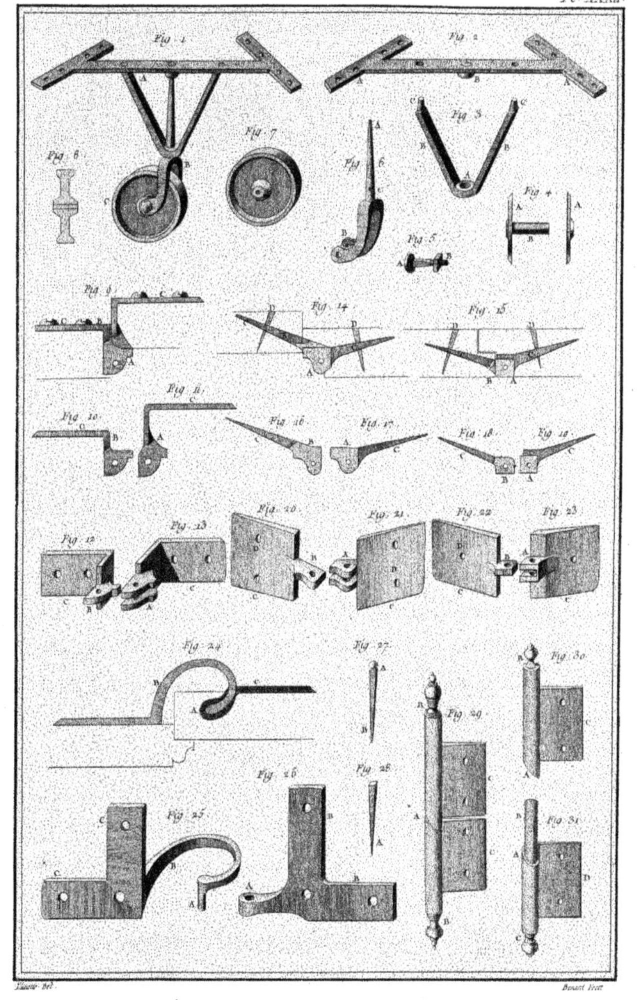

Serrurerie; Roulettes de Lits, Pivots d'armoires et Fiches rempantes.

Lucotte Del. | Benard Fecit.

Serrurerie, Fiches, Pomelles, Couplets, Charnieres, Equerres, &c.

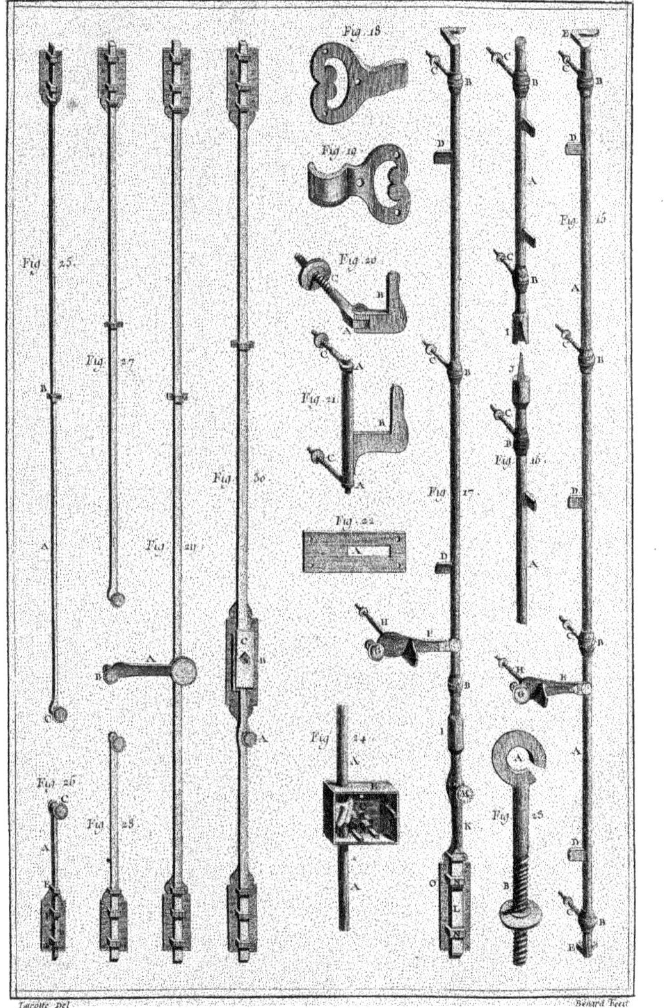

Lucotte Del. Bénard Fecit

Serrurerie, Espagnolettes Verrouils et Bascules.

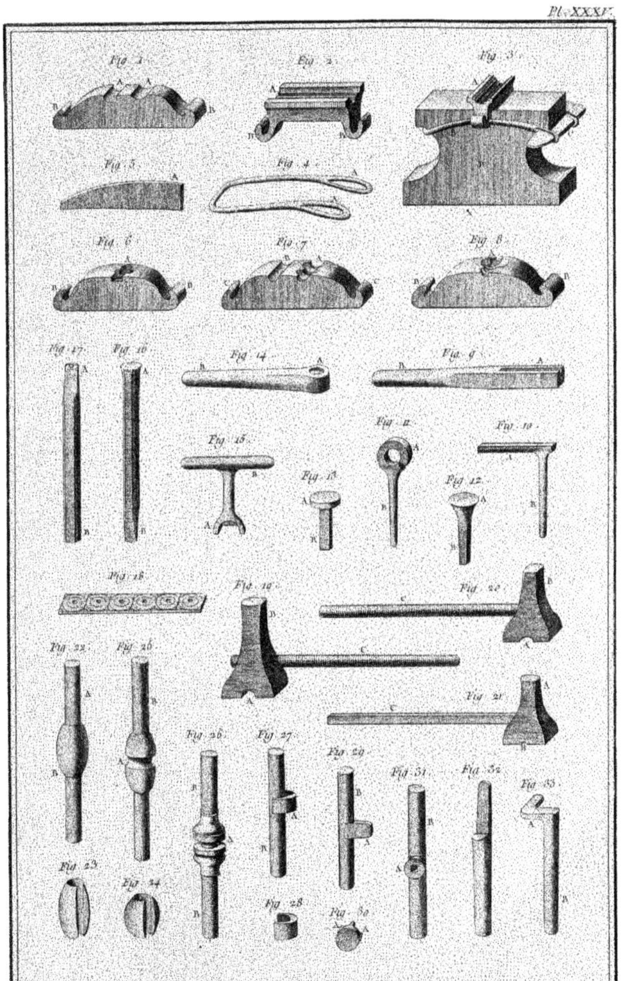

Lucotte Del. Benard Fecit

Serrurerie, Façon d'Espagnolettes

Lucotte Del. — Benard Fecit

Serrurerie, Façon d'Espagnolettes tirées à la Filiere.

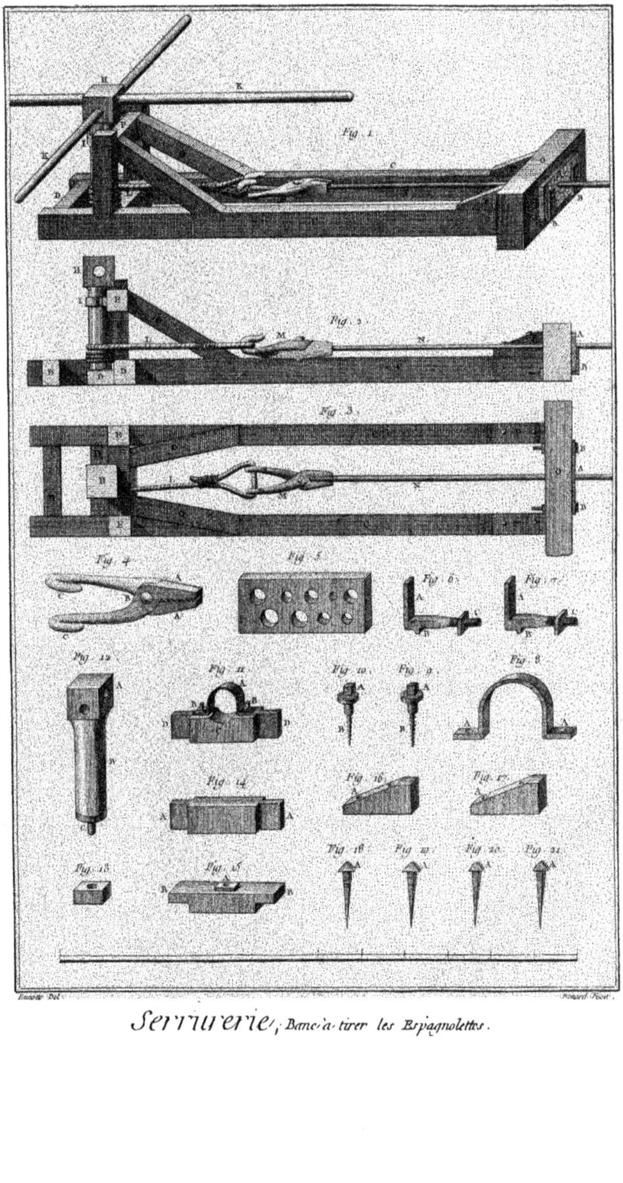

Serrurerie, Banc à tirer les Espagnolettes.

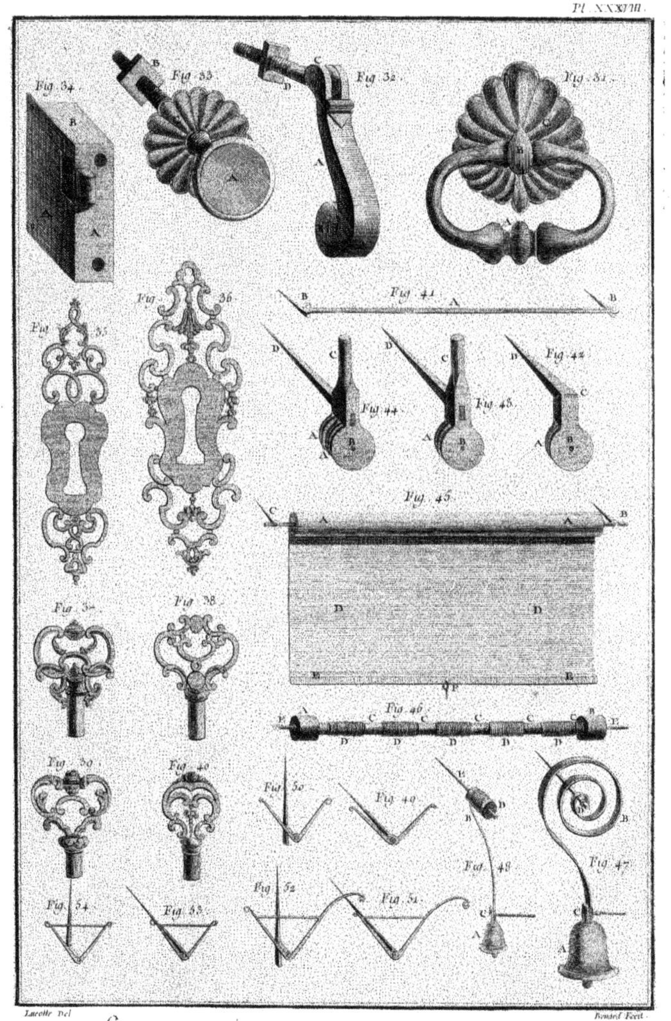

Lucotte Del. Benard Fecit.

Serrurerie, *Heurtoirs, Boutons, Gaches, Entrées, Anneaux de Clefs, Garnitures de Poulies, Stors et Sonnettes.*

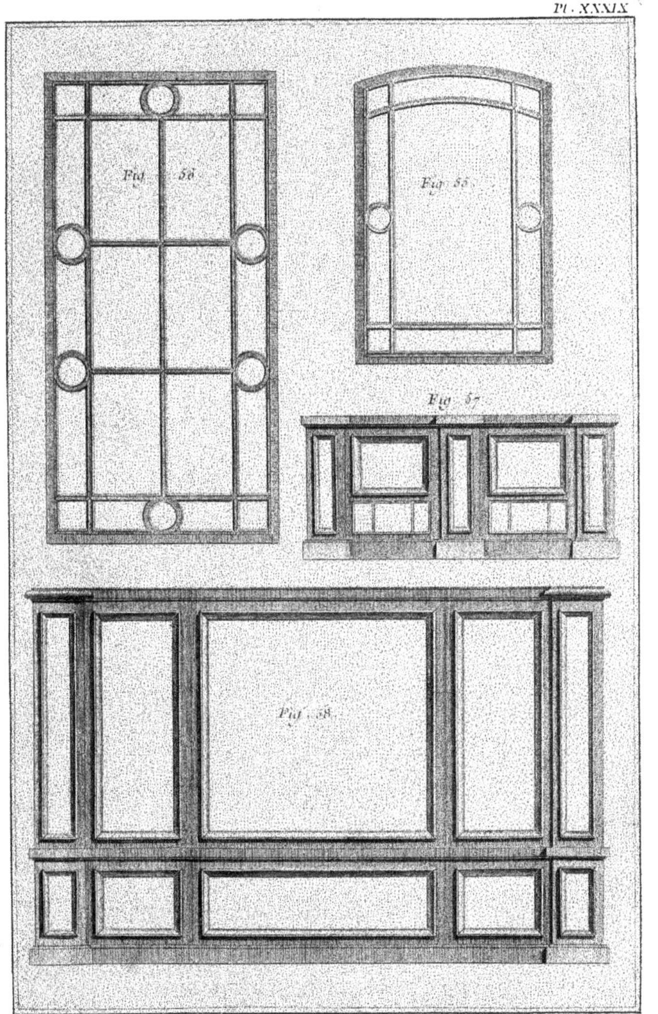

Lucelle Del. | Benard Fecit.

Serrurerie, Vitraux, Fourneau et Lambris dans le goût de la Menuiserie.

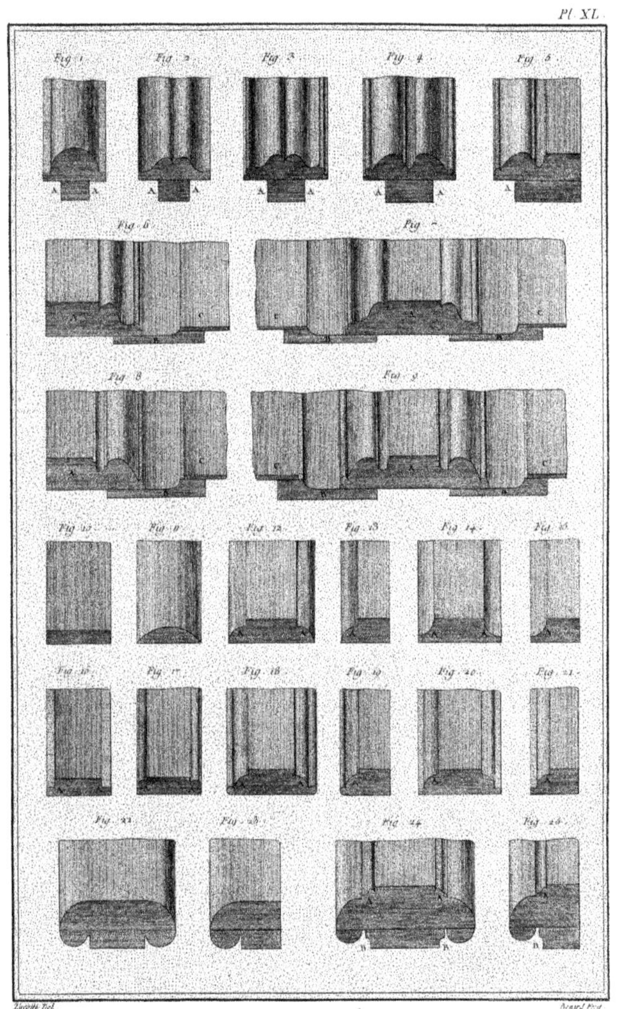

Lucotte Del. Benard Fecit

Serrurerie, Plattes bandes, Moulures et Corniches de Lambris.

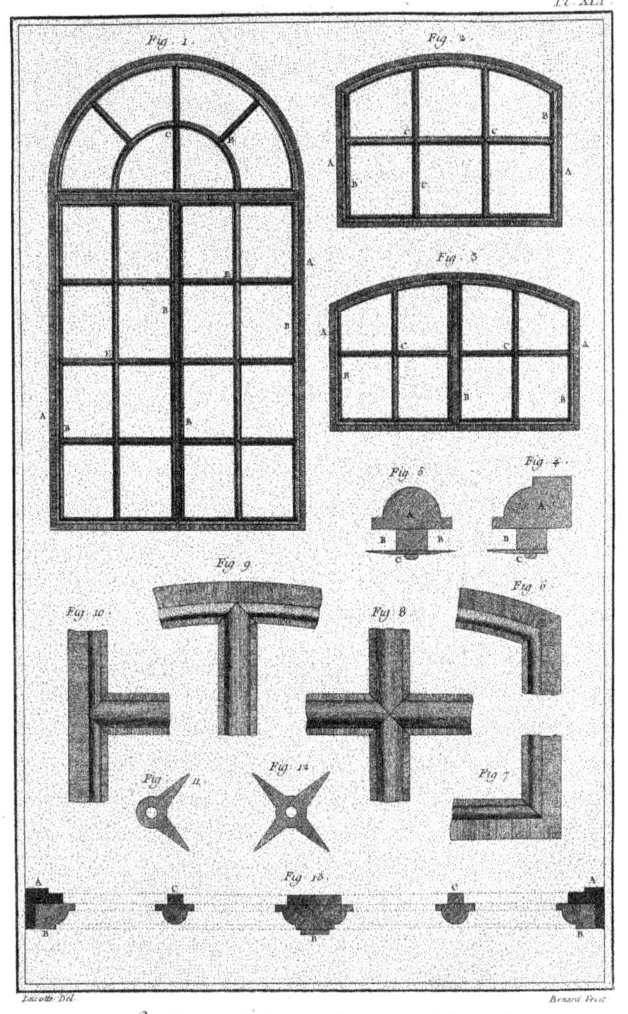

Lucotte Del. Benard Fecit.

Serrurerie, Croisées à petits bois en fer.

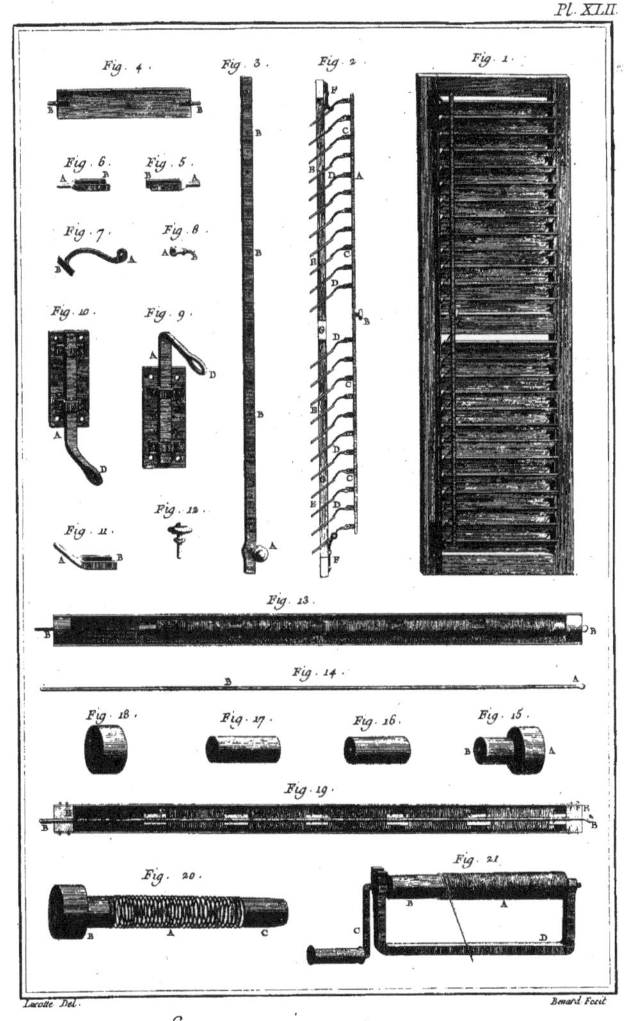

Lucotte Del. | Benard Fecit

Serrurerie, Persienne et Stors.

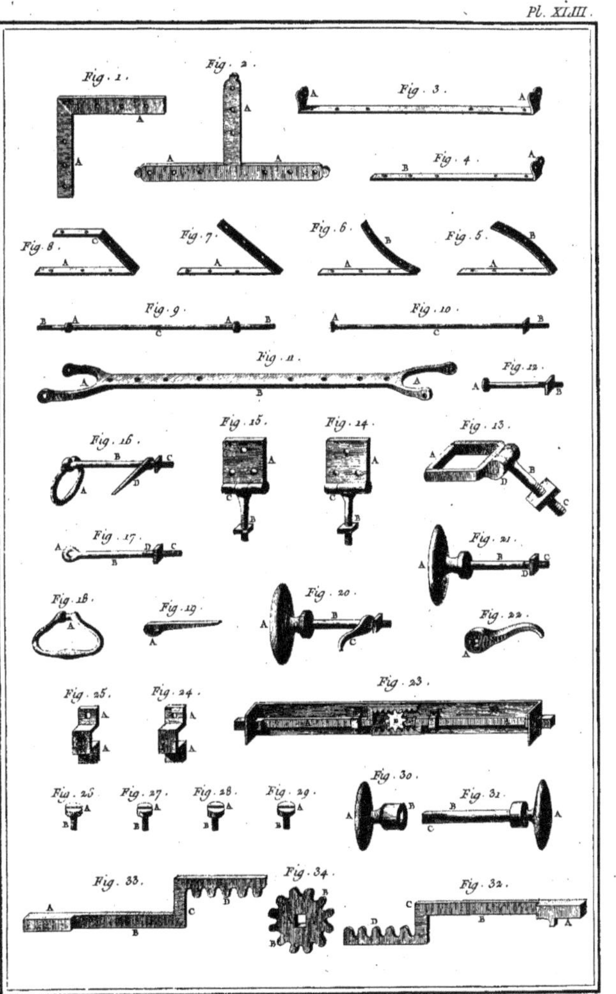

Lucotte Del. Benard Fecit.

Serrurerie en Ressorts, Ferrures de Voitures.

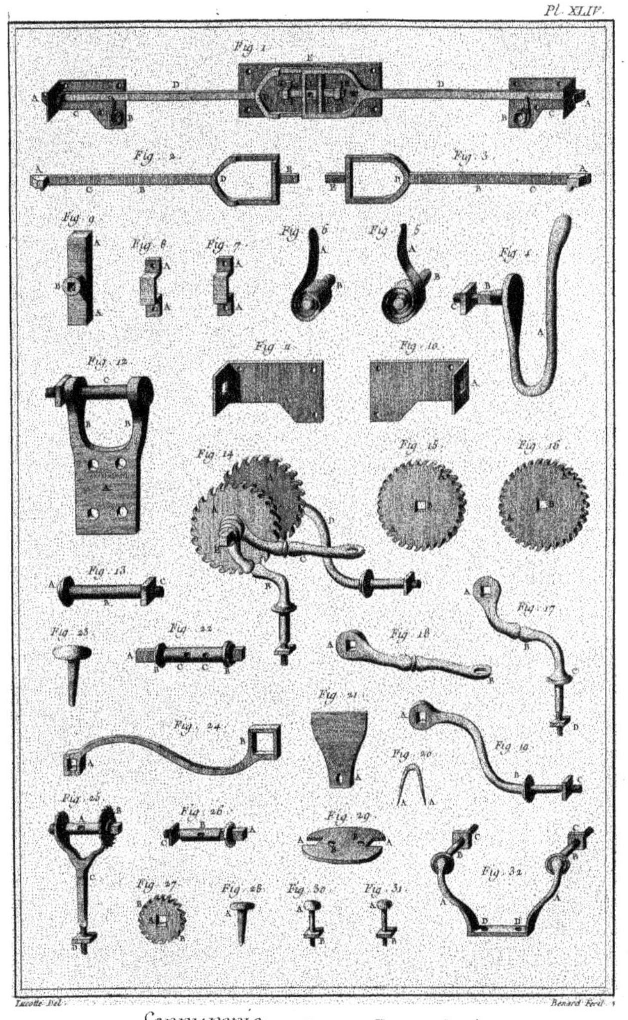

Lucotte Del. Benard Fecit.

Serrurerie en Ressorts, Ferrures de Voitures.

Pl. XLV.

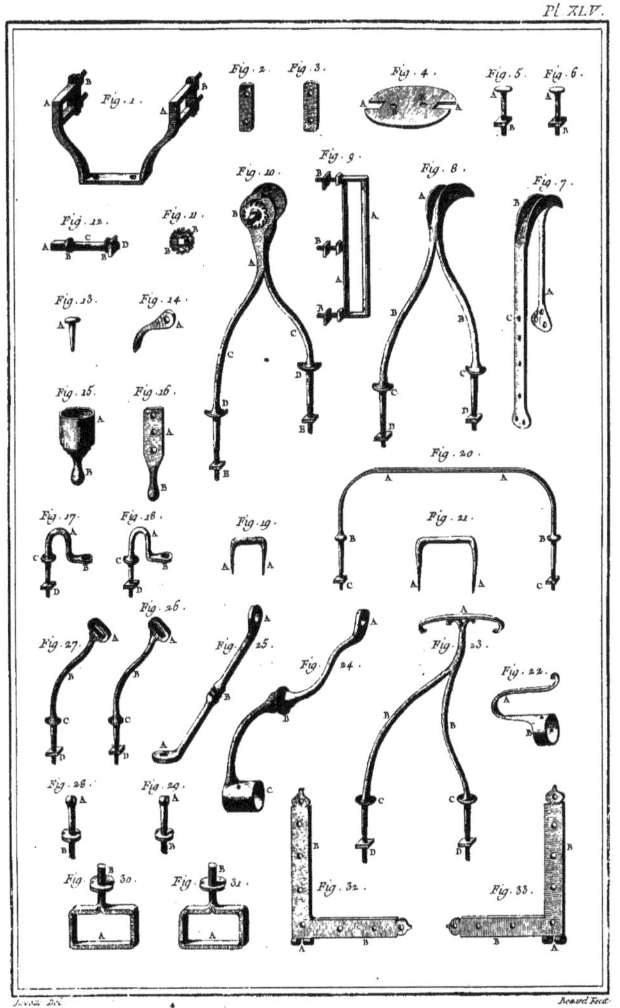

Benard Fecit.

Serrurerie en Ressorts, Ferrures de Voitures.

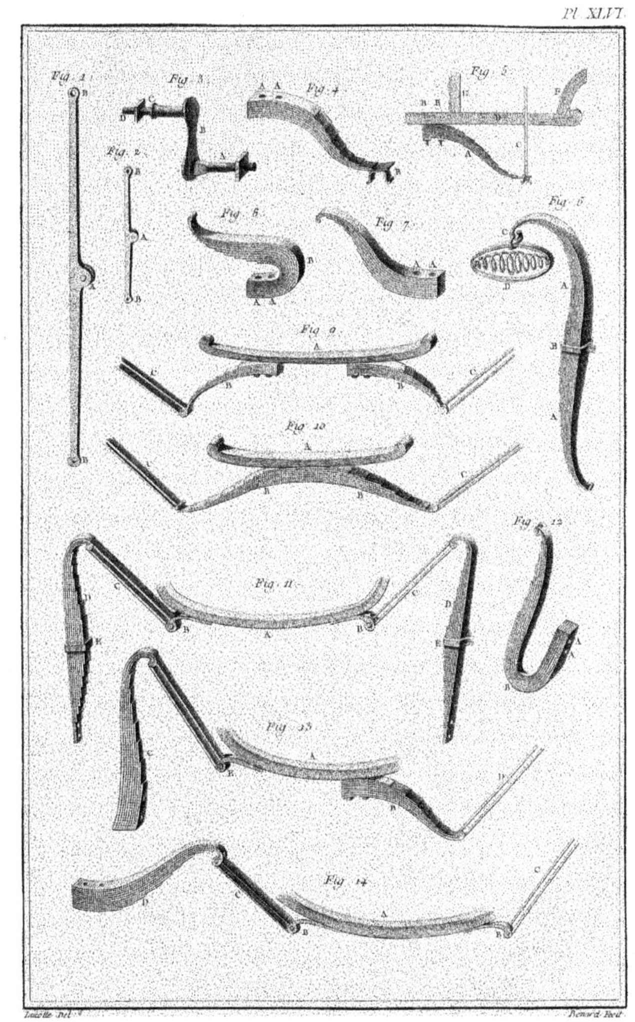

Lucotte Del. Benard Fecit.

Serrurerie en Ressorts, Ressorts.

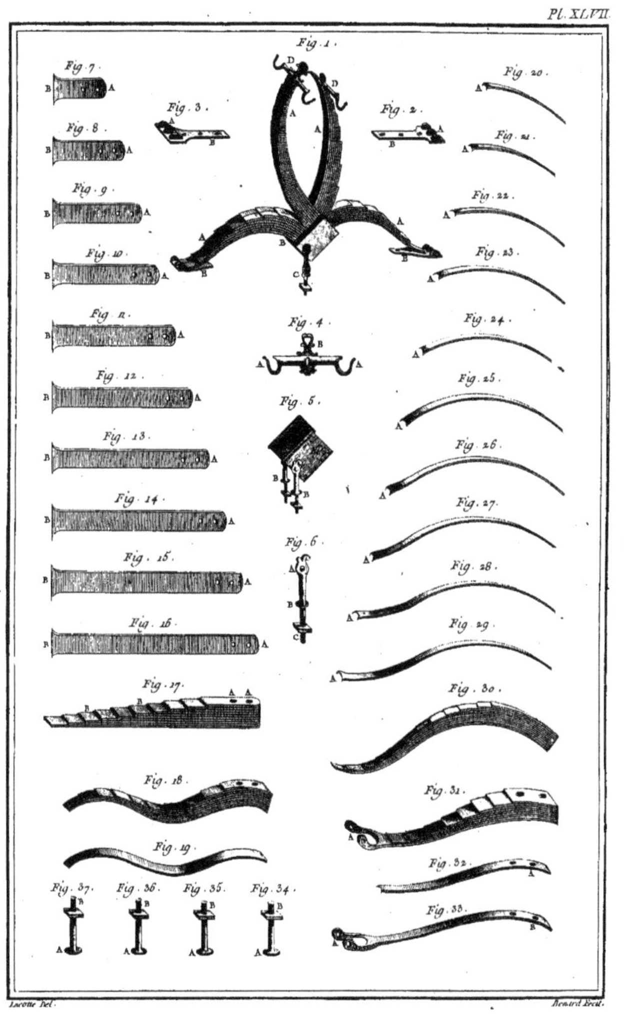

Lucotte Del. Benard Fecit.

Serrurerie en Ressorts, Ressorts.

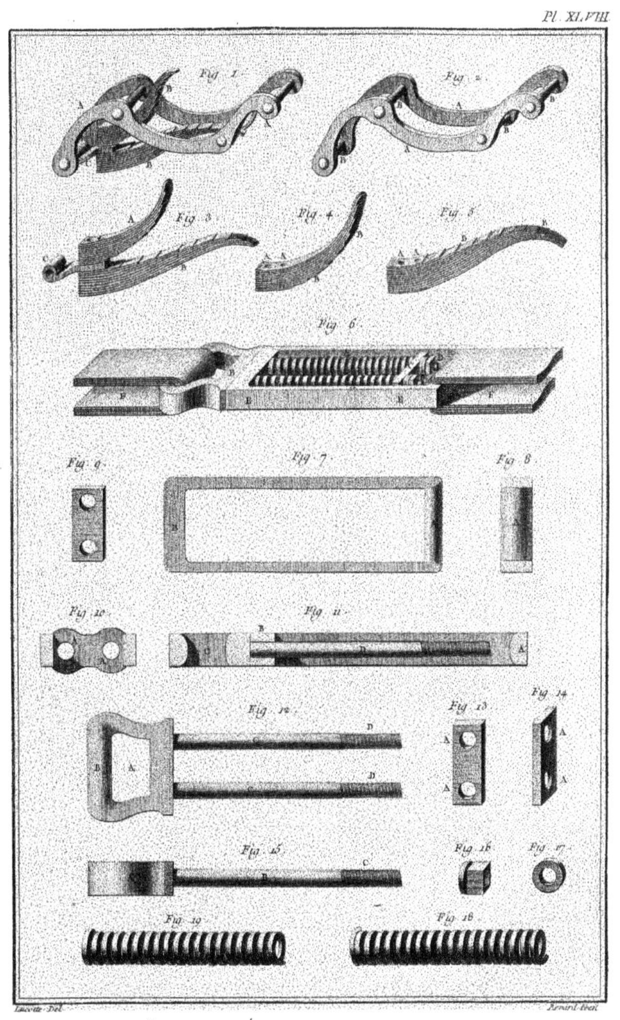

Lucotte Del. Benard Fecit.

Serrurerie en Ressorts, Ressorts.

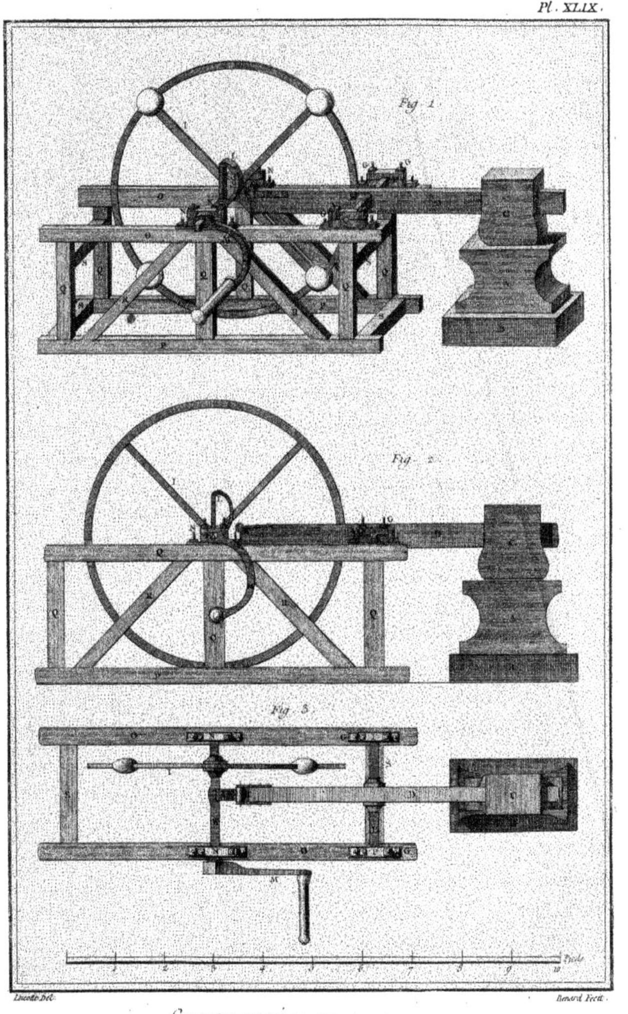

Lucotte Del. Benard Fecit.

Serrurerie, Martinet à Bras.

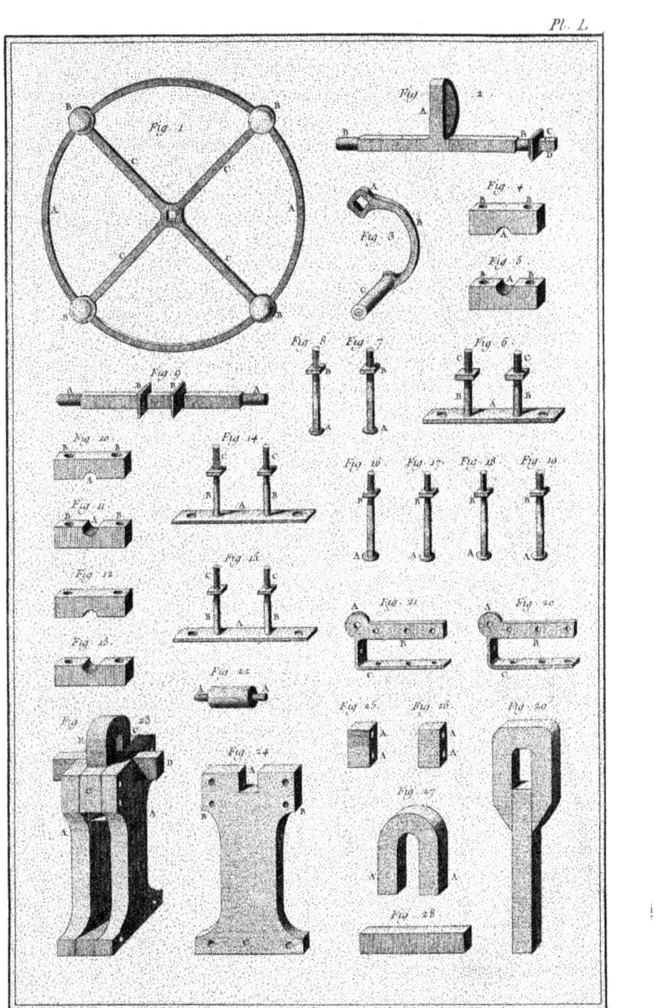

Lucotte Del. Benard Fecit

Serrurerie, Détails du Martinet à bras et de l'Eteau à moufles.

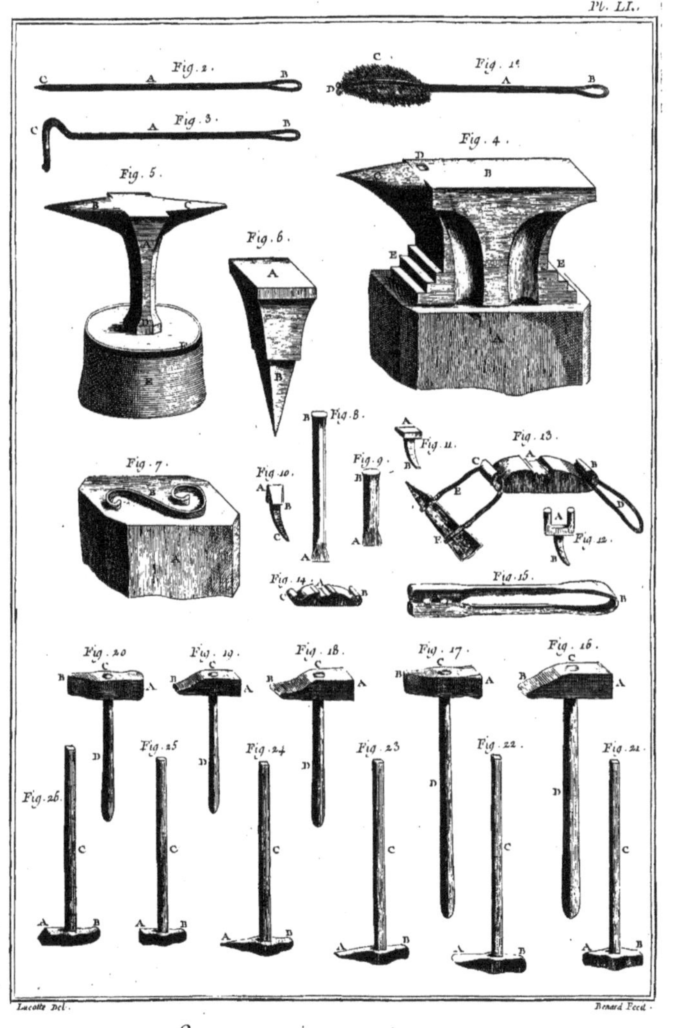

Lucotte Del. Benard Fecit.

Serrurerie, Outils de Forge.

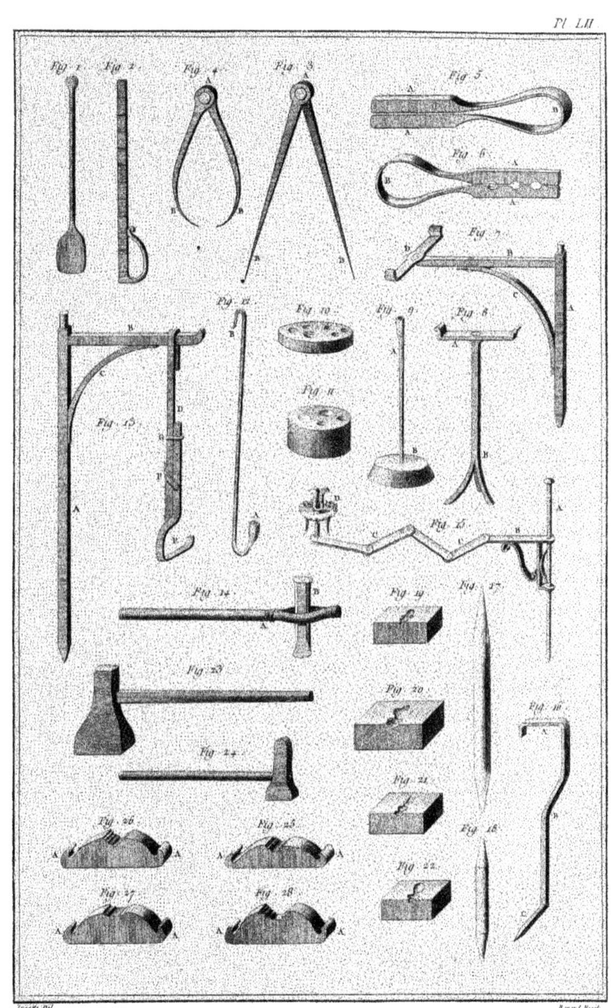

Lucotte Del. Benard Fecit

Serrurerie, Outils de Forge.

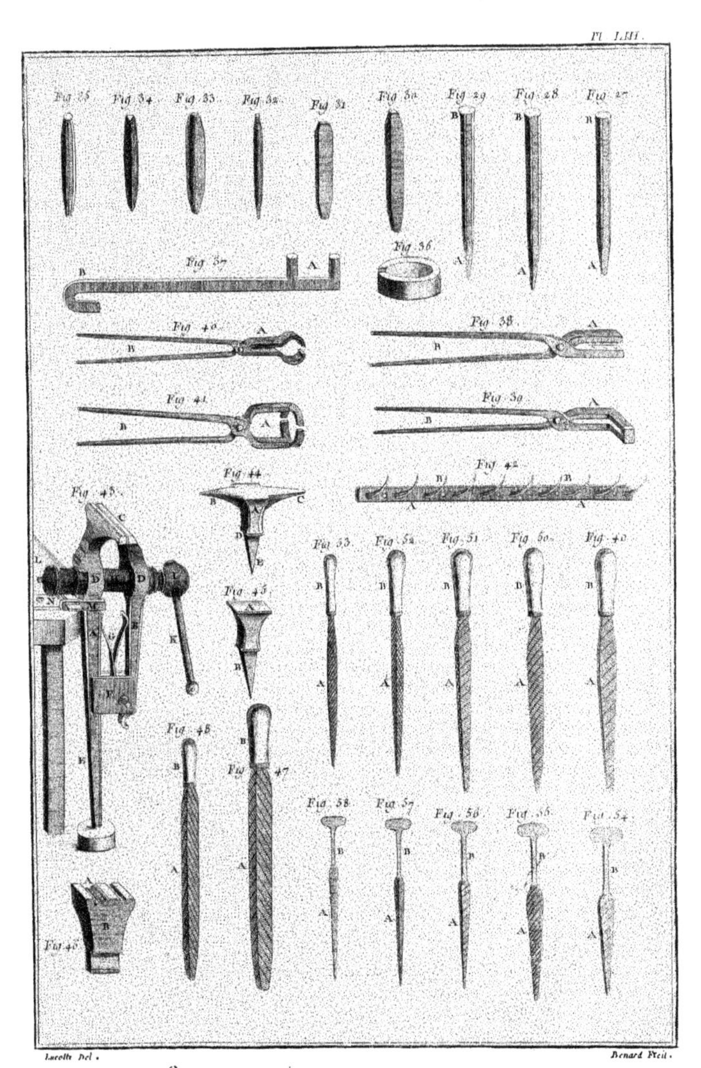

Lucotte Del. Benard Fecit.

Serrurerie, Outils de Forge et d'Etabli.

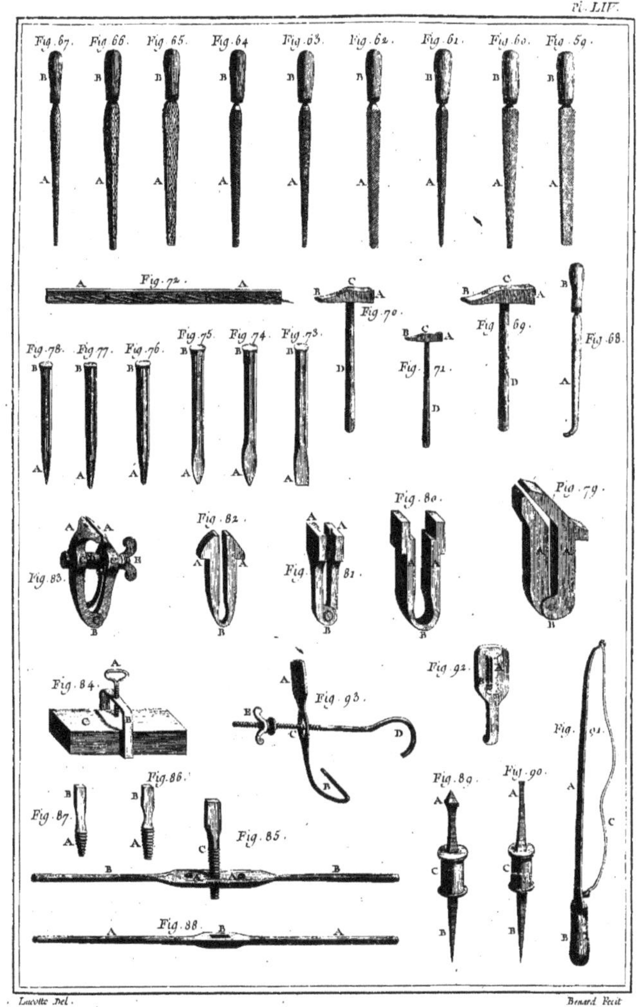

Serrurerie, Outils d'Etabli.

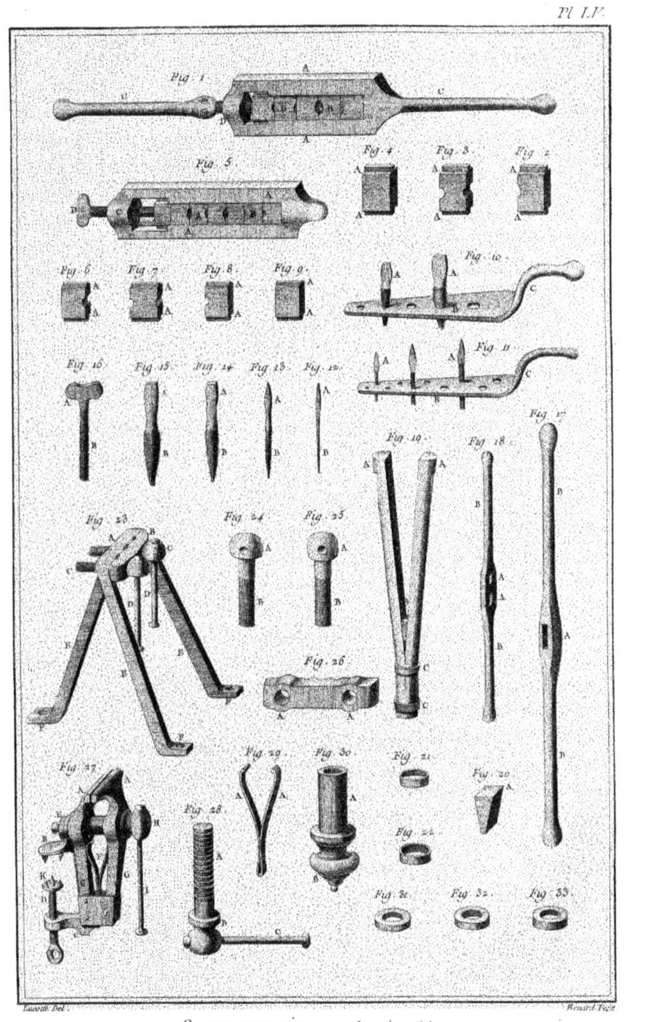

Lucotte Del. Benard Fecit.

Serrurerie, Outils d'Etabli.

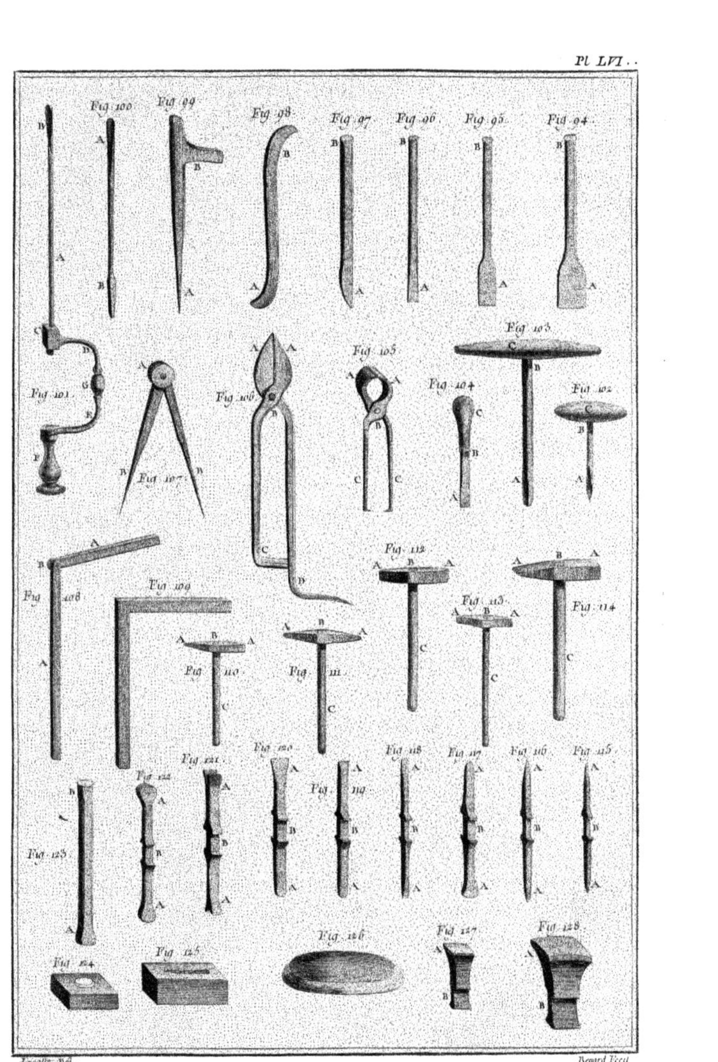

Lucotte Del. Benard Fecit

Serrurerie, Outils d'Etabli à Ferrer et à Relever.

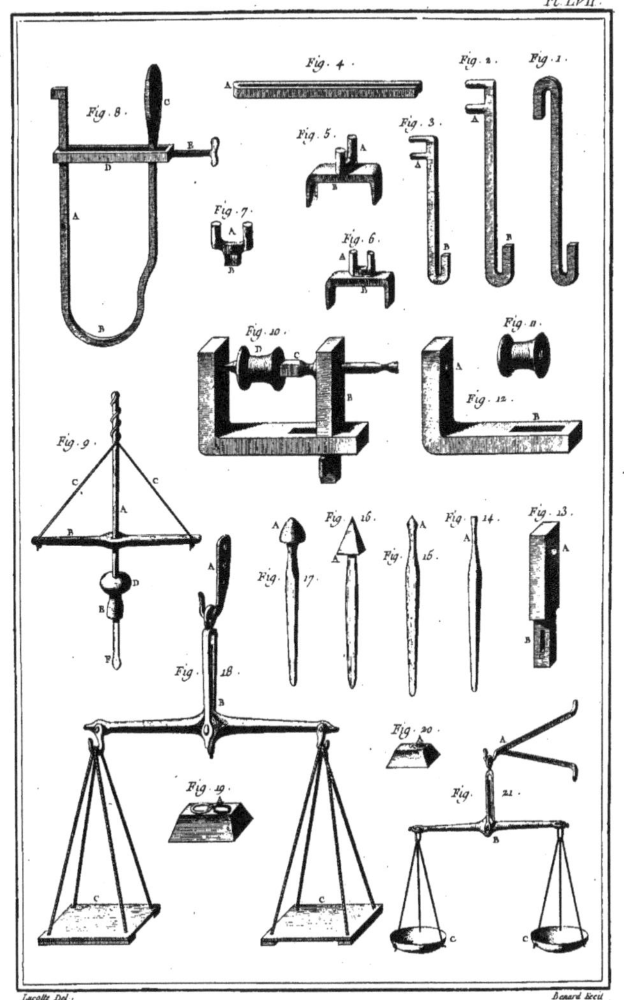

Lucotte Del. Benard Fecit

Serrurerie, Outils d'Etabli.

PIQUEUR DE TABATIERES, INCRUSTEUR ET BRODEUR,

CONTENANT DEUX PLANCHES.

PLANCHE Iere.

LE haut de cette Planche repréſente un attelier de piqueur de tabatieres, étuis & autres bijoux, où pluſieurs ouvriers ſont occupés; l'un en *a*, au coulé; un autre en *b* & une femme en *e*, au brodé; un autre en c, au piqué; un autre en *d*, à l'incruſté.

Le piqué.

Pour piquer un bijou, il faut avant tout en former le deſſein; le deſſein fait, il le faut calquer le plus ordinairement ſur une plaque d'écaille; ainſi fair, on fait un trou à la main avec l'un des perçoirs 9. & 10. le trou fait, on le remplit auſſi-tôt de la pointe A du fil d'or ou d'argent que l'on coupe plus ou moins faillant ſelon les faillies que l'on veut donner aux objets de ſon deſſein avec la pince, *fig.* 1. 2. & 3. Pl. II. Le trou échauffé par la pointe qui le fait, s'agrandit, & après avoir reçu le fil, ſe reſſerre ſur lui & le tient ferré de maniere à ne pouvoir s'échapper. C'eſt à l'induſtrie du piqueur de faire rendre les effets qu'il doit attendre de ſon deſſein.

Le coulé.

Le coulé ſe fair en incruſtant le fil dans une rainure pratiquée exprès dans l'écaille. Cette rainure s'ouvre en s'échauffant par le travail du burin, *fig.* 7. & ſe reſſerre ſur le fil d'or ou d'argent que l'on inſere dedans.

L'incruſte.

L'incruſté ſe fait par plaque de différentes formes ſuivant le deſſein que l'on place dans le fond d'un moule ſemblable à ceux des tabletiers. Ces plaques d'or ou d'argent s'incruſtent d'elles-mêmes par une preſſion violente dans l'épaiſſeur de l'écaille échauffée & diſpoſée à les recevoir.

Le brodé.

Le brodé n'eſt autre choſe qu'un compoſé de piqué, de coulé & d'incruſté, réunis & diſpoſés avec art ſuivant le génie de l'artiſte.

Fig. 1. Deſſein préparé pour un piqué ſur un fond d'écaille.
2. & 3. Autres deſſeins piqués ſur fond d'écaille.
4. Fleur calquée ſur fond d'écaille.
5. La même fleur à demi-piquée.
6. Fil d'or ou d'argent. A, le fil à piquer. B, le canon.
7. Burin à couler. A, le fer. B, le manche.
8. Le même burin démanché. A, le taillant acéré. B, la pointe.
9. Pointe à piquer à manche à couliſſe. A, la pointe. B, le manche. C, la couliſſe.
10. Autre pointe à piquer. A, la pointe. B, le manche.
11. Burin à grain-d'orge. A, le burin. B, le manche.
12. 13. & 14. Pierres à polir; la premiere à grain-d'orge, la ſeconde à ciſeau, & la derniere à gouge.

PLANCHE II.

Fig. 1. Elévation.
2. Coupe.
3. Plan de la pince à couper le fil. A A, les taillans. B, le reſſort. C C, les conduits de la pince.
4. Lunette pour voir le travail. A, la lunette B, l'étui.
5. Loupe deſtinée au même uſage que la lunette.
6. Boîte à foret.
7. Foret monté ſur ſa boîte. A, le foret. B, la boîte.
8. & 9. Différens forets. A A, les perçoirs. B B, les têtes.
10. Deſſein calqué ſur plaque d'écaille, préparé pour être travaillé.
11. Le même deſſein piqué.
12. Le même deſſein piqué & coulé. A, le piqué. B, le coulé.
13. Le même deſſein piqué, coulé & incruſté. A, le piqué. B, le coulé. C, l'incruſté.
14. Différentes pieces d'or ou d'argent préparées pour être incruſtées & former le même deſſein. A A A, les fleurs. B B, les feuilles. C, la tige.
15. Pointe à tracer emmanchée. A, la pointe. B, le manche.
16. Pince. A A, les mords. B B, les branches.
17. Marteau. A, la tête. B, la panne. C, le manche.
18. Autre marteau. A, la tête. B, la panne. C, le manche.
19. Support à foret. A, le ſupport. B, l'embaſe. C, la tige. D, la virole. E, l'écrou à oreille.
20. Le même ſupport monté ſur l'établi. A, le ſupport. B, l'écrou à oreille. C, portion de l'établi.
21. Ecrou à oreille. A, l'écrou. B, l'oreille.
22. & 23. Viroles du ſupport.
24. Pointe à tracer l'ouvrage. A A, les pointes.
25. Burin à couler à œil. A, le burin. B, l'œil.
26. Pointe à tracer à œil. A, la pointe. B, l'œil.

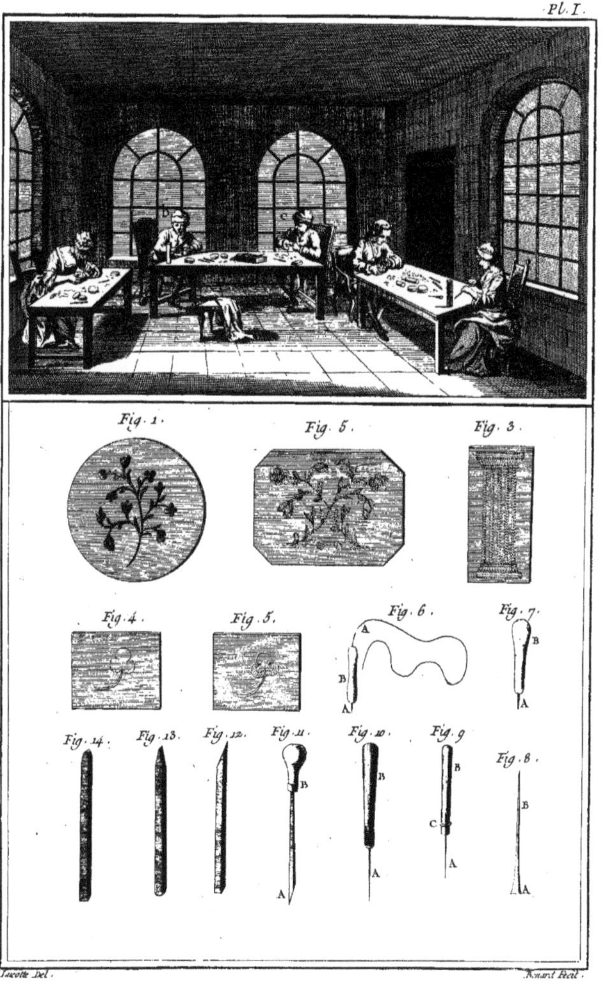

Jacotte Del. Bénard Fecit.

Piqueur et Incrusteur de Tabatiere, Ouvrages et Outils.

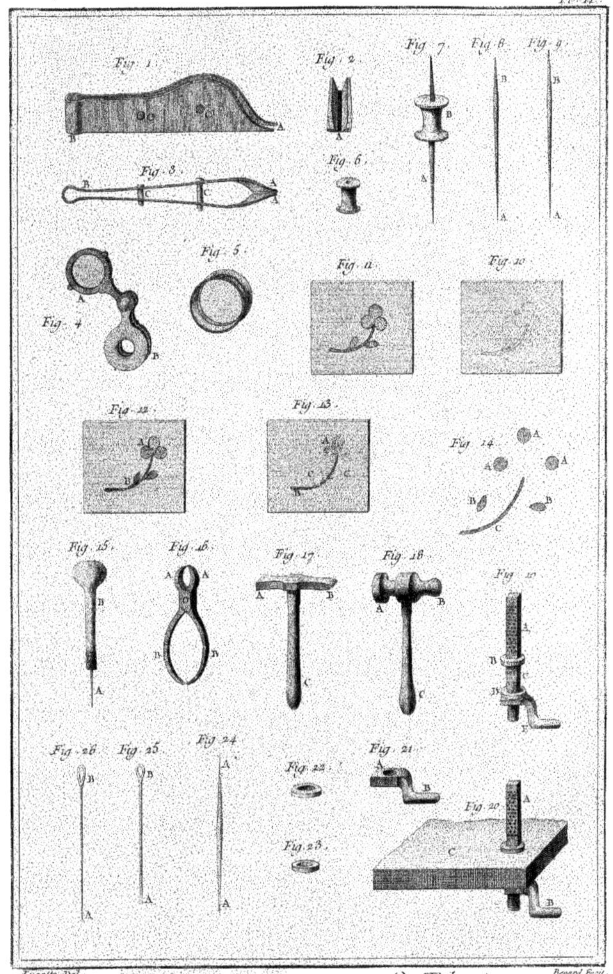

Lucotte Del. Benard Fecit.

Piqueur et Incrusteur de Tabatiere.

Desseins du Piqué, du Coulé, de l'Incrusté et du Brodé et Outils.

TABLETIER-CORNETIER,

CONTENANT SEIZE PLANCHES.

PLANCHE I.re

Le haut de cette Planche représente l'attelier d'un tabletier-cornetier, où plusieurs ouvriers sont occupés ; l'un en *a*, à faire chauffer la corne à l'établi ; une ouvriere en *b*, à faire chauffer la corne à l'âtre ; un autre ouvrier en *c*, à couper la corne ; un autre en *d*, à l'ouvrir ; un autre en *e*, à la mettre en presse à force de coin ; un autre en *f*, à la presser avec la vis ; un autre en g, à l'emboutir ; & un autre en *h*, à l'ébaucher à la serpe pour divers ouvrages. Le reste de l'attelier est occupé par divers outils, ustensiles & matériaux propres à la profession du tabletier-cornetier.

Fig. 1. Petite corne. A, la racine.
2. Demi-corne. A, la racine.
3. Corne entiere. A, la racine.
4. Pointe de la corne entiere.
5. & 6. Parties intermédiaires de la corne entiere.
7. Racine de la corne entiere.
8. Pointe de la demi-corne.
9. Partie intermédiaire de la demi-corne.
10. Racine de la demi-corne.
11. Pointe de la petite corne.
12. Racine de la petite corne.
13. Racine de corne creuse.
14. Racine de corne pleine pressée.

PLANCHE II.

Préparation de la corne.

Fig. 1. Préparation d'une racine de corne.
2. La même racine de corne après avoir été mise en presse.
3. Portion de corne préparée pour un ouvrage.
4. Le même chauffé & dressé.
5. Le même ébauché.
6. & 7. Le même fini vu par les deux bouts.
8. Autre corne disposée pour un cornet de trictrac.
9. La même chauffée & dressée.
10. Le cornet fait & tourné.
11. Autre corne disposée d'autre maniere.
12. & 13. La même faite & vue par chaque bout.
14. Grande corne préparée.
15. La même chauffée, dressée & finie.
16. Bout de corne chauffée & disposée pour des peignes.
17. La même coupée.
18. La même ouverte.
19. La même prête à mettre en presse.
20. Corne chauffée disposée pour des grands peignes.
21. La même coupée.
22. La même ouverte.
23. La même prête à être mise en presse.

PLANCHE III.

Presse à vis.

Fig. 1. 2. 3. 4. & 5. Vue perspective, coupe sur la longueur, coupe en travers, face & plan d'une presse à vis propre à mettre les cornes en presse, lorsqu'elles sont chaudes. A, chassis inférieur. B, chassis intermédiaire. C, chassis supérieur. D, étrier. E, vis. F, coins ou calles. G, plaques. H, cornes. I, barre de conduit. K, boîte de la vis. L, contre-plaque.
6. Chassis inférieur de la presse. AA, longrines extérieures. BB, longrines intérieures. CC, traverses. DD, clés.
7. Forme de l'une des clés.
8. & 9. Longrines extérieures. AA, les tenons.

PLANCHE IV.

Fig. 1. Traverse du bas du chassis inférieur. AA, les mortaises. BB, les trous des chevilles.
2. Cheville
3. Traverse de la tête du chassis inférieur. AA, les trous des chevilles.
4. & 5. Longrines du chassis intermédiaire de la presse à vis. AA, les mortaises des clés. BB, les mortaises des traverses. CC, les embreuvemens.
6. & 7. Longrines du chassis supérieur de la même presse. AA, les mortaises des traverses. BB, les embreuvemens.
8. & 9. Traverses de la tête des deux chassis intermédiaire & supérieur de la même presse. AA, les tenons. BB, les entailles pour placer la boîte de la vis. CC, les talons.
10. Vis. A, la vis. B, la boîte.
11. Vis de la presse. A, la vis. B, la tête.
12. Boîte de la vis. AA, les plaques.
13. & 14. Traverses du bas des deux chassis intermédiaire & supérieur de la même presse. AA, les tenons. BB, les talons.
15. & 16. Petits coins ou calles. AA, les têtes.
17. & 18. Gros coins ou calles. AA, les têtes.

PLANCHE V.

Détails de la presse à vis & presse à coins.

Fig. 1. & 2. Etriers de la presse. AA, les talons. BB, les trous des clous.
3. Plaque.
4. Contre-plaque.
5. & 6. Clous pour les étriers.
7. & 8. Morceaux de corne mis en presse.
9. & 10. Coulisses de l'intérieur de la presse. AA, les talons.
11. Petite clé à vis. A, la clé. B, le manche.
12. Grande clé à vis. A, la clé. B, le manche.
13. 14. 15. & 16. Elevation perspective, plan, coupe en travers & élévation en face d'une presse à coins. A, le chassis inférieur. B, le chassis supérieur. CC, les coins. DD, les plaques. EE, les cornes en presse. FF, les longrines de fond.

PLANCHE VI.

Fig. 1. Elévation perspective du chassis inférieur. AA, les longrines extérieures. B, la longrine intérieure. CC, les traverses. DD, les contre-traverses. EE, les longrines de fond. FF, les clés.
2. Forme de l'une des clés.
3. Longrine extérieure. 4. Longrine intérieure. 5. autre longrine extérieure de la presse à coins. AA, les mortaises des clés. BB, les mortaises des traverses. CC, les mortaises des contre-traverses. DD, les tenons des traverses.
6. 7. 8. & 9. Contre-traverses. AA, les tenons. BB, les talons.
10. 11. 12. & 13. Petites longrines du fond. AA, les tenons.
14. & 15. Traverses. AA, les tenons.
16. Plaque.
17. Coin. A, la tête.

PLANCHE VII.

Fig. 1. Presse simple. AA, les deux supports. B, la se-

melle du haut. CC, les boulons à anneaux. DD, les petites plaques. EE, les grandes plaques. F, la table. GG, les tréteaux.
2. Semelle de la presse. AA, les pattes.
3. & 4. Les supports faisant l'office de coins.
5. & 6. Boulons à anneaux. AA, les anneaux. BB, les écrous. CC, les vis.
7. Une des vis pour arrêter la table aux tréteaux.
8. Table de la presse. AA, les trous pour l'arrêter aux tréteaux.
9. 10. 11. & 12. Grandes & petites plaques de la presse.
13. Un des tréteaux. A, le dessus. BB, les piés.
14. Gril à pié pour chauffer la corne. AA, les barreaux. BB, les côtés à piés.
15. Un des côtés du gril. AA, les piés.
16. Un des barreaux du gril. AA, les rivets.

PLANCHE VIII.

Fig. 1. Grand gril plat. AA, les bandes. BB, les barreaux.
2. Une des bandes. AA, &c. les trous.
3. Un des barreaux du gril plat. AA, les goujons.
4. Petit gril. AA, les bandes. BB, les barreaux.
5. Une des bandes. AA, les trous.
6. Un des barreaux. AA, les goujons.
7. Tenailles droites.
8. Tenailles à crochet.
9. Tenailles à crochets ronds.
10. Tenailles roulées.
11. Tenailles à crochets renversés. AA, les mords. B, la charniere. CC, les branches.
12. & 13. Mord & contre-mord de l'une des tenailles. AA, les crochets. BB, les trous du rivet. CC, les branches.
14. 15. & 16. Différentes serpes. AA, &c. les fers. BB, &c. les manches.

PLANCHE IX.

Fig. 1. & 2. Pelles à tirer les cornes de la bouilloire. AA, les trous pour l'écoulement de l'eau. BB, les manches.
3. Cuillere destinée au même usage. A, la cuillere. B, le manche.
4. & 5. Gros & petit maillets. AA, les maillets. BB, les manches.
6. & 7. Grosse & petite masses. AA, les masses. BB, les manches.
8. 9. 10. & 11. Poinçons à emboutir de diverses grosseurs. AA, &c. les poinçons. BB, &c. les têtes.
12. 13. 14. & 15. Broches de diverses grosseurs destinées aux mêmes usages. AA, les broches. BB, les têtes.
16. Pleine simple. A, le fer. BB, les manches.
17. Pleine à biseau & coudée. A, le fer. BB, les coudes. CC, les manches.
18. Pleine à biseau & ceintrée. A, le fer ceintré. BB, les manches.
19. & 20. Trépans de plusieurs grosseurs. AA, les taillans. BB, les têtes.
21. & 22. Mèches de plusieurs grosseurs. AA, les mêches. BB, les têtes.
23. Trépan monté sur son fût de vilebrequin. A, le fût de vilebrequin. B, la poignée. C, le manche. D, le quarré. E, la vis. F, le trépan.
24. Vis du fût de vilebrequin. A, la vis. B, la tête.

PLANCHE X.

Fig. 1. Bouilloire plate a faire bouillir la corne. A, l'anse. BB, les oreillons.
2. Marmite propre au même usage. A, l'anse. BB, les oreillons. CCC, les piés.
3. Petite bouilloire propre au même usage. A, l'anse. BB, les oreillons.
4. Bouilloire creuse propre aussi au même usage. A, l'anse. BB, les oreillons.
5. Trépié rond. A, le cercle. BB, &c. les piés.
6. Trépié triangulaire. A, le triangle. BB, &c. les piés.
7. Quatre-pié. A, le quarré. BB, &c. les pointes pour soutenir la bouilloire. CC, &c. les piés.
8. 9. & 10. Différentes battes pour frapper sur les serpes & couper la corne. AA, &c. les manches.
11. Gros billot.
12. Demi-billot.
13. Petit billot à pointe; c'est souvent une bûche appointie.
14. Billot à emboutir. AA, ouvrages en cornes embouties. BB, &c. broches & poinçons.

PLANCHE XI.

Fig. 1. Banc à travailler la corne. A, la table. B, le pié.
2. Coupe de la table du banc.
3. Table du banc. AA, les trous du pié.
4. Piés du banc. AA, les pattes. B, la traverse.
5. Autre banc à travailler la corne. A, la table. BB, les piés. C, la contre-table. D, le support de la contre-table. E, la manivelle.
6. & 7. Piés de la table du banc. AA, les pattes. BB, les traverses.
8. Elévation perspective. 9. Plan de la contre-table du banc. A, la patte. B, le support. C, la lumiere.
10. Boulon de la manivelle. A, la tête. B, la tige.
11. Estomac. A, la queue. B, le billot. C, la plaque.
12. Manivelle du banc. A, la tête. B, la tige. C, la broche.
13. Broche de la manivelle du banc.
14. & 15. Paniers & mannes à contenir les cornes.

PLANCHE XII.

Fig. 1. & 2. Gros peignes appellés *démêloirs*, le premier droit & l'autre ceintré.
3. Coupe des peignes.
4. & 5. Peignes à deux rangs, l'un droit & l'autre ceintré par les bouts.
6. Coupe des peignes.
7. & 8. Peignes à chignons ceintrés par leurs plans.
9. Coupe des peignes.
10. Gros peigne à queue. A, le peigne. B, la queue.
11. Coupe du peigne à queue.
12. Petit peigne à queue. A, le peigne. B, la queue.
13. Coupe du peigne à queue.
14. Peigne à deux fins à dos plat.
15. Coupe du peigne à deux fins à dos plat.
16. Peigne à deux fins à dos rond.
17. Coupe du peigne à deux fins à dos rond.

PLANCHE XIII.

Fig. 1. Premiere opération d'un peigne, la corne sortant de la presse dressée sur ses surfaces.
2. Deuxieme opération du peigne, la même corne formée en peigne avec ses biseaux. AA, les biseaux.
3. Troisieme opération du peigne. AA, les dents sciés.
4. Quatrieme & derniere opération du peigne terminé.
5. Disposition de la scie à fendre les dents du peigne. A, profil d'un peigne. B, la lame de la scie. C, le manche.
6. Manche de la scie à fendre. A, la mortaise de la lame. BB, les lumieres.
7. Scie à refendre. A, le fer. BB, les sabots. CC, les traverses. DD, les bras. E, la broche.
8. Bras de la scie. AA, les tenons.
9. Fer de la scie.
10. Autre bras de la scie. AA, les tenons.
11. Sabot du haut de la scie. A, la lumiere. B, la mortaise de la scie. C, le trou de la broche.
12. Sabot du bas de la scie. A, la lumiere. B, la mortaise de la scie.
13. Clé du sabot du haut de la scie.
14. Broche du sabot.
15. Traverse du haut de la scie.
16. Traverse du bas de la scie. AA, les mortaises.

PLANCHE XIV.

Fig. 1. Scie tournante. A, le fer. BB, les bras. C, la

traverſe. D, la corde. E, le garrot. F, le ronrrer du haut. G, le manche à tourret.

2. Traverſe de la ſcie. A A, les tenons.

3 Bras de la ſcie. A, la lumiere. B, la mortaiſe. C, le crochet.

4. Manche à tourtet de la ſcie. A, le manche. B, le tourret.

5. Tourret du haut de la ſcie.

6. Autre bras de la ſcie. A, la lumiere. B, la mortaiſe. C, le crochet.

7. Fer de la ſcie.

8. Petite ſcie tournante en fer. A, le fer. B, le chaſſis. C, le tourret du haut. D, le manche à tourret.

9. Tourtet du haut de la petite ſcie tournante. A, la moufle. B, la vis. C, l'écrou à oreille.

10. Chaſſis de la petite ſcie tournante. A A, les lumieres.

11. Manche à tourtet. A, la moufle. B, le manche.

12. Fer de la ſcie.

13. Grande ſcie tournante. A, le fer. B, le chaſſis. C, le tourret du haut. D, le manche à tourtet.

14. Chaſſis de la grande ſcie tournante. A A, les lumieres.

15. Fer de la ſcie.

16. Tourret du haut de la ſcie. A, la moufle. B, la vis. C, l'écrou.

17. Manche à tourret. A, le tourtet. B, le manche.

18. Grande quarrelette à limer la corne. A, la lime. B, le manche.

19. Grande demi-ronde. A, la lime. B, le manche.

20. Petite quarrelette. A, la lime. B, le manche.

21. Petite demi-ronde. A, la lime. B, le manche.

22. Petite queue-de-rat. A, la lime. B, le manche.

23. Petite lime quarrée. A, la lime. B, le manche.

24. Petit tiers-point. A, la lime. B, le manche.

PLANCHE XV.

Fig. 1. Elévation perſpective.

2. Plan du tour de tabletier-cornetier. A A, les jumelles de l'établi. BB, &c. les piés. C C, les traverſes. D, la poupée à pointe à écrou. E, la poupée à pointe à vis. F, la poupée à lunette. GG, les clés. H H, les ſupports. I I, les vis des ſupports. K, la barre de ſupport. L, l'arbre du tour. M, la corde. N, la perche. O, le marchepié.

3. Bouton de culotte en corne préparé.

4. Bouton de culotte en corne fait.

5. & 6. Jumelles de l'établi du tour. A A, les mortaiſes.

7. Entretoiſe de l'établi. A A, les tenons.

8. Arbre du tour. A, la boîte. B, l'arbre. C, le bouton préparé.

9. Boîte de l'arbre.

10. Arbre. A, la pointe de la boîte. B, la pointe entrant dans la corne.

11. Morceau de corne préparé.

PLANCHE XVI.

Fig. 1. Poupée à pointe à écrou. A, la poupée. B, la vis. C, la lumiere du ſuppport. D, la lumiere de la clé.

2. Poupée à pointe à vis. A, la poupée. B, la vis. C, la lumiere du ſupport. D, la vis du ſupport. E, la lumiere de la clé.

3. Pointe à écrou. A, la pointe. B, l'écrou. C, la vis.

4. Pointe à vis. A, la pointe. B, la vis. C, la tête.

5. & 6. Clés des poupées.

7. & 8. Supports. A A, les talons.

9. Barre de ſupport.

10. & 11. Vis des ſupports. A A, les têtes.

12. Poupée à lunette. A, la poupée. B, la lumiere de la clé. C, la lunette. D, le T. E, l'écrou.

13. Poupée à lunette. A, la poupée. B, la lumiere de la clé. C, la lumiere du T.

14. Petite lunette. A, la fourche.

15. Grande lunette. A, la fourche.

16. T de la poupée à lunette. A, le T. B, la vis. C, l'écrou.

17. Perche.

18. Marchepié du tour. A, la fourche pour le paſſage de la corde. B, la tige. C C, les branches. D, la traverſe.

19. Boulon de la traverſe à ſupporter la perche. A, la téte. B, la vis. C, l'écrou.

20. Tire-fond à fixer la perche. A, la tête. B, la vis.

21. Traverſe à ſupporter la perche. A A, les pattes.

22. Grande gouge à tourner. A A, le taillant, B, le manche.

23. Petite gongc à tourner. A, le taillant. B, le manche.

24. Ciſeau à tourner. A, le taillant. B, le manche.

25. Bec-d'âne à tourner. A, le taillant. B, le manche.

26. Grain-d'orge à tourner. A, le taillant. B, le manche.

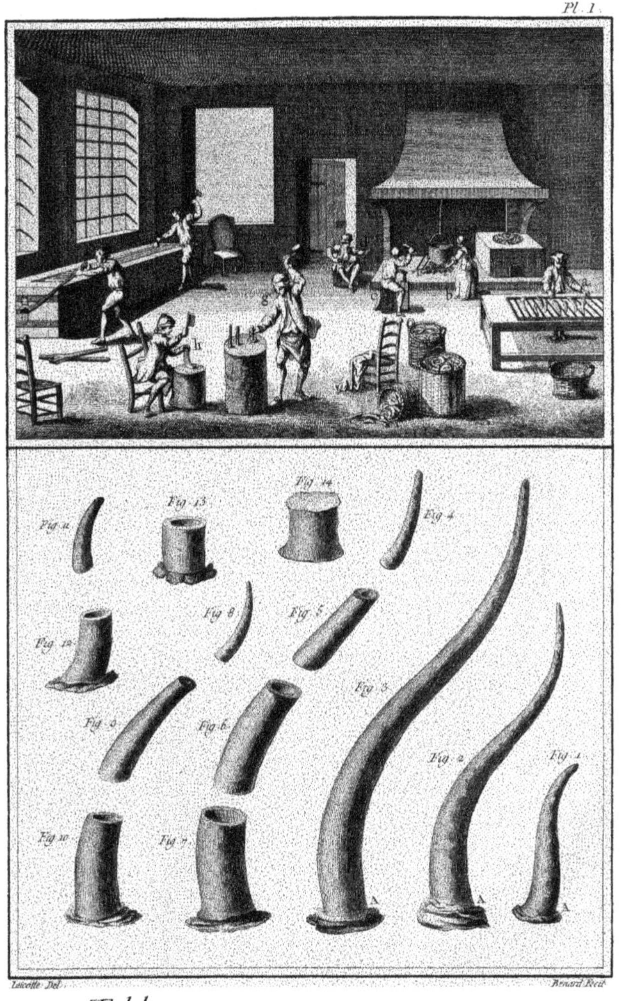

Lucotte Del. Benard Fecit

Tabletier Cornetier, *Préparation de la Corne.*

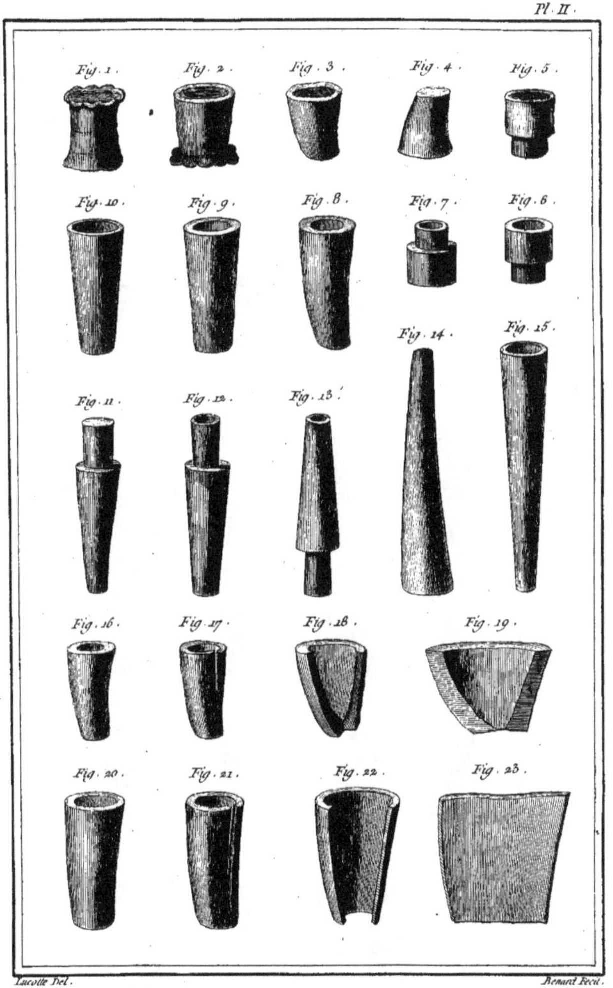

Tabletier Cornetier, *Préparation de la Corne.*

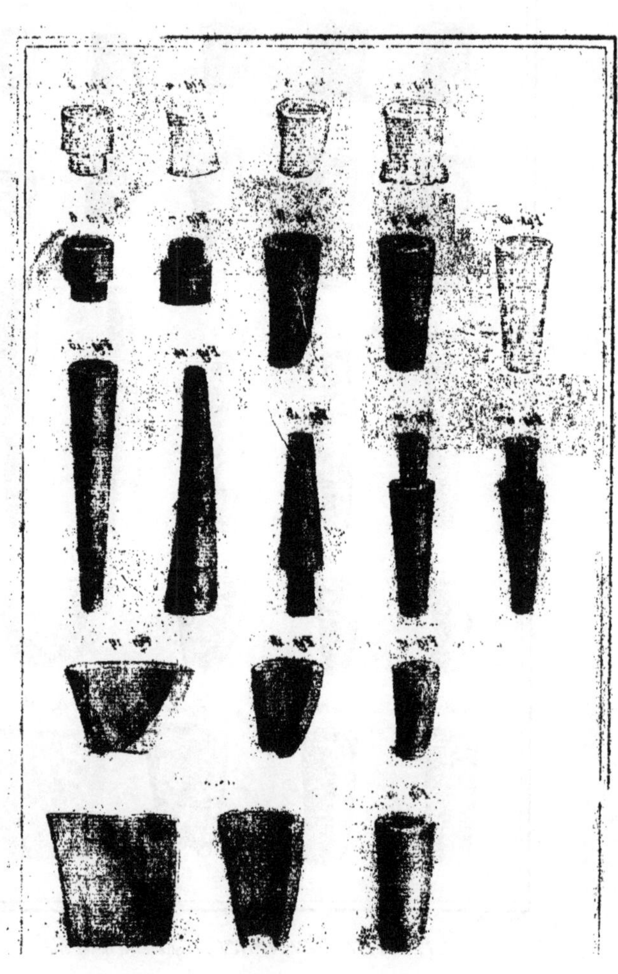

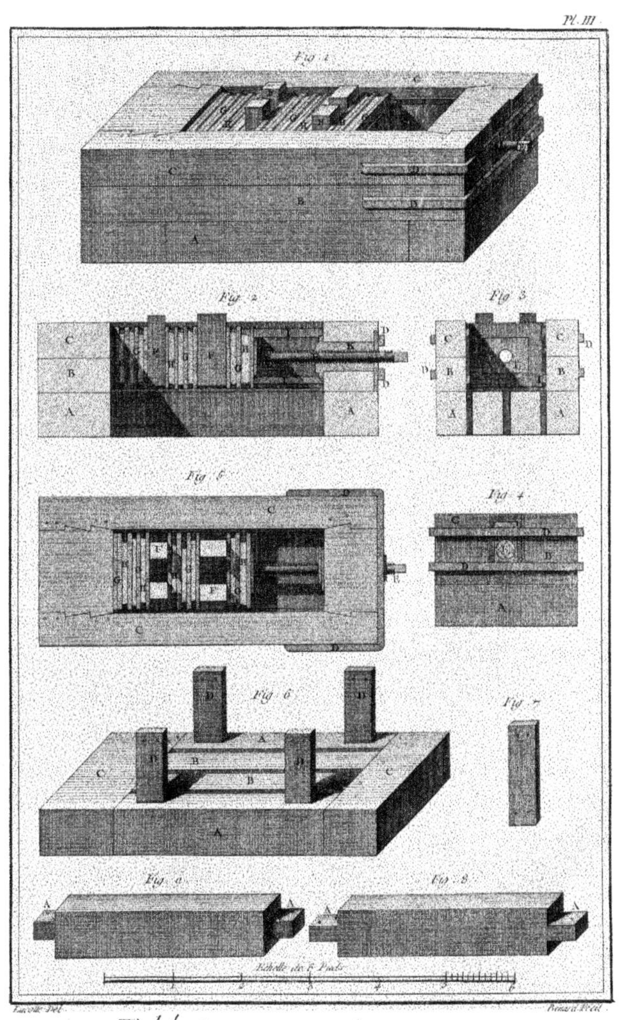

Lucotte Del. — Benard Fecit.

Tabletier Cornetier, Presse à vis.

Fig. 1. Fig. 2. Fig. 3.

Fig. 4. Fig. 8.

Fig. 5.

Fig. 6. Fig. 9.

Fig. 7.

Fig. 14. Fig. 13. Fig. 20

Fig. 11.

Fig. 15. Fig. 16. Fig. 17. Fig. 18. Fig. 12.

Echelle de 6 Pieds.

1 2 3 4 5 6

Lucotte Del. Benard Fecit.

Tabletier Cornetier, Détails de la Presse à vis.

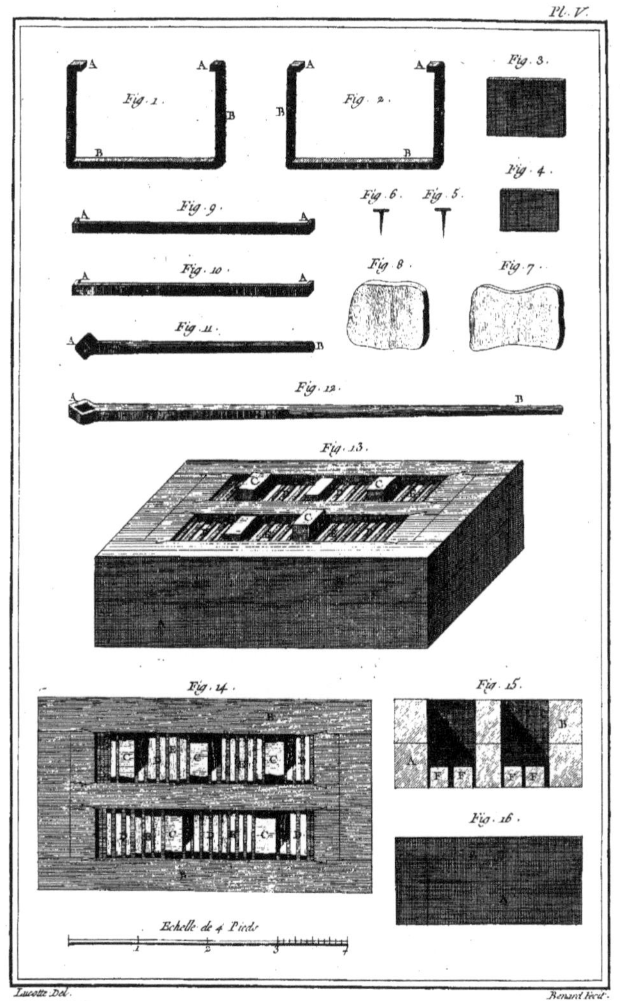

Lucotte Del. Benard Fecit.

Tabletier Cornetier, Détails de la Presse à vis et Presse à coin.

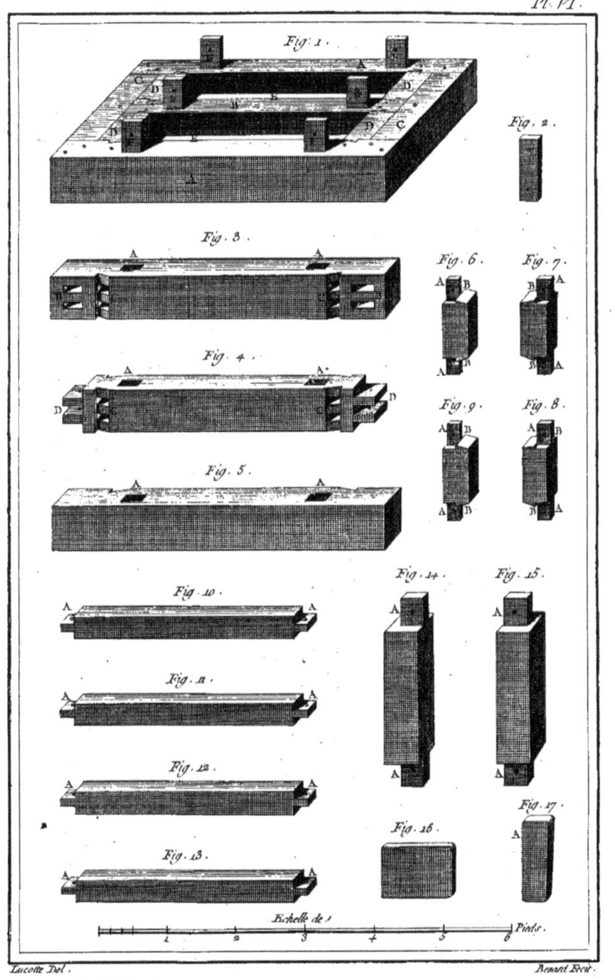

Lucotte Del. Benard Fecit.

Tabletier Cornetier, Détails de la Presse à coin.

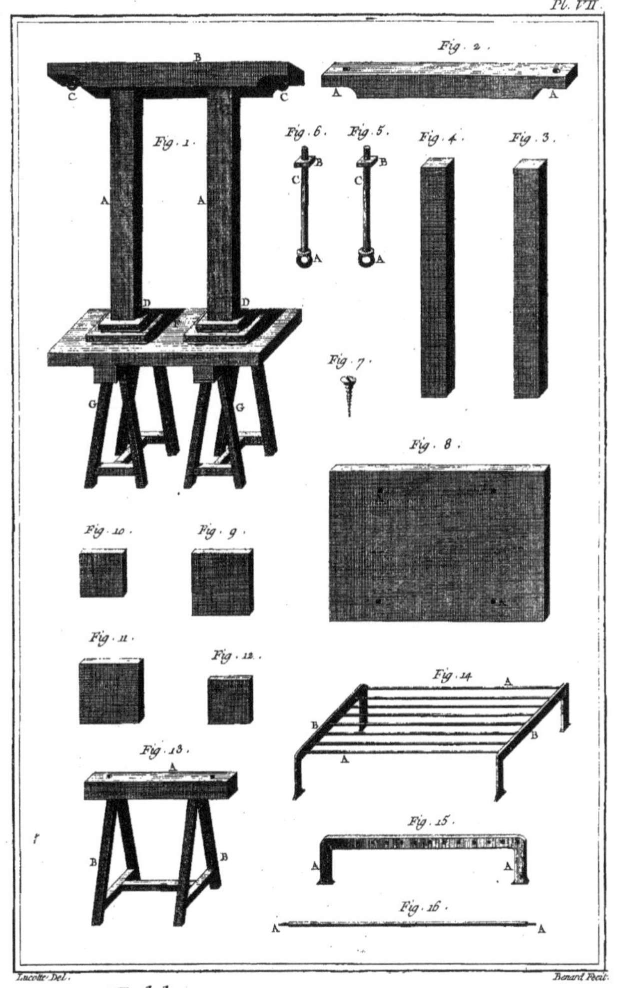

Tabletier Cornetier, Presse et Outils.

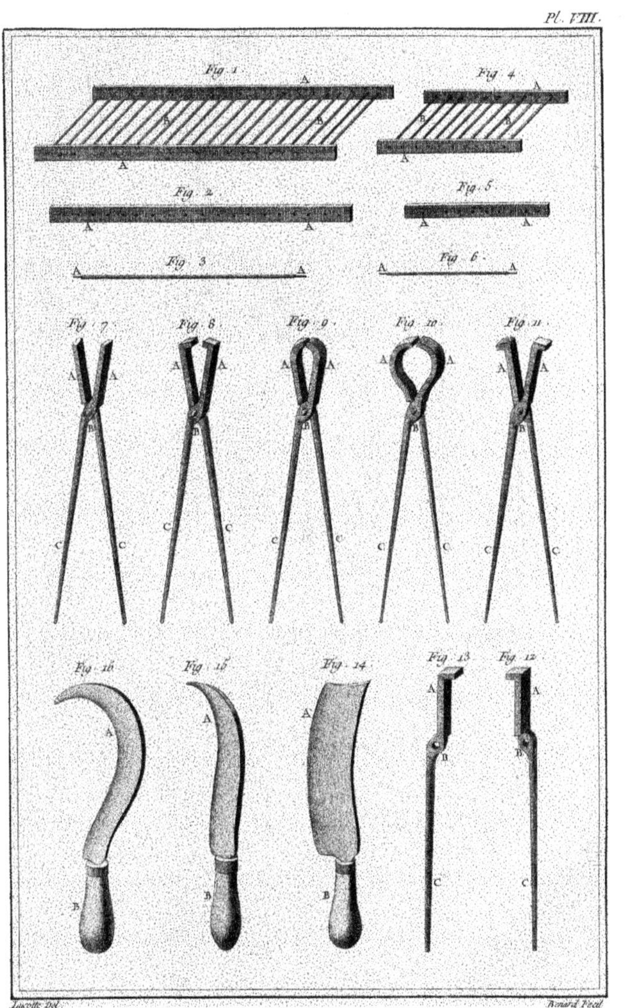

Lucotte Del.   Benard Fecit

Tabletier Cornetier, Outils.

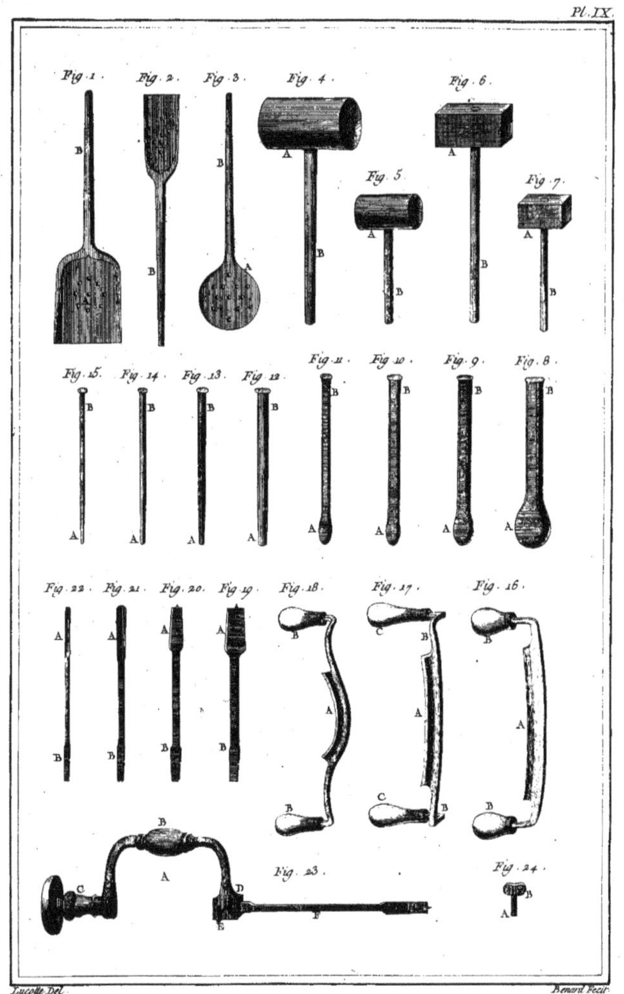

Lucotte Del. Benard Fecit.

Tabletier Cornetier, Outils.

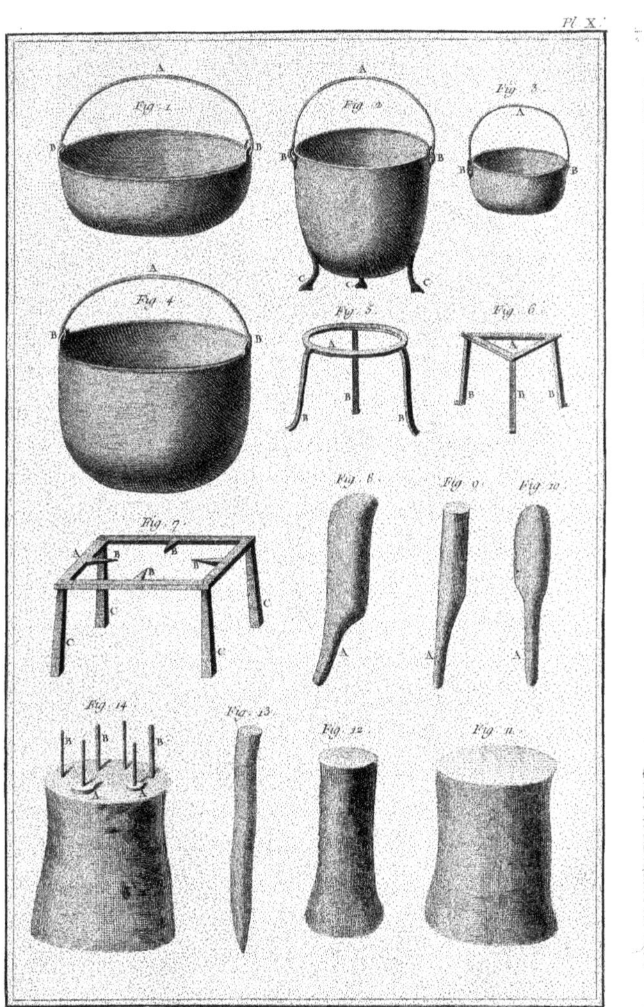

Lucotte Del. Benard Fecit

Tabletier Cornetier, Outils.

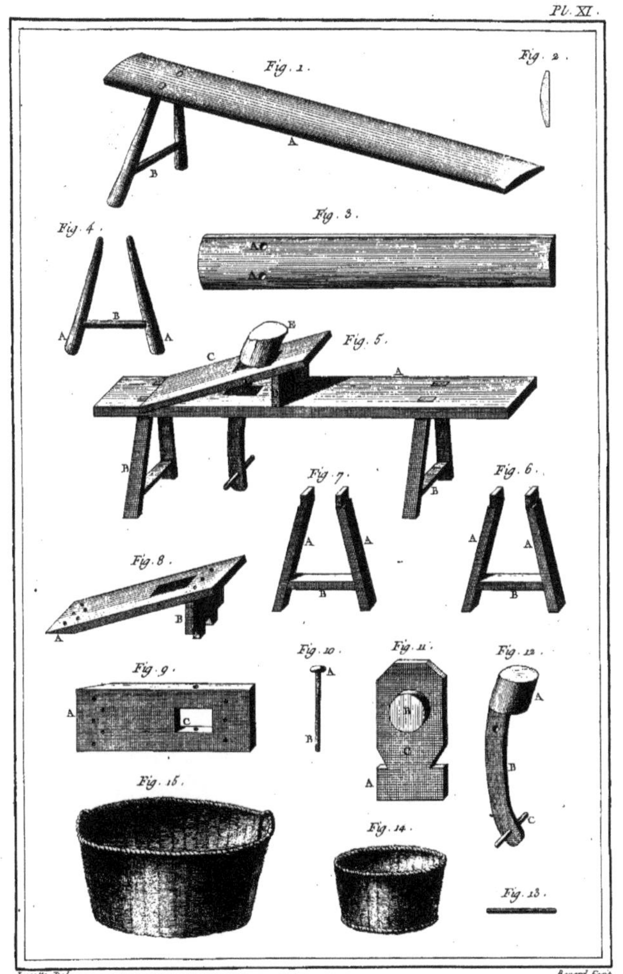

Lucotte Del. Benard Fecit.

Tabletier Cornetier, Outils et Ustenciles.

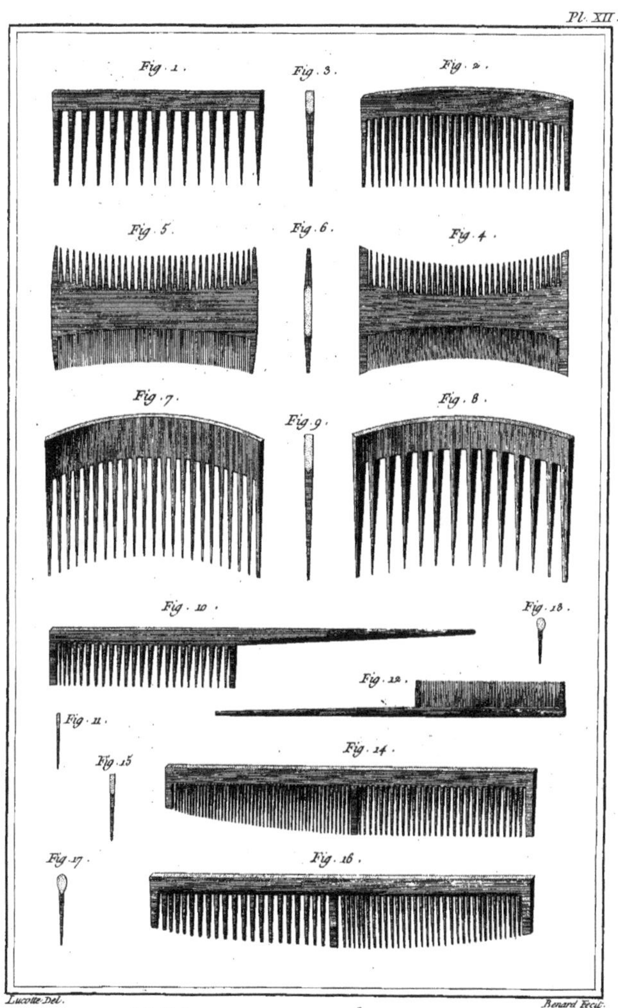

Lucotte Del. Benard Fecit.

Tabletier Cornetier, Peignes.

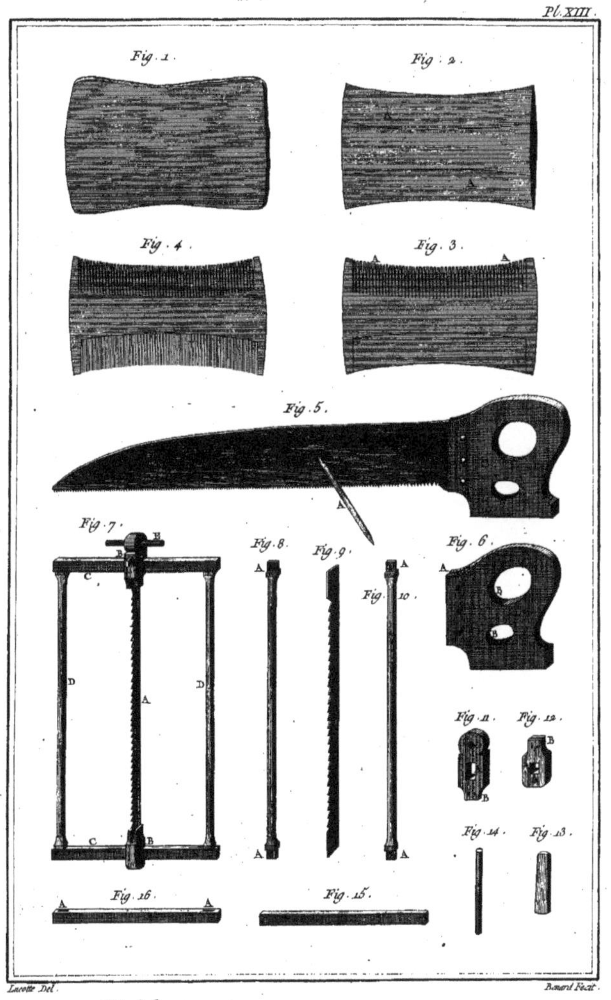

Lucotte Del. Benard Fecit.

Tabletier Cornetier, Façon des Peignes.

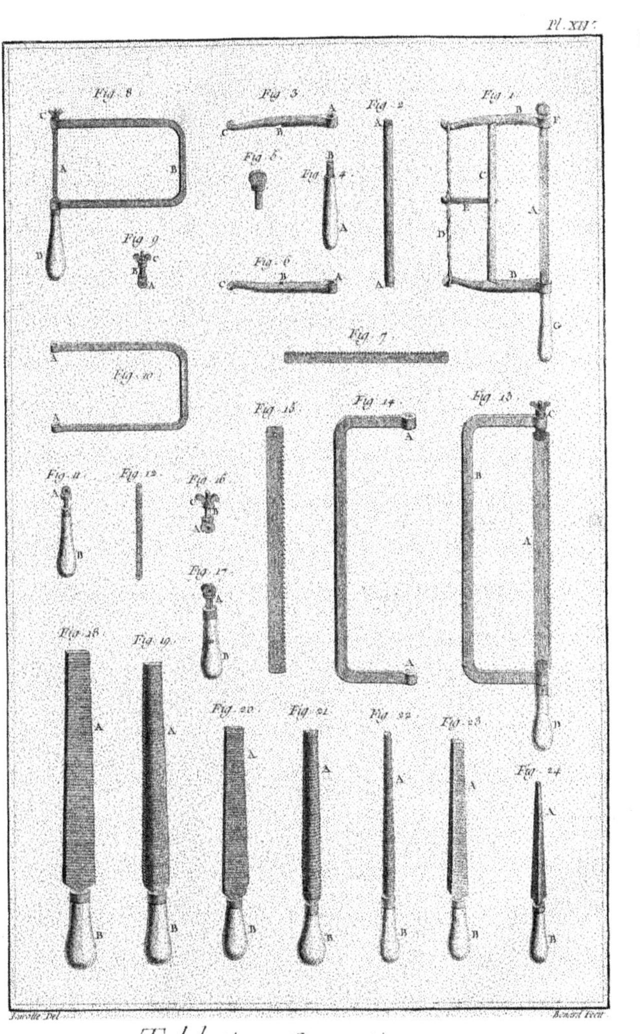

Lucotte Del. — Benard Fecit

Tabletier Cornetier, Outils.

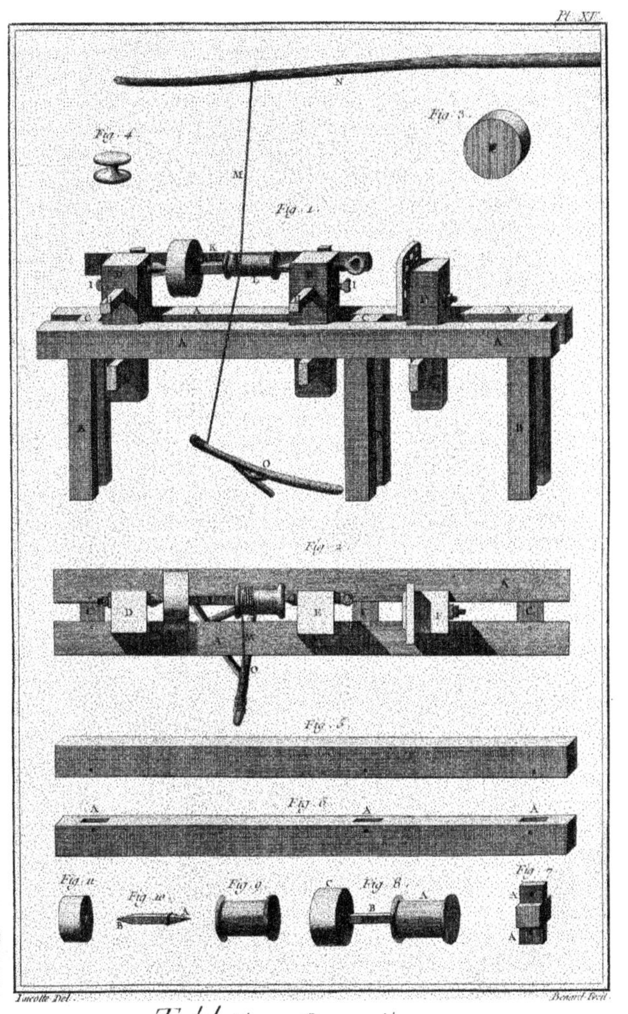

Lucotte Del. | Benard Fecit.

Tabletier Cornetier, Tour.

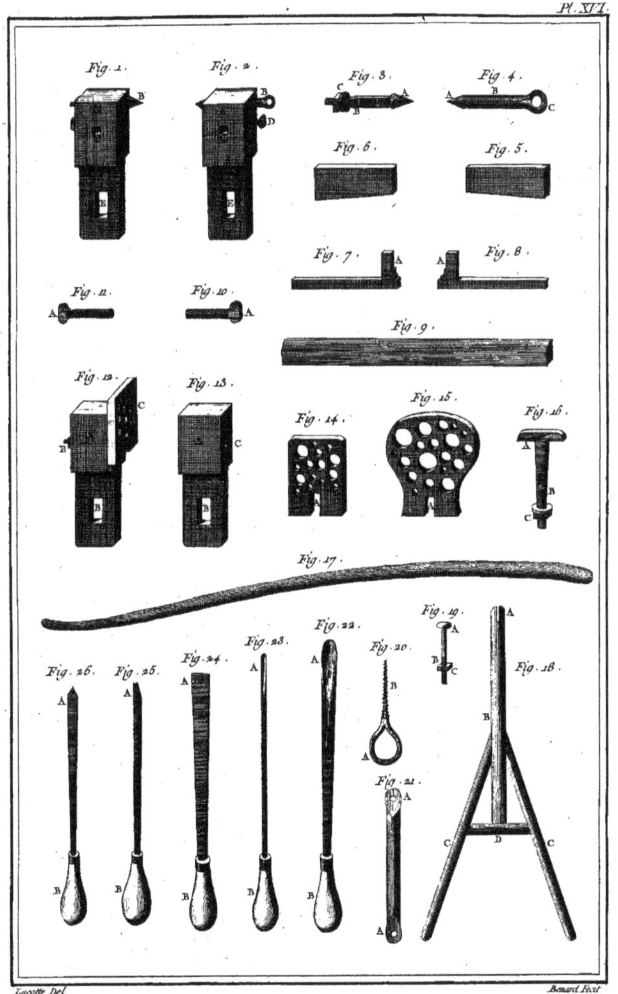

Lucotte Del. Benard Fecit

Tabletier Cornetier, Détails du Tour.

TABLETIER,

CONTENANT QUATRE PLANCHES.

PLANCHE Ire.

FIg. 1. Souvenir. A, l'étui. B, les tablettes.
2. Tablettes en ivoire. A, la charniere.
3. Etui du ſouvenir.
4. Tablette du ſouvenir. A, la charniere.
5. & 6. Tablettes premieres, du ſouvenir. AA, les charnieres.
7. Clou à vis de la charniere du ſouvenir. A, la tête. B, la vis.
8. Ecrou du clou du ſouvenir.
9. Aiguille du ſouvenir. A, la tête. B, la pointe.

Pieces du jeu d'échecs.

10. & 11. Elévation & place du roi.
12. & 13. Elévation & place de la dame.
14. & 15. Elévation & place d'un cavalier.
16. & 17. Elévation & place d'un fou.
18. & 19. Elévation & place d'une tour.
20. & 21. Elévation & place d'un pion.

PLANCHE II.

Fig. 1. & 2. Coupe & plan d'un damier d'aſſemblage. A, le damier. BB, les caſes à contenir les dames.
3. L'une des pieces latérales du damier. AA, les queues d'aronde d'aſſemblage. BB, les mortaiſes des traverſes. C, la rainure pour porter le damier.
4. Traverſe du damier vue du côté des couliſſes. AA, les tenons. BB, les rainures des couliſſes.
5. La même traverſe vue du côté du damier. AA, les tenons. B, la rainure du damier.
6. La table du damier vue du côté appellé *polonnois*, pour le jeu des dames dites *à la polonnoiſe*. AA, les languettes pour le faire tenir dans les traverſes.
7. La même table du damier vue du côté appellé *françois*, pour le jeu des dames *à la françoiſe*, ſervant auſſi au jeu d'échecs, d'un côté blanc & de l'autre noir. A, place du roi. B, place de la dame. C, place du fou du roi. D, place du fou de la dame. E, place du cavalier du roi. F, place du cavalier de la dame. G, place de la tour du roi. H, place de la tour de la dame. II, *&c.* places des pions prenant le nom de celui devant qui ils ſont placés, comme pions du roi, de la dame, du fou du roi, du fou de la dame, *&c.* Les caſes KK portent auſſi le nom de ceux devant qui elles ſont placées, comme premiere, deuxieme, troiſieme & quatrieme caſe du roi, de la dame, du fou du roi, du fou de la dame, *&c.*
8. Coupe en grand de l'une des caſes à contenir les dames à jouer. A, la traverſe extérieure. B, la traverſe intérieure. C, portion de la tablette du damier. DD, rainures des couliſſes.
9. L'une des quatre couliſſes des caſes à contenir les dames à jouer. A, le talon.
10. Jeu de trictrac. AA, l'intérieur du jeu. BB, les parties latérales où ſe comptent les trous.
11. & 12. Deux moitiés de pyramides, l'une en blanc & l'autre en noir, incruſtées ſur le jeu ſur leſquelles ſe poſent les dames.
13. & 14. Dames du jeu de dames.
15. L'une des fiches ſervant à compter les trous.
16. & 17. Dames du jeu de trictrac.

PLANCHE III.

Fig. 1. Elévation géométrale.
2. Coupe.
3. Plan.
4. Elévation perſpective de la petite preſſe pour la fabrique des tabatieres d'écaille. A, la vis. B, le chaſſis. C, la traverſe. D, le crampon. EE, les vis. F, la couliſſe. G, la plaque ſupérieure. H, le moule. I, la plaque intermédiaire. K, le contre-moule. L, la plaque inférieure.
5. & 6. 7. & 8. 9. & 10. Différens noyaux & moules.
11. Virole pour exhauſſer le noyau d'un moule pour faire un fond épais.
12. Rondelle pour placer ſous le noyau d'un moule pour faire le fond mince.
13. Vis. A, la tête. B, la vis. C, le goujon.
14. & 15. Vis du crampon de la plaque à couliſſe. AA, les têtes. BB, les vis.
16. Crampon de la plaque à couliſſe. AA, les pattes. B, le trou de la vis.
17. Plaque à couliſſe. AA, les entailles. BB, les trous des vis du crampon.
18. Moule à tabatiere.
19. Noyau du moule à tabatiere.
20. Contre-moule à tabatiere.
21. Noyau du contre-moule à tabatiere.
22. Contre-rivure de la vis.
23. & 24. Petit moule & noyau.
25. L'une des plaques.
26. Levier ou manivelle de la vis. A, le bouton. B, la tige.

PLANCHE IV.

Fig. 1. Elévation géométrale.
2. Coupe.
3. Plan.
4. Elévation perſpective de la groſſe preſſe pour la fabrique des tabatieres d'écaille. A, la vis. BB, les jumelles. C, la traverſe ſupérieure. D, la traverſe inférieure. E, la couliſſe. F, le moule. G, la plaque ſupérieure. H, la plaque inférieure. I, la contre-plaque.
5. L'une des deux jumelles. A, la mortaiſe de la traverſe ſupérieure. B, le talon, C, la mortaiſe de la traverſe inférieure. DD, les embaſes. E, le talon. F, le gonion entrant dans la plaque de l'établi.
6. Traverſe ſupérieure. A, l'écrou. BB, les tenons. CC, les vis à écrou.
7. Traverſe inférieure. AA, les tenons. BB, les vis à écrou.
8. Vis de la preſſe. A, la tête quarrée. B, la vis. C, le goujon.
9. Contre-rivure de la vis.
10. Clé de la vis. A, le quarré. B, la queue.
11. Contre-noyau du moule.
12. Noyau du moule.
13. Moule creux.

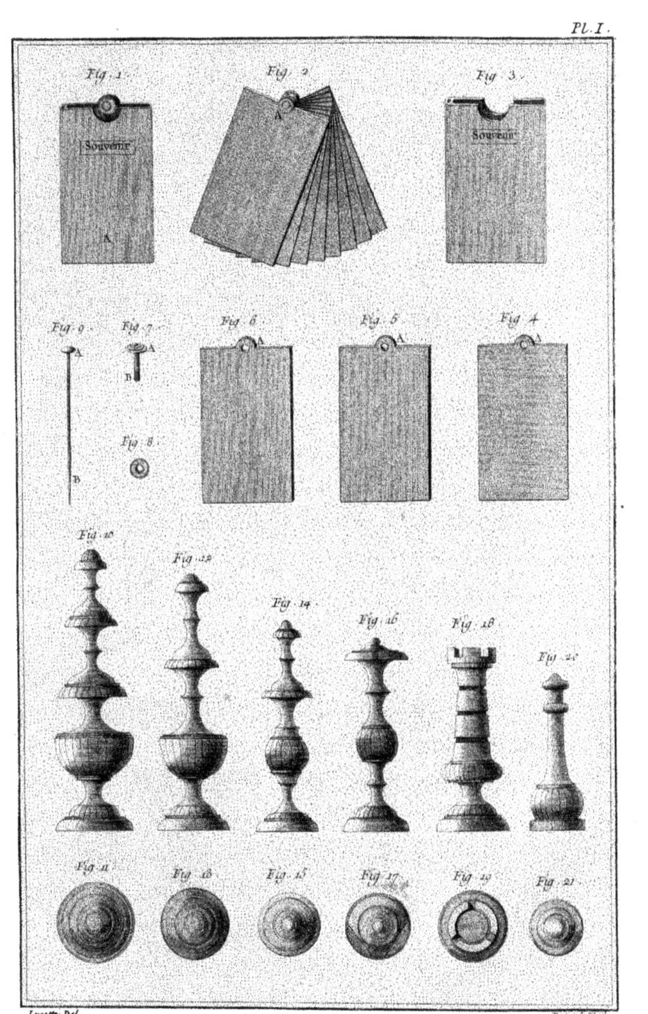

Tabletier, Ouvrages.

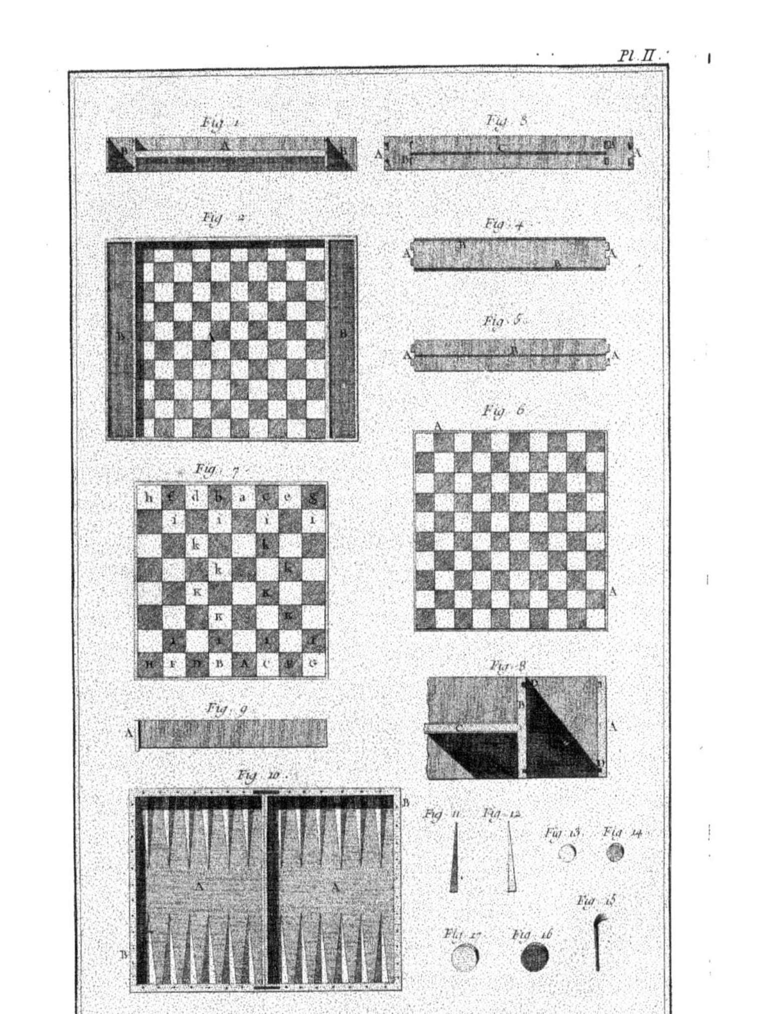

Lucotte del. Benard Fecit

Tabletier, Ouvrages.

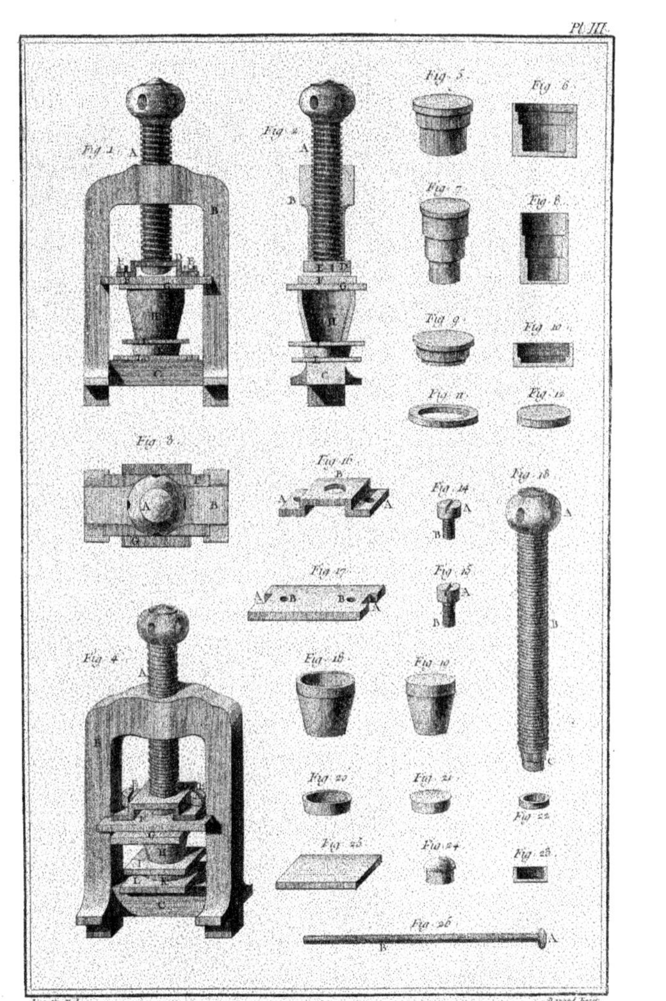

Lucotte Del. Bénard Fecit

Tabletier, Petite Presse et Moules pour la Fabrique des Tabatieres d'Ecaille.

Lucotte Del. Benard Fecit.

Tabletier, *Grosse Presse pour la Fabrique des Tabatières d'Ecaille.*

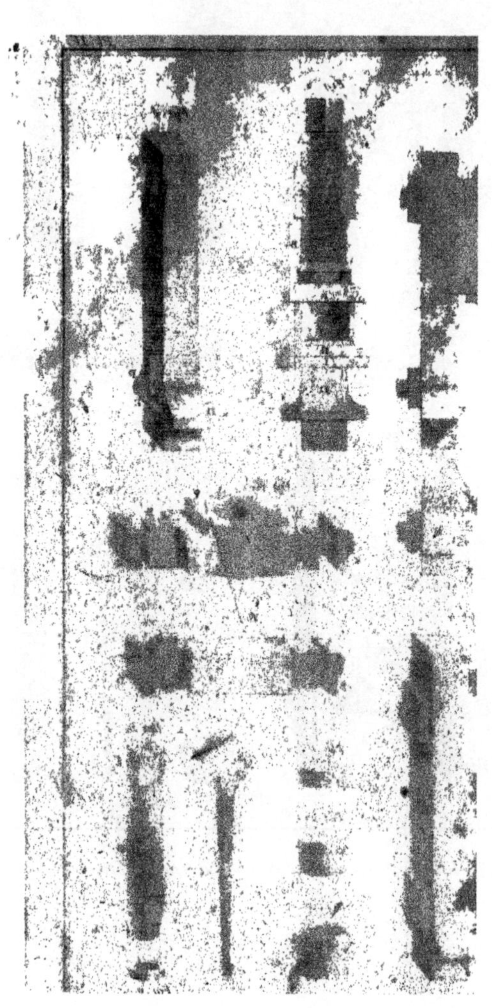

TAILLANDIER,

CONTENANT avec la fabrique des étaux, douze Planches.

PLANCHE Iere.

LE haut de cette Planche représente un attelier de taillandier où plusieurs ouvriers sont occupés à divers ouvrages de cet art. Les uns en *a*, à faire mouvoir les soufflets de la grande forge; un en *b*, à tourner & retourner l'ouvrage sur l'enclume; un en c, à poser une mise pour la faire fonder; deux autres en *d* & en *e*, à frapper dessus; & un autre en *f*, à tailler des limes. Près de-là en g est une forge; en *h*, une enclume, en *i* un baquet, en *k k* des outils, & en *l* une potence pour aider au transport des ouvrages de la forge à l'enclume, & de l'enclume à la forge. Le reste de l'attelier est semé de quantité d'ouvrages & outils relatifs à cette profession.

Façon d'une enclume.

Fig. 1. Masse de fer propre à faire une enclume. A, le trou de la barre pour la tenir.

2. La même masse montée. A, la masse. B, la barre. C, le rouleau de bois.

3. Barre. A, le côté qui entre dans le trou de la masse. B, la pointe qui entre dans le rouleau.

4. Rouleau. A A, &c. les cercles. B B, les trous de la manivelle.

5. Manivelle du rouleau de fer.

6. Mise de fer pour grossir la masse. A, la mise. B, la barre pour la tenir.

7. Masse à laquelle est fondée la mise de fer. A, la masse. B, la mise. C, la barre.

8. Bigorne prête à souder à la masse. A, la bigorne. B, la barre.

9. Masse de fer où est fondée la bigorne. A, la masse. B, la bigorne. C, partie de la barre.

10. Masse où sont fondées deux bigornes. A, la masse. B B, les bigornes. C, le trou de la barre.

11. Plateau pour être fondé sous l'enclume. A, le plateau. B, la barre.

12. Masse prête à fonder au plateau. A, la masse. B B, les bigornes. C, le trou de la barre.

13. Mise d'acier pour être fondée sur la surface de l'enclume. A, la mise. B, la barre pour la tenir.

14. Enclume ébauchée. A, la masse. B B, les bigornes. C, le plateau.

PLANCHE II.

Façon d'une bigorne.

Fig. 1. Gros courçon. A, la masse du courçon. B, la pointe. C, la barre pour la tenir.

2. Masse du courçon à laquelle est fondée la virole servant d'embase. A, la masse. B, la virole. C, la barre.

3. Virole tournée prête à souder à la masse du courçon.

4. Serre de fer pour être placée dans le joint de la virole & l'aider à fonder.

5. Masse du courçon refoulée & préparée à être soudée à deux bigornes. A, la masse. B, la partie refoulée. C, la virole fondée D, la barre.

6. Masse à laquelle est fondée une bigorne. A, la masse. B, la bigorne. C, la virole. D, la pointe.

7. Bigorne prête à souder à la masse. A, la bigorne. B, la barre pour la tenir.

8. Mise d'acier pour être fondée sur la surface de la bigorne. A, la mise. B, la barre.

9. Bigorne ébauchée. A, la masse. B B, les deux bigornes. C, l'embase. D, la pointe.

Façon d'un marteau.

10. Masse de marteau. A, le côté de la tête. B, côté de la panne.

11. Plateau d'acier prêt à être soudé à la tête du marteau. A A, les crocs.

12. Masse du marteau à laquelle est fondé le plateau d'acier. A, le côté de la tête. B, le côté de la panne.

13. Masse du marteau préparée pour y fonder le plateau à la panne. A, la tête. B, la panne.

14. Plateau d'acier prêt à être fondé à la panne du marteau. A A, les crocs.

15. Masse du marteau à laquelle sont fondés les deux plateaux d'acier. A, la tête. B, la panne.

16. Masse du marteau à laquelle est percé l'œil. A, la tête. B, la panne. C, l'œil.

17. Masse du marteau à laquelle l'œil est équarri. A, la tête. B, la panne. C, l'œil.

Façon d'une serpe.

18. Serpe ébauchée préparée à recevoir l'acier. A, la masse. B, la pointe. C, la fente.

19. Serpe ébauchée garnie de sa lame d'acier. A, la masse. B, la pointe. C, la lame d'acier.

20. Serpe faite. A, la serpe. B, la pointe.

21. Lame d'acier.

Façon d'une coignée.

22. Morceau préparé pour la douille d'une coignée. A, le corps. B B, les pattes.

23. Douille de la coignée faite. A, la douille. B, la patte pour être soudée au tranchant de la coignée.

24. Côté du tranchant de la coignée préparé. A, la masse. B, l'acier.

25. Morceau d'acier préparé pour faire le tranchant de la coignée.

26. Serre de fer préparée pour être fondée entre les deux pattes.

Façon d'une besaiguë.

27. Morceau d'acier préparé pour faire le tranchant du bec-d'âne d'une besaiguë.

28. Besaiguë ébauchée. A, côté du bec-d'âne. B, le morceau d'acier. C, côté du ciseau. D, le morceau d'acier. E, le billot préparé pour y fonder la douille servant de manche.

29. Rouleau pour être fondé au bout de la douille.

30. Morceau de fer préparé pour faire la douille.

31. La douille faite. A, le côté plein. B, le côté vuide.

32. Morceau d'acier préparé pour faire le tranchant du ciseau de la besaiguë.

PLANCHE III.

Façon d'une cisaille.

Fig. 1. Cisaille ébauchée. A, le côté du tranchant. B, le côté du manche.

2. Cisaille préparée à recevoir l'acier. A, la côté du tranchant fendu. B, le côté du manche.

3. Cisaille ébauchée garnie de sa lame d'acier. A, le côté du tranchant. B, le côté du manche. C, la lame d'acier.

Façon d'une planne.

4. Planne ébauchée. A, la planne. B, la fente prête à recevoir l'acier.

5. Planne ébauchée garnie de sa lame d'acier. A, la planne. B, la lame d'acier.
6. Lame d'acier.
7. Planne faite. A, le tranchant. BB, les pointes pour être emmanchées.

Façon d'une filiere.

8. Filiere ébauchée. A, la filiere. BBB, les grains d'acier. CC, les manches.
9. Grain d'acier préparé pour être soudé à la filiere.

Façon d'un tarau.

10. Tarau ébauché. A, la tête. B, la Virole d'acier prête à souder.
11. Virole d'acier préparée à être sondée au tarau.
12. Tarau fait. A, la tête. B, la partie pour faire la vis.

Façon d'un tas rond.

13. Masse de fer cylindrique préparée pour un tas.
14. Grain d'acier pour être soudé sur la surface du tas. AA, les crocs.
15. Tas fait. A, le tas. B, l'acier fondé. C, la pointe.

Façon d'un tas quarré.

16. Masse de fer préparée pour un tas.
17. Grain d'acier pour être fondé sur la surface du tas. AA, les crocs.
18. Tas fait. A, le tas. B, l'acier fondé. C, la pointe.

Façon de triquoises.

19. & 20. Les deux branches des triquoises ébauchées. AA, les mords. BB, les branches.
21. Morceau d'acier préparé pour être fondé à l'un des mords des triquoises.
22. & 23. Les deux branches des triquoises préparées à être garnies d'acier. AA, les mords. BB, les morceaux d'acier. CC, les branches.
24. Branche de triquoises faite. A, le mord. B, l'œil. C, la branche.

Façon d'un étau.

25. Masse de fer préparée pour faire une jumelle d'étau. A, le côté du mord. B, la tige. C, la partie de la barre pour le tenir.
26. Seconde opération de la jumelle. A, le mord. B, la porte-limaille. C, l'œil fendu. D, la tige. E, la partie de la barre.
27. Troisieme opération de la jumelle. A, le mord. B, la lame d'acier fondée. C, la porte-limaille. D, l'œil agrandi. E, la tige. F, partie de la barre.
28. Jumelle faite. A, le mord. B, la porte-limaille. C, l'œil. D, la tige. EE, les entailles des platines. F, la partie de la barre.
29. Portion de la jumelle mobile. A, la tige. B, le tenon. C, le trou du boulon.
30. Grain d'acier prêt à fonder à l'un des mords de l'étau. AA, les crocs.
31. & 32. Platines de la jumelle immobile. AA, les épieux d'aronde. BB, les trous du boulon.

PLANCHE IV.

Œuvres blanches.

Fig. 1. Besaiguë. A, le bec-d'âne. B, le ciseau. C, la tige. D, la douille servant de manche.
2. Coignée. A, le taillant. B, la douille.
3. Herminette à marteau. A, le taillant. B, la tête. C, l'œil.
4. Hachette. A, le taillant. B, la tête. C, l'œil.
5. Herminette à gouge. AA, les taillans. B, l'œil.
6. Herminette simple. A, le taillant. B, la tête.
7. Ciseau. A, le taillant. B, la tête.
8. Gouge. A, le taillant. B, la tête.
9. Gouge quarrée. A, le taillant. B, la tête.
10. Rainette. A, le traer. B, celui pour donner de la voie aux scies.
11. Plantoir. A, la tête. B, la pointe.
12. Hache. A, le taillant. B, l'œil.
13. Scie de maçon. AA, les yeux.
14. Scie de menuisier. AA, les yeux.
15. Scie à main. A, la scie. B, la pointe.
16. Flaune. A, le taillant. BB, les pointes coudées.
17. Tarriere. A, la tarriere. B, la tête. C, la tige.
18. Serpe. A, le taillant. B, le dos. C, la pointe.
19. Serpette. A, le taillant. B, le dos. C, la pointe.
20. Faux à bras. A, le taillant. B, le dos. C, le bras. D, le talon.
21. Faux à douille. A, le taillant. B, le dos. C, la douille.
22. Faucille. A, le taillant. B, le dos. C, la pointe.
23. Faucille à scie. A, la scie. B, le dos. C, la pointe.
24. Petite faucille. A, le taillant. B, le dos. C, la pointe.

PLANCHE V.

Œuvres blanches.

Fig. 1. Houe à deux branches. AA, les branches. B, la tête.
2. Raclette. A, le taillant, B, la tête.
3. Hoyau. A, le taillant. B, la tête.
4. Houe simple. A, le taillant. B, la tête.
5. Sarcle. A, le taillant. B, la tête.
6. Crochet. AA, les pointes. B, la tête.
7. Maille. A, la pointe. B, la tête.
8. Beche. A, le tranchant. B, la douille.
9. Petite serpe. A, le taillant. B, le dos. C, la pointe.
10. Petite serpette. A, le taillant. B, le dos. C, la pointe.
11. Grand couteau à scie. AA, les dents. B, le dos. C, la pointe.
12. Petit couteau à scie. AA, les dents. B, le dos. C, la pointe.
13. Ratissoire à tirer. A, la platine. B, la douille.
14. Ratissoire à pousser. A, la platine. B, la douille.
15. Croissant. A, le taillant. B, le dos. C, la douille.
16. Pioche pointue. A, la pointe. B, la douille.
17. Pioche plate. A, le taillant. B, la douille.
18. Pioche longue. A, le taillant. B, la douille.
19. Ciseaux de jardinier. AA, les mords. BB, les branches. CC, les pointes.
20. Echenilloir. AA, les mords. B, la branche à anneau. C, la branche à douille. D, la douille. E, le crampon. F, le ressort.
21. Déplantoir. A, le taillant. B, la douille.
22. Grande pointe de plantoir. A, la pointe. B, la douille.
23. Petite pointe de plantoir. A, la pointe. B, la douille.
24. Outil à écraser les limaçons. AA, les branches. B, le ressort.
25. Binette. AA, les pointes. B, le taillant. C, l'œil.
26. Marteau à planne. AA, les têtes acérées. B, l'œil.
27. Marteau à têtes rondes. AA, les têtes acérées. B, l'œil.
28. Marteau à retreindre. A, la tête. B, la panne. C, l'œil.
29. Tas d'étau. A, la tête acérée. B, le tenon à talon.
30. Tas rond de l'étau. A, la tête acérée. B, le trou à talon.
31. Bigorne d'étau. A, la tige. B, la bigorne ronde. C, la bigorne quarrée. D, le tenon à talon.
32. Doloire. A, la pointe. B, le manche.

PLANCHE VI.

Vrillerie.

Fig. 1. Carreau. A, le carreau. B, la pointe.
2. Demi-carreau. A, le demi-carreau. B, la pointe.
3. Quarrelette. A, la quarrelette. B, la pointe.
4. Demi-ronde. A, la demi-ronde. B, la pointe.
5. Lime à potence. A, la lime. B, la pointe.
6. Tiers-point. A, le tiers-point. B, la pointe.
8. Queue-de-rat. A, la queue-de-rat. B, la pointe.

8. Filiere. A A, les trous de la filiere. B B, les branches.
9. Tourne-à-gauche. A, le trou. B B, les branches.
10. & 11. Taraux. A A, les taraux. B B, les têtes.
12. Burin. A, le taillant. B, la tête.
13. Bec-d'âne. A, le taillant. B, la tête.
14. Langue-de-carpe. A, le taillant. B, la tête.
15. & 16. Forets. A A, les taillans. B B, les têtes.
17. Fraiſe à pan. A, la fraiſe. B, la tête.
18. Fraiſe ronde. A, la fraiſe. B, la tête.
19. Ciſailles. A A, les mords. B B, les branches.
20. Ciſoirs. A A, les mords. B, la branche ſupérieure. C, la branche inférieure.
21. Pointeau. A, le pointeau acéré. B, la tête.
22. Poinçon plat. A, le poinçon acéré. B, la tête.
23. Poinçon rond. A, le poinçon acéré. B, la tête.
24. Tas rond. A, la tête. B, la pointe.
25. Tas quarré. A, la tête. B, la pointe.
26. Bigorne d'établi. A, la tige. B, la bigorne ronde. C, la bigorne quarrée. D, la pointe.
27. Triquoiſes. A A, les mords. B B, les branches.
28. Pinces rondes. A A, les mords. B B, les branches.
29. Pinces plates. A A, les mords. B B, les branches.

PLANCHE VII.

Vrillerie.

Fig. 1. Enclume ſimple.
2. Enclume à bigorne. A, la bigorne ronde. B, la bigorne quarrée.
3. Plateau de fer.
4. Tarau à ardoiſe. A, le tarau. B, la pointe.
5. Petite vrille. A, la vrille. B, le manche.
6. Marteau à ardoiſe. A, la tête. B, la panne. C, le manche.
7. Marteau à trancher. A, le tranchant. B, la tête. C, le manche.
8. Rivoir. A, la tête. B, la panne. C, l'œil.
9. Marteau à bigornet. A, la tête. B, la panne. C, l'œil.
10. Marteau à main. A, la tête. B, la panne. C, l'œil.
11. Marteau à devant. A, la tête. B, la panne. C, l'œil.
12. Marteau à main à tête ronde. A, la tête. B, la panne. C, l'œil.
13. Marteau à bigornet à tête ronde. A, la tête. B, la panne. C, l'œil.
14. Marteau à planner. A A, les têtes. B, l'œil.
15. Petit marteau à planner. A A, les têtes. B, l'œil.
16. Martelet. A, la tête. B, le taillant. C, le manche à douille.
17. Groſſe vrille. A, la vrille. B, le manche.
18. & 19. Burins à tailler les limes. A A, les taillans. B B, les têtes.
20. Fermoir. A, le taillant. B, la tige. C, l'embaſe. D, la pointe.
21. Burin. A, le taillant. B, la tête.
22. Gouge. A, le taillant. B, la tête.
23. Tarriere. A, la tarriere. B, la tête.
24. Perçoir à vin. A, le perçoir. B, la tige. C, la tête.
25. Tourniquet de perçoir à vin. A, le trou quarré. B, la poignée. C, le touret à trois branches.
26. Tenailles à chanfrein. A A, les mords. B, la charniere. C, le reſſort.
27. Tenailles à vis. A A, les mords. B, la charniere. C, la vis à écrou. D, l'écrou à oreilles.
28. Tenailles à rouleaux. A A, les mords. B, la charniere. C, le reſſort.
29. Autres tenailles à rouleaux. A A, les mords. B, le reſſort.
30. Tenailles de forge à rouleaux. A A, les mords. B B, le reſſort.
31. Tenailles croches à rouleaux. A A, les mords. B B, les branches.
32. Tenailles croches. A A, les mords. B B, les branches.
33. Tenailles droites. A A, les mords. B B, les branches.

PLANCHE VIII.

Groſſerie.

Fig. 1. Crémaillere à deux barres. A, la barre à crochet. B, la barre dentée. C, l'anneau.
2. Crémaillere ſimple. A, la barre à touret. B, la barre à crochet. C, la barre de ſupport.
3. Pelle. A, la tige. B, l'embaſe. C, la pelle.
4. Pincettes. A, la tête. B B, les branches.
5. Chenet de broche. A, la barre. B B, les piés. C C, les crochets.
6. Tenailles à feux. A A, les mords. B, la charniere. C C, les branches. D D, les embaſes.
7. Manivelle de moulin à trois coudes. A, le crochet. B, la tige, C, le pivot, D D D, les coudes.
8. Ecrou d'eſſieu.
9. Clé d'eſſieu.
10. Gril. A A, les piés. B, la queue.
11. Chevrette. A A, les piés.
12. Fourche. A, la douille. B B B, les pointes.
13. Fléau. A, le trou du boulon.
14. Feu ou chenet de chambre. A A A, les vaſes. B B B, les piés. C C, les traverſes. D D, les piés de derriere. E E, les barres.
15. Feu ou chenet de cuiſine. A A, les piés de devant. B, la tige. C, l'anneau. D D, les crochets E, la barre. F, le pié de derriere.
16. Poële. A A, les montans. B B, les piés. C C, les panneaux. D, la tablette inférieure. E, la tablette ſupérieure. F, le tuyau du poële. G, la porte.
17. Plaque de cheminée.
18. Crampon de cloche. A A, les crochets.
19. Battant de cloche. A, l'anneau. B, la tige. C, le vaſe.
20. Eſſieu à clavette. A A, les tourillons. B B, les trous de clavette.
21. Eſſieu à écrou. A A, les tourillons. B B, les vis.
22. Clé d'eſſieu.
23. Ecrou d'eſſieu.

PLANCHE IX.

Groſſerie.

Fig. 1. Grand trépié. A A A, les piés.
2. Petit trépié. A A A, les piés.
3. Chevrette triangulaire. A A A, les piés.
4. Lechefritte. A, la lechefritte. B, le manche.
5. Broche à noix. A, la broche. B, la noix.
6. Broche à manivelle. A, la broche. B, la manivelle.
7. Pilier de boutique. A, le pilier. B B, les embaſes.
8. Marmite. A, la marmite, B B B, les piés. C C, les oreilles. D, l'anſe.
9. Truelle. A, la truelle. B, le manche à pointe.
10. Réchaud quarré. A A, les piés.
11. Réchaud circulaire. A A, les bords.
12. Chevrette arrondie. A A A, les piés.
13. Poële. A, la poële. B, la queue. C, le crochet.
14. Chaudron. A, le chaudron. B, la queue. C, le crochet.
15. Queue d'écumoire. A, la queue. B, le crocher.
16. Sergent. A, la tige. B, le crochet. C, la couliſſe.
17. Cercle de fil de fer pour les caſſeroles.
18. Valet. A, la tête. B, la tige. G, la patte.
19. & 20. Coins de carriers. A A, les têtes. B B, les taillans.
21. Marteau à tailler les pavés. A A, les tranchans. B, l'œil.
22. Marteau de paveur. A, la tête. B, la pointe. C, l'œil.
23. Maſſe. A, l'œil.
24. Pince. A, la tige. B, la pince.
25. Moufle de poulie. A, la moufle. B, l'œil. C, le crochet.
26. Déceintroir. A, le tranchant. B, la pointe. C, l'œil.
27. Marteau. A, la tête. B, la pointe. C, l'œil.
28. Têtu. A A, les têtes. B, l'œil.

29. Fourche coudée. AA, les branches de la fourche. B, le coude. C, la douille.

30. Croc. AA, les crocs. B, l'anneau.

PLANCHE X.

Machine à tarauder les boîtes & vis d'étaux.

Fig. 1. Boîte montée prête à être taraudée. (il faut observer ici que jusqu'à présent l'on a toujours rapporté & ensuite brasé les filets dans ces sortes de boîtes, qu'ainsi ils sont fort sujets à se débraser; qu'un filet alors pris à même la piece, est infiniment supérieur en force & en solidité, qu'en conséquence cette machine de mon invention est la premiere qui ait été imaginée à ce sujet.) A, la boîte montée. BB, *&c.* les vis pour la maintenir. CC, les jumelles de la machine. DD, les entretoises d'enbas. EE, les entretoises d'en-haut. F, la vis de conduit. G, le coussinet de conduit. I, le tourne-à-garet. H, la tige à chapeau.

2. Vis montée prête à être taraudée. A, la vis montée. B, la vis pour pousser l'outil. CC, les jumelles. DD, les entretoises d'en-bas. EE, les entretoises d'en-haut. F, la vis de conduit. G, le canon. H, le coussinet de conduit. I, les vis pour le maintenir. K, le coussinet de la vis. L, tourne-à-gauche du levier. M, la tige à chapeau.

3. Sommet de la tige à chapeau. A, la piece de bois pour la soutenir. B, la tige. C, la clavette. D, la bride. EE, les vis.

4. Clavette de la tige. A, la tête.

5. & 6. Vis de la bride. AA, les vis. BB, les têtes.

7. Bride. AA; les pattes.

8. Coussinet simple de la machine à tarauder les vis. A, le trou de la vis. BB, les languettes. C, le trou de l'outil.

9. Outil. A, le taillant.

10. Vis pour pousser l'outil. A, la tête. B, la vis.

11. Vis pour soutenir le coussinet de conduit. A, la tête. B, la vis.

12. Coussinet de conduit pour la vis. A, le trou taraudé.

13. Clé à vis. A, la clé à vis à tête à chapeau. B, la clé à vis à tête percée.

14. Canon quarré. AA, les trous des broches.

15. Outil d'acier à tarauder. A, le taillant.

16. Vis pour pousser l'outil. A, la tête. B, la vis.

17. Vis de conduit. A, la tête. B, la vis. C, la tige. D, le trou pour placer l'outil.

18. Tige à chapeau montée sur sa vis. A, la tige. B, la clavette. C, la clé à chapeau. D, la tête de la vis. E, la vis. F, le quarre qui s'ajuste dans le canon.

19. Boîte d'étau. A, le canon. B, le vase.

20. Coussinet de conduit pour la boîte. A, le trou taraudé. BB, les languettes.

21. Tourne-à-gauche. A, la clé. BB, les branches.

22. Nue des jumelles de la machine. A, le T. B, la feuillûre. C, le trou de la vis du poussoir. DD, les trous des entretoises d'en-haut. E, la tige. F, la croix. G, le trou de la vis à maintenir le coussinet de conduit ou la boîte. HH, les trous des entretoises d'en-bas. II, les piés. KK, les pattes.

23. & 24. Entretoises d'en-haut. AA, les entretoises. BB, *&c.* les vis. CC, *&c.* les écrous.

25. & 26. Entretoises d'en-bas. AA, les entretoises. BB, *&c.* les vis. CC, *&c.* les écrous.

27. & 28. Vis en bois à tête à chapeau pour arrêter la machine sur le plancher. AA, les vis. BB, les têtes.

Fabrique des étaux, contenant deux Planches.

PLANCHE Iere.

La vignette représente l'intérieur d'une boutique de taillandier & différentes opérations.

Fig. 1. Ouvrier qui marque une vis, c'est-à-dire qu'avec un ciseau ou burin il trace sur le corps de la vis à-travers le papier rayé les filets de la vis.

2. Forgeron qui fait chauffer à la forge un outil qu'il veut tremper.

3. Ouvrier qui forme à la machine le filet d'une vis d'étau.

4. Tourneur qui fait sur le tour une vis de presse.

5. Ouvrier qui tourne la roue dont l'axe est armé d'une manivelle double, aux coudes de laquelle la corde qui passe sur la poulie *m*, est attachée, en sorte que la piece d'ouvrage tourne & retourne sur elle-même en même tems que les clavettes de la poupée à clavettes l'obligent d'avancer & de reculer à chaque révolution d'une quantité égale à la distance qui est entre les pas de la vis.

Bas de la Planche.

Fig. 1. Représentation perspective & plus en grand de l'affutage de la *fig.* 4.

2. La poupée à clavette dont la partie antérieure est supposée retranchée; ce que les hachures obliques font connoître pour laisser voir les mortaises dans lesquelles passent les clavettes.

3. Q, la poulie. M, la boîte. M 2, la virole. V 2, les coussinets.

4. L'arbre guide. R, portée quarrée à laquelle s'applique la poulie. R 2, écrou à six pans qui la retient en place.

5. Vis de presse entierement achevée.

6. Manivelle double qui s'adapte à l'axe de la roue, *fig.* 5. de la vignette; la boîte Z reçoit le quarré de l'arbre de la roue, & le tourillon u repose sur un poteau vertical. *x y* moufles auxquelles la corde qui passe sur la poulie montée sur l'ouvrage vient s'attacher.

7. Autre vis de presse. *z*, vis avant que le filet en soit formé. *z* 2, la même vis entierement achevée.

8. Deux outils. *t*, bec-d'âne. u, grain-d'orge.

9. Clavettes.

10. Peignes droits & de côté.

PLANCHE II.

Fig. 11. Représentation perspective & plus en grand de l'affutage de la *fig.* 3. de la vignette; le porte-outil est fixé sur le banc par un T : *f* à vis, au lieu d'une clavette, comme il est dit dans l'article.

12. Les deux poupées à lunette traversées par une vis d'étau; à côté est l'arbre *g f* qui sert de guide.

13. Différentes vues perspectives du porte-outil.

14. Deux papiers rayés pour coler sur un cylindre que l'on veut former en vis. Le premier qui est entouré de chiffres, est pour former une vis à simple filet à gauche, & le second rempli de lettres est pour former une vis à droite : dans l'un & l'autre, les bandes colorées doivent se rejoindre lorsque le papier est colé sur le cylindre, de maniere que la ligne *a c* joigne la ligne *b d*; ce qui fait que les bandes *e*, *f*, *g*, *h*, *k*, *l*, ne forment plus qu'une seule hélice suivant laquelle on creuse les entre-filets de la vis.

15. Elle fait voir, à commencer à A 2 & A 3 & finir à A 8, la suite des chaudes & les différens états par où passe une vis d'étau avant d'être achevée.

16. Dans l'article cité *fig.* 6. on voit les deux jumelles séparées l'une de l'autre.

17. Aussi cité 7. Etau complet garni de toutes ses pieces.

18. Elle fait voir la suite des chaudes & les différentes pieces qui composent une boîte d'étau à filet brasé.

19. Autre bride pour fixer l'étau à l'établi.

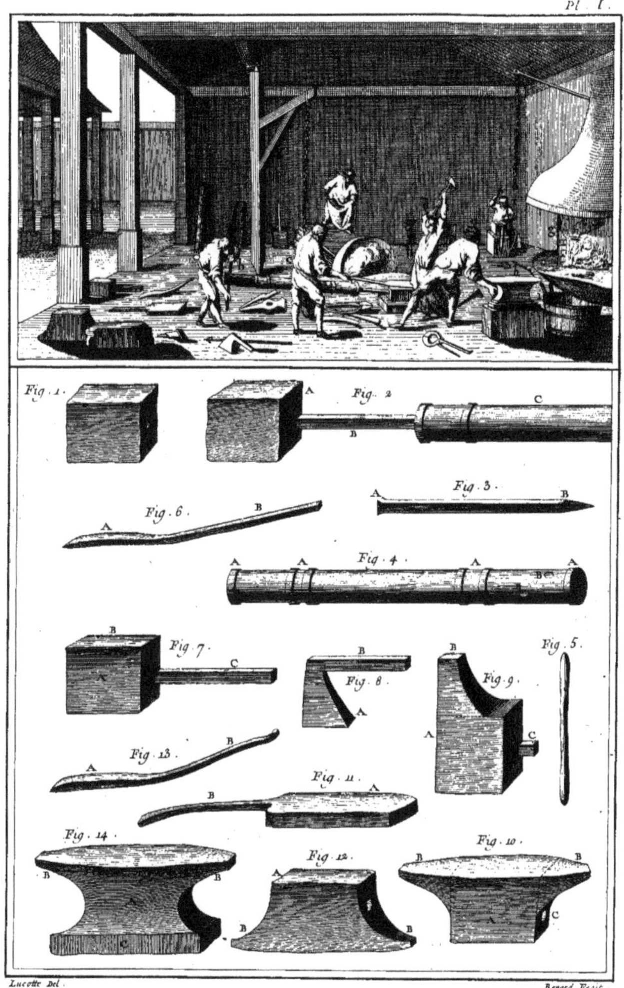

Lucotte Del.

Benard Fecit.

Taillanderie, *Maniere de faire les Enclumes.*

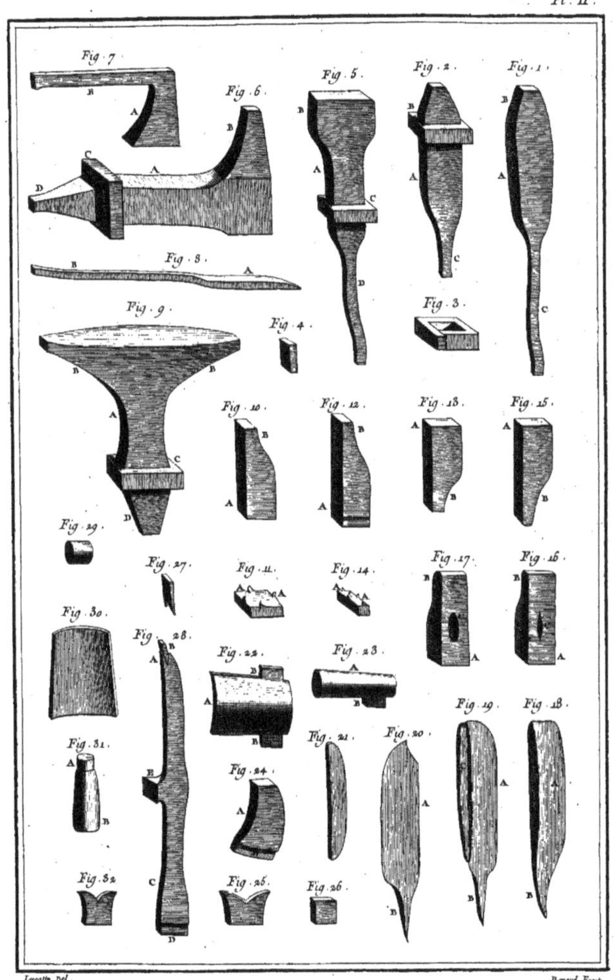

Lucotte Del. Benard Fecit

Taillanderie, Maniere de faire les Bigornes, Marteaux, Serpes &c.

Pl. III.

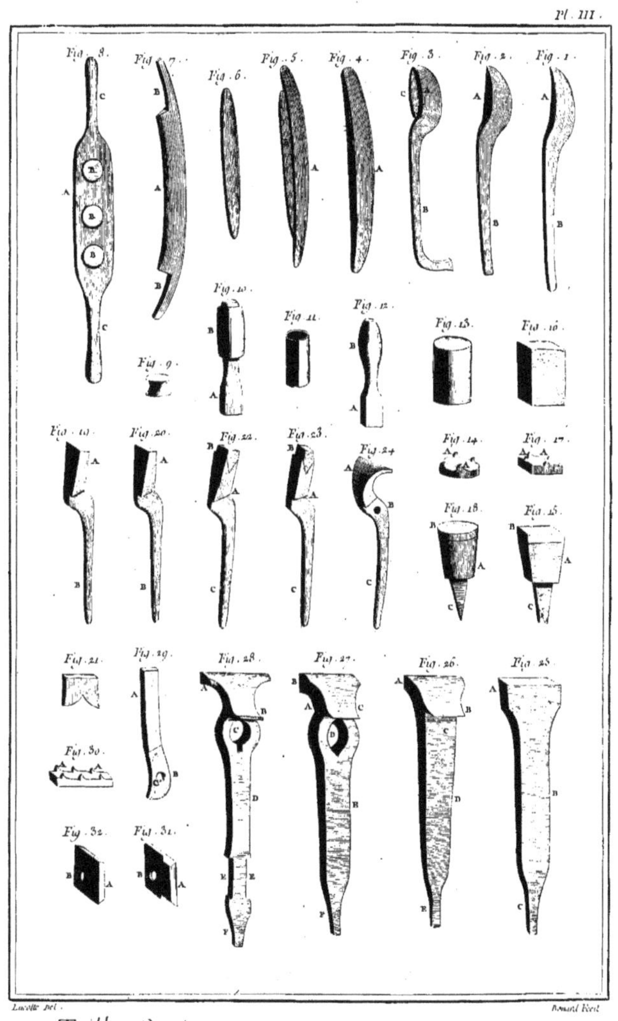

Lucotte Del. Bénard Fecit

Taillanderie, Maniere de faire les Cisailles, Pinces, Tenailles, Etaux &c.

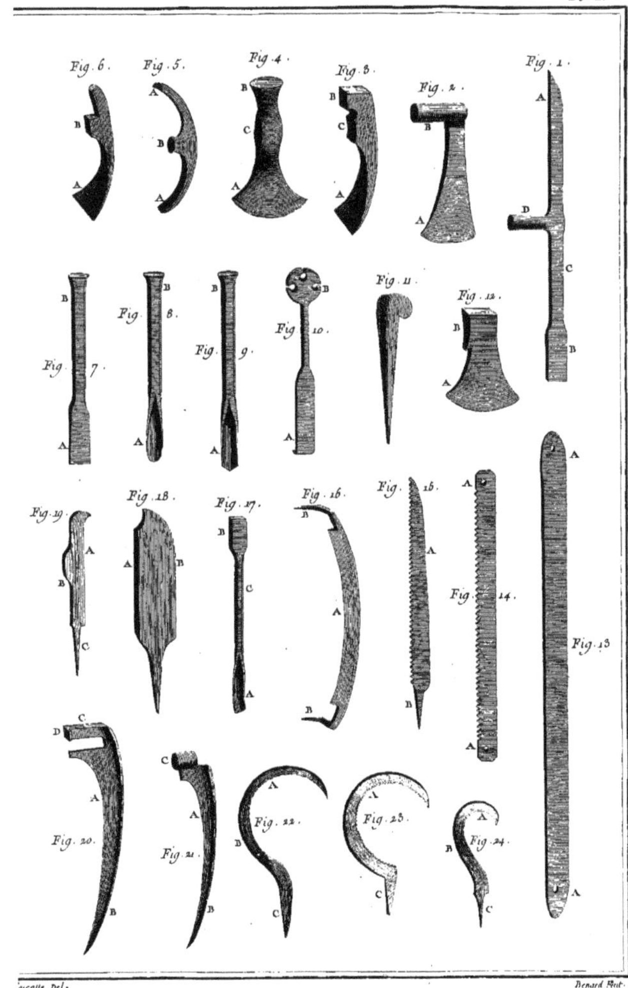

ucotte Del. Benard Fecit.

Taillanderie, Œuvres Blanches.

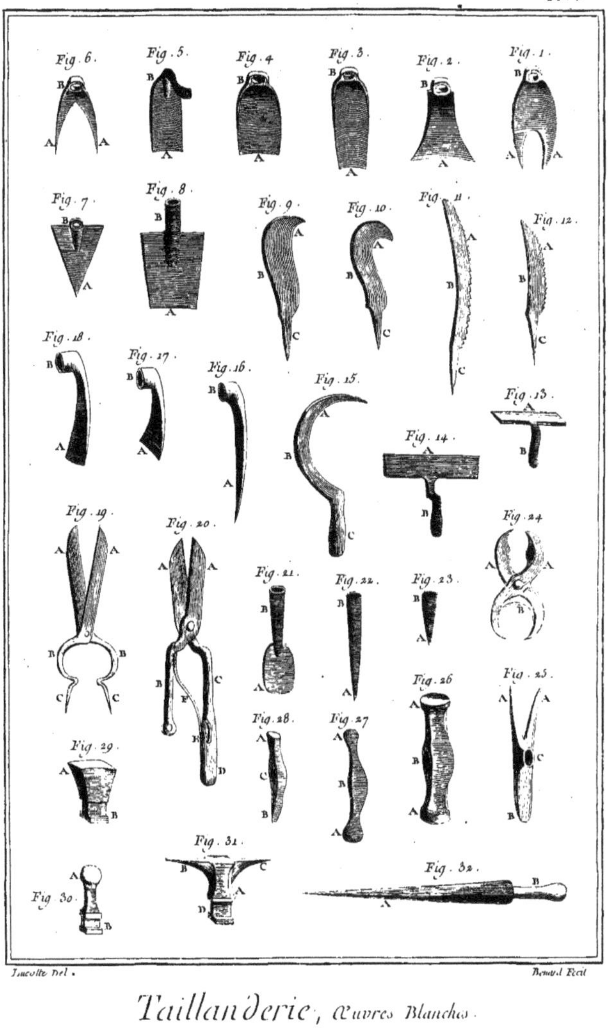

Lucotte Del. | Benard Fecit

Taillanderie, Œuvres Blanches.

Lucotte Del. Benard Fecit.

Taillanderie, Vrillerie.

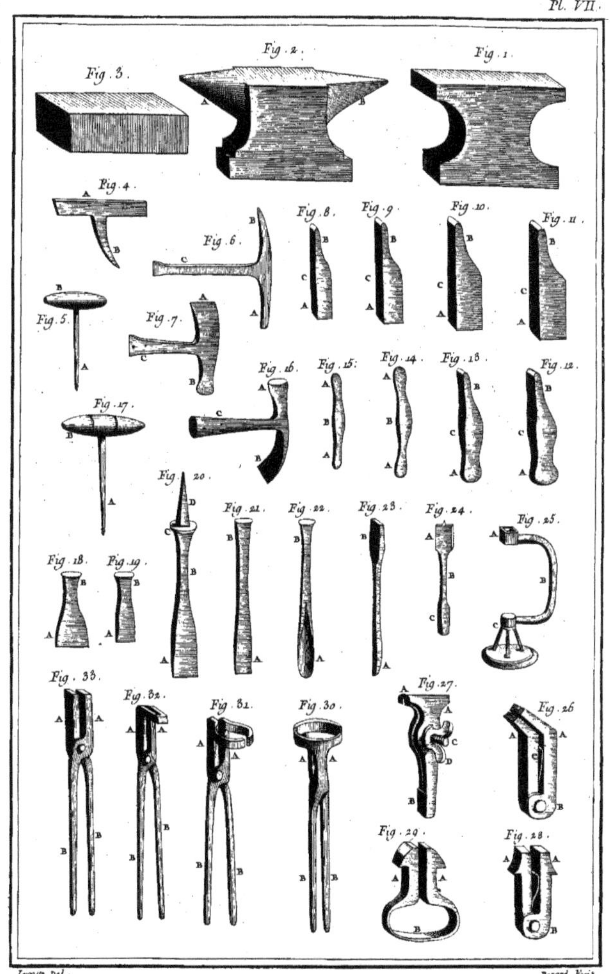

Lucotte Del. Benard Fecit.

Taillanderie, Vrillerie.

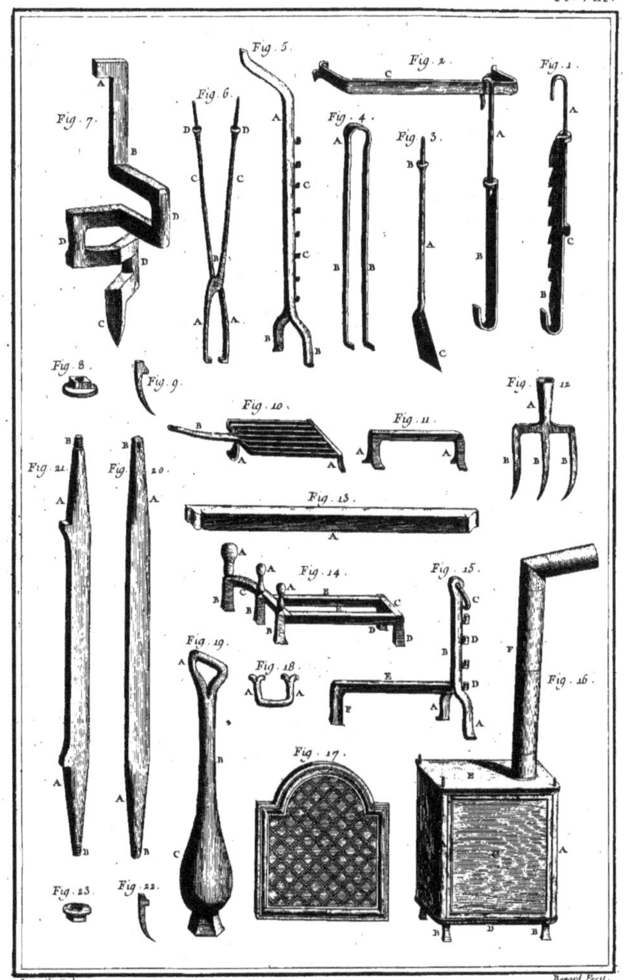

Lucotte Del. Benard Fecit.

Taillanderie, Grosserie.

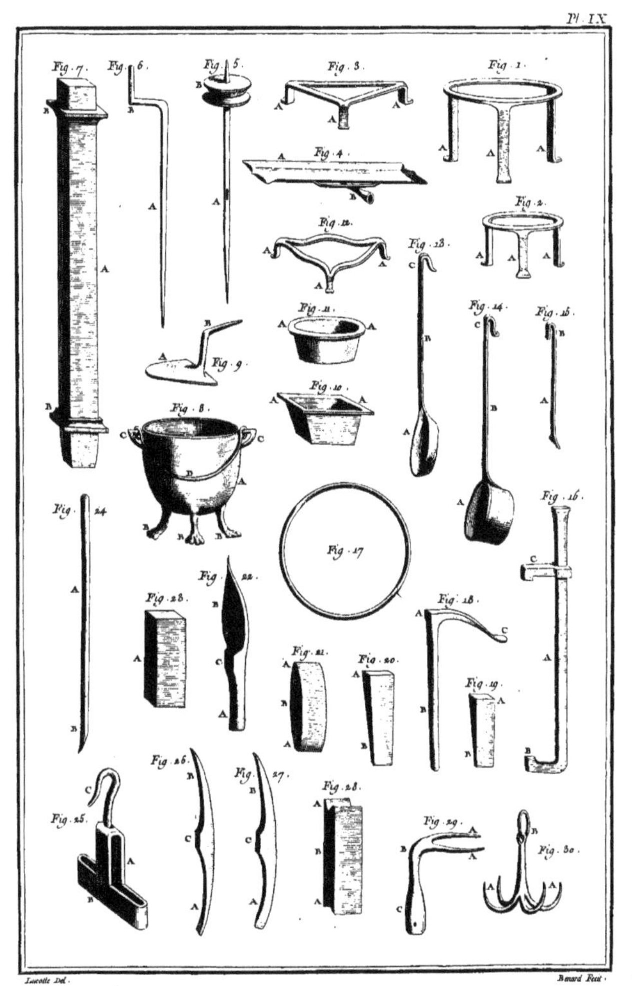

Lucotte Del. Benard Fecit.

Taillanderie, Grosserie.

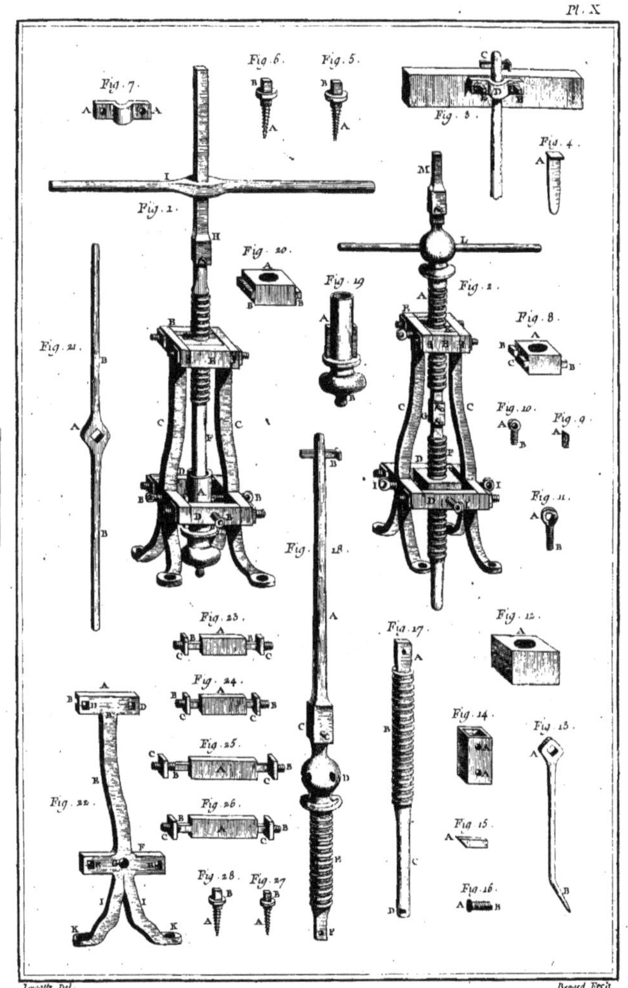

Lucotte Del. Benard Fecit

Taillanderie, Machine à Tarrauder les Boëtes et Vis d'Etaux

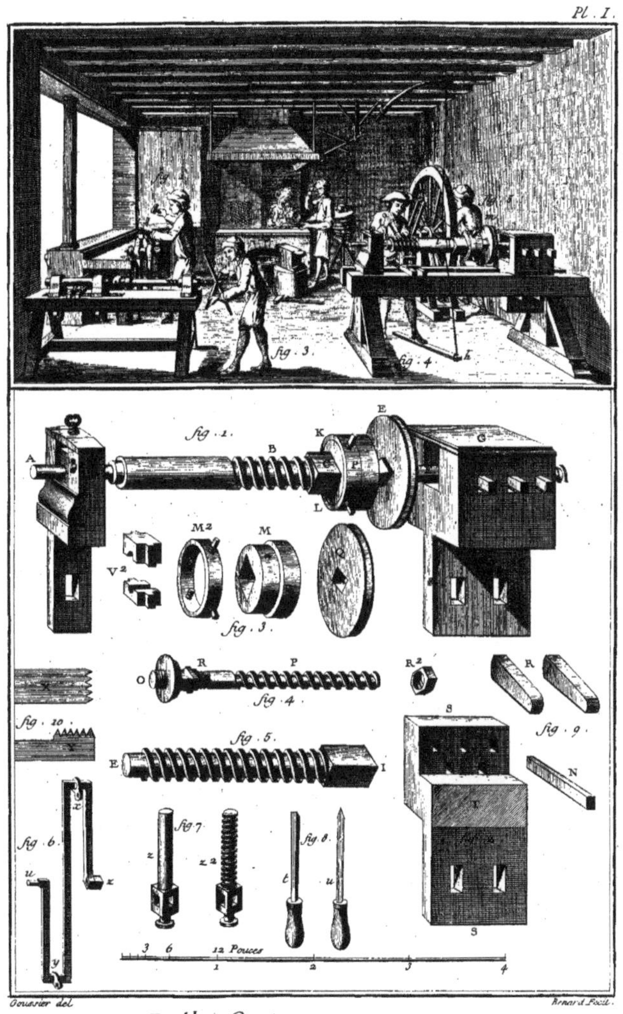

Goussier del. Benard Fecit.

Taillanderie, Fabrique des Etaux.

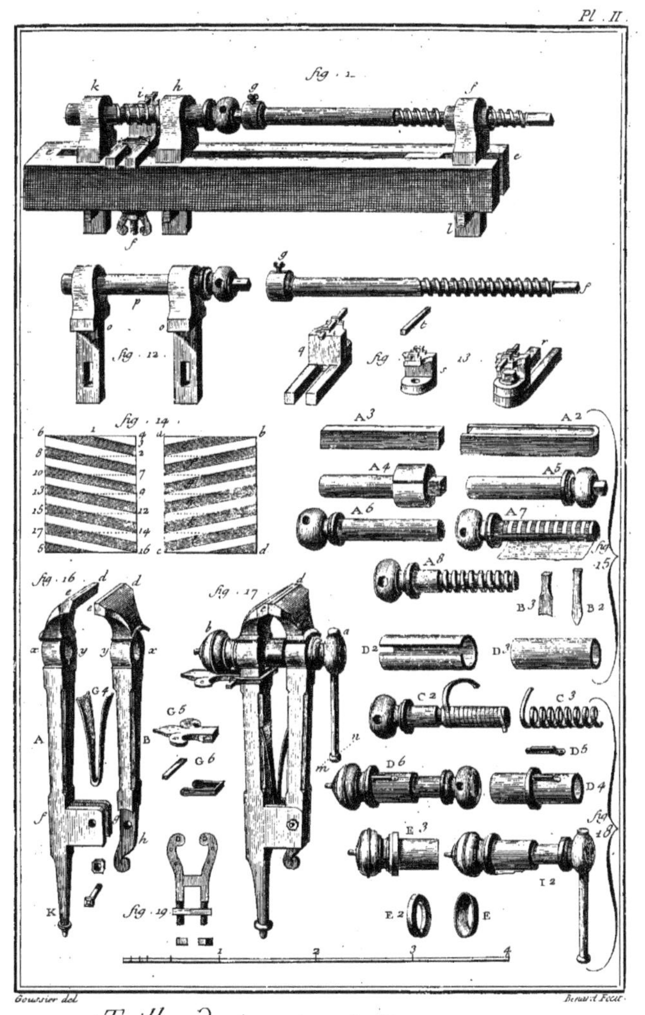

Goussier del. Benard Fecit.

Taillanderie, Suite de la fabrique des Etaux.

TAILLEUR D'HABITS ET TAILLEUR DE CORPS,

CONTENANT VINGT-QUATRE PLANCHES.

PLANCHE Iere.

LE haut de cette Planche représente un attelier de tailleur, où plusieurs ouvriers sont occupés; les uns en *a* & en *b*, à coudre & joindre des étoffes; un autre en c, à prendre mesure; & un autre en *d*, à couper.

Fig. 1. Porte-chandelier. A, le chandelier. BB, les cases propres à contenir les fils, aiguilles, cire, &c. & tous autres ustensiles. C, tiroir.

2. Grands ciseaux. A A, les mords. B B, les anneaux.

3. Ciseaux moyens. A A, les mords. B B, les enneaux.

4. Petits ciseaux. A A, les mords. B B, les anneaux.

5. Chandelier. A, le pié. B, la bobeche.

PLANCHE II.

Fig. 1. Craquette plate propre à passer les boutonnieres. A, le fer. B, la fente pour les boutonnieres. C, le manche.

2. Craquette triangulaire. A, le fer. B, la fente. C, le manche.

3. Poinçon aigu pour faire des trous dans l'étoffe. A, le poinçon. B, l'anneau.

4. Poinçon camus. A, le poinçon. B, l'anneau.

5. 6. & 7. Aiguilles de différentes grosseurs. A A A, les têtes. BBB, les pointes.

8. Filier dégarni. A, le filier. B, l'étui; il sert à contenir le fil.

9. Filier garni. A, le filier garni de fil ou de soie. B, l'étui.

10. Dé fermé.

11. Dé ouvert.

12. Grand carreau, espece de fer à repasser. A, le carreau. B, le manche.

13. Petit carreau. A, le carreau. B, le manche.

14. Chameau, morceau d'étoffe qui prend différentes formes selon les places qu'il doit occuper dans un habit, lorsque cette étoffe n'est point assez étendue.

15. Patira, plusieurs lisieres réunies & cousues ensemble formant une espece d'étoffe sur laquelle on unit les galons.

16. Petit billot pour applatir les coutures tournantes.

17. Passe-carreau destiné au même usage.

18. Poids pour mettre les étoffes en presse & leur donner les bons plis. A A, les cerces. B, le poids. C, l'anneau.

PLANCHE III.

Fig. 1. Morceau de craie pour tracer sur les étoffes.

2. & 3. Echevaux de fil & de soie.

4. & 5. Soies & fils en plotes.

6. & 7. Fil ou soie coupés par aiguillées, le premier natté, & le second enveloppé de papier.

8. Marquoir. A, la pointe. B, le manche.

9. Poussoir. A, les pointes. B, le manche.

10. Porte-feuille rempli d'échantillons d'étoffe que l'on porte en ville. A A, les échantillons.

11. Tableau d'échantillons. AA, les boucles pour le suspendre dans l'attelier. B B, les échantillons.

12. Etabli du tailleur. A A, la table. BBB, les piés. CCC, les rideaux.

13. & 14. Tréteaux de l'établi. A A, les piés. BB, les traverses. C C, les barres. D D, les supports.

PLANCHE IV.

Fig. 1. Rouleau de drap de cinq quarts de largeur, sur lequel sont tracées quelques pieces d'un habillement. Comme l'étoffe est toujours doublée l'endroit en-dedans & l'envers en-dehors, il n'est besoin que de tracer une seule piece pour avoir l'autre dans celui qui lui est opposé. A, devant d'habit. B, devant de culotte. C, derriere d'habit. D, derriere de culotte. E, dessus de manche. F, dessous de manche. G, patte de poche. H, chanteau. I I, rouleau de bois sur lequel on roule quelquefois l'étoffe. K, l'étoffe.

2. Rouleau d'étoffe unie brodée ou non brodée en soie, or ou argent, de demi-aune de largeur, sur lequel sont tracées des pieces d'habit. L'étoffe étant simple, il faut prendre en longueur ce qu'on ne peut prendre en largeur. A A, devants d'habit. B B, dessous de manche. C, portion de derriere d'habit. D D, rouleau de bois, sur lequel on roule quelquefois l'étoffe avec papier sur l'endroit lorsqu'elle est de prix. E, l'étoffe.

3. Mesure d'habit. AA A, moitié de la grosseur du corps par en-haut. AA B, moitié de la grosseur du corps au milieu. AA C, moitié de la grosseur du corps à la ceinture. AA D, moitié de la grosseur du bras proche l'épaule. AA E, moitié de la grosseur du bras proche le coude. AA F, largeur de la demi-carrure par-devant. AA G, largeur de la demi-carrure par-derriere. AA H, longueur de la manche jusqu'au coude. AA I, longueur totale de la manche jusqu'au poignet. AA K, longueur de la taille. AA L, longueur du derriere. AA M, longueur du devant.

4. Mesure de veste. AA A, moitié de la grosseur du corps à l'estomac. AA B, moitié de la grosseur du corps au ventre. AA C, moitié de la grosseur du corps à la ceinture. AA D, longueur de la taille. AA E, longueur de la veste.

5. Mesure de culotte. AA A, moitié de la grosseur du haut de la cuisse. AA B, moitié de la grosseur du milieu de la cuisse. AA C, moitié de la grosseur du genou. AA D, longueur de la culotte. AA E, moitié de la ceinture.

6. Aune vue d'un côté, divisée par tiers, demi-tiers, douzieme & vingt-quatrieme. C'est ainsi qu'on nomme les divisions & subdivisions en fait d'aunage.

7. La même aune vue de l'autre côté, divisée par moitié, quart, demi-quart & seizieme, divisions & subdivisions convenues en fait d'aunage.

PLANCHE V.

Fig. 1. Habit. A, la taille. B, la basque. C, les plis. D, la patte. E, la manche.

2. Veste. A, la taille. B, la basque de devant. C, la basque de derriere. D, la patte. E, la manche.

3. Culotte. A A, les devants. B, la ceinture. CC, les poches. D D, les jarretieres.

4. Culotte à pont ou à la bavaroise. A A, les devants. B, la ceinture. C C, les poches. D, le pont. E E, les jarretieres.

5. Soutanne. A A, la soutanne. BB, les manches. C, le collet.

6. Manteau long d'abbé. A, le manteau. B, le collet.

7. Manteau court d'abbé. A, le manteau. B, le collet.

8. Redingotte. A A, la taille. BB, les manches. C, le collet.

9. Robe de chambre. A, la robe. B, la manche.
10. Robe de palais. A, la robe. B, la manche.
11. Gillet ou petite veſte ſans baſques. A, la taille. B, la manche.
12. Fraque, eſpece d'habir de nouveau genre. A, la taille. B, la baſque. C, les plis. D, la poche. E, la manche. F, le collet.

PLANCHE VI.

Pieces détaillées d'un habit.

Fig. 1. & 2. Devant d'habit. A A, les collets. BB, les épaulettes. CC, les échancrures des manches. D D, la taille. E E, les plis. F F, les poches. GG, les baſques. H H, manque d'étoffe.
3. & 4. Cran, morceau de bougran deſtiné à ſoutenir le point de réunion des plis.
5. & 6. Chanteaux d'habir, morceaux d'étoffe ſemblable à celle de l'habit deſtiné à remplir ce qui lui manque, comme en H H, *fig.* 1. & 2.
7. & 8. Bordure de bougran que l'on met ſur ics bords de l'habit entre l'étoffe & la doublure pour ſoutenir d'une part les boutons, & de l'autre les boutonnieres. A A, la partie du collet. B B, les bords.
9. & 10. Derriere de l'habit. A A, les collets. B B, les épaulettes. C C, les échancrures des manches. D D, la taille. E E, les plis. F F, les baſques. GG, manque d'étoffe.
11. & 12. Cran pour la réunion des plis de derriere.
13. Collet.
14. Deſſus de manche d'habit.
15. Deſſous de manche d'hahir.
16. & 17. Pattes de poches.
18. 19. 20. & 21. Crans.
22. & 23. Poches d'hahir
24. & 25. Bottes de manches.

PLANCHE VII.

Pieces détaillées de veſte & culotte.

Fig. 1. & 2. Devants de veſte. A A, les collets. BB, les épaulettes. CC, les échancrures. DD, la taille. E E, les baſques. F F, les ouvertures de poches.
3. & 4. Bordure de bougran pour la veſte. AA, les collets.
5. & 6. Deſſus & deſſous de manche de veſte.
7. & 8. Pattes de poches.
9. & 10. Crans de la veſte.
11. & 12. derrieres de veſte. AA, les collets. BB, les épaulettes. CC, les échancrures. D D, la taille. E E, les haſques.
13. Cran du collet de derriere.
14. 15. 16. & 17. Crans.
18. & 19. Devants de culottes. A A, les parties de genou.
20. Patte du milieu.
21. Boucle de derriere. A, la boucle. B, la patte. C, l'arrêt.
22. & 23. Derrieres de culotte. A A, les deſſous du genou.
24. & 25. Poches de culotte.
26. & 27. Jarretieres de culotte. A A, les boutonnieres des boucles.
28. Moule de bouton.
29. Premiere opération de bouton d'étoffe, piece arrondie garnie de points autour.
30. Seconde opération. A, le moule. B, la partie d'étoffe pour former le bouton.
31. Troiſieme & derniere opération, bouton fini.
32. & 33. Ceinture de la culotte. A A, les boutons. B B, les boutonnieres.

PLANCHE VIII.

Fig. 1. & 2. Collet à la françoiſe.
3. & 4. Collet à l'allemande.
5. & 6. Collet à l'angloiſe.
7. & 8. Poches de fraque.
9. 10. & 11. Manches de fraque de différens goûts.
12. Veſte croiſée. A, le collet. B B, les échancrures. C C, les baſques. D, la partie croiſée.
13. Grand patira. A A, les liſieres couſues enſemble.
14. Liſſoir pour les culottes de peau.
15. Buiſſe pour les culottes de peau.
16. Pont de culotte de peau. AA, les pattes. B, la pointe. C C, les oreilles.
17. & 18. Poches de côté de culotte.
19. & 20. Grand & petit gouſſet de culotte.
21. & 22. Poches de devant de culotte.

PLANCHE IX.

Points de couture.

Fig. 1. 2. & 3. Elévation & places de deſſus & de deſſous du point de devant en piquant les deux étoffes de haut-en-bas & de bas-en-haut.
4. 5. & 6. Point de côté ramenant le fil en-deſſous par-dehors, après avoir piqué les deux étoffes.
7. 8. & 9. Point-arriere ou arriere-point, repiquant de haut-en-bas au milieu du point-arriere, après avoir piqué de bas-en-haut.
10. 11. & 12. Point lacé comme le point-arriere, au-lieu qu'il ſe fait en deux tems, revenu en-haut on ſerre le point, & retournant l'aiguille on repique en-arriere comme au précédent.
13. 14. & 15. Point à rabattre ſur la main piquant de haut-en-bas & de bas-en-haut en-avant les points drus eſpacés & également.
16. 17. & 18. Point à rabattre ſous la main comme le dernier, au-lieu qu'ayant percé l'étoffe ſupérieure on pique l'étoffe inférieure par-dehors, enſuite on pique les deux en remontant.
19. 20. & 21. Point à rentraire comme le point à rabattre ſur la main, ſe faiſant en deux tems, en retournant l'aiguille; avant tout il faut joindre à point ſimple les deux envers l'étoffe retournée, on ſerre de ce point les deux retours, il faut pour cela très-peu d'étoffe & les points très-courts.

Le point perdu n'eſt qu'un point-arriere ajouté au précédent.

22. 23. & 24. Point traverſé, couture à deux fils croiſés.
25. A premiere opération; point coulé ou la paiſe, c'eſt la boutonniere tracée de deux fils. B, la paſſe fermée du point de boutonniere. C, la paſſe achevée & terminée de deux brides à chaque bout que l'on enferme de deux rangs de points noués.

PLANCHE X.

Fig. 1. 2. & 3. Points noués ſimples de neuf différentes formes.
4. Points noués doubles de trois différentes ſortes.
5. 6. & 7. Points croiſés ſimples & doubles de neuf différentes ſortes.

PLANCHE XI.

Fig. 1. Etoffe de drap de trois aunes & demie, contenant la diſtribution des pieces qui compoſent l'habit, veſte & culotte.
2. Drap de trois aunes pour habit & veſte ſeulement.
3. Drap de deux aunes & demie pour habit & culotte.
4. Drap de demi-aune pour culotte ſeulement. A, devant d'habir. B, derriere d'habit. C, devant de veſte. D, derriere de veſte. E, manche d'habit. F, manche de veſte. G, patte d'habit. H, patte de veſte. I, parement de manchette d'habit. K, chanteau. L, devant de culotte. M, derriere de culotte.

PLANCHE XII.

Fig. 1. Drap d'une aune & demie pour veſte & culotte.
2. Drap dune aune trois quarts pour fraque ſeul.
3. Drap de deux aunes pour habit ſeul.
4. Drap d'une aune pour veſte ſeule.
5. Drap de deux aunes & demie pour redingotte.
6. Drap de deux tiers pour veſte ſans manche. A, devant de veſte. B, derriere de veſte. C, devant

de culotte. D, deſſus de culotte. E, derriere de manche. F, deſſous de manche. G, patte de poche. H, devant de fraque. I, derriere de fraque. K, parement. L, collet de fraque. M, devant d'hahir. N, derriere d'hahir. O, chameau. P, devant de redingotte. Q, derriere de redingotte. R, collet de redingotte. S, devant de veſton. T, derriere de veſton. V, baſques de veſton.

PLANCHE XIII.

Fig. 1. Drap de deux aunes trois quarts pour roquelaure avec manches. A, devant. B, derriere. CC, chanteaux. D, deſſus de manche. E, deſſous de manche. F, collet. GG, paremens.

2. Demi-aune de drap pour collets de roquelaure. A, le ſupérieur. B, l'inférieur.

3. Une aune trois quarts de drap pour ſoutanelle. A, le devant. B, le derriere. C, la patte. D, le deſſous de la manche. E, le deſſus de la manche. FF, les paremens.

4. Une aune & demie de drap pour un volant. A, le devant. B, le derriere. C, le deſſus de la manche. D, le deſſous de la manche. EE, les paremens.

5. Trois aunes & un tiers de drap pour fontanne. A, le devant. B, le derriere. CC, les chameaux. DD, les paremens. E, le deſſus de la manche. F, le deſſous de la manche.

PLANCHE XIV.

Fig. 1. Quatre aunes de drap dépliées pour manteau. AB, les deux parties latérales, la couture au milieu du dos. CC, le collet en deux parties.

2. Trois aunes un tiers d'étoffe étroite de demi-aune de largeur pour robe de chambre. A, le devant. B, le derriere. C, le deſſus de manche. D, le deſſous de manche. E, le chanteau. FF, les paremens.

3. Quatre aunes de voile ou taffetas pour manteau d'abbé. AA, les parties du manteau. B, le chanteau. CC, le collet.

PLANCHE XV.

Fig. 1. 2. 3. & 4. Neuf aunes & demie d'étoffe de ſoie pour habit veſte & culotte. AA, les devants d'habit. BB, les chanteaux des plis de devant d'habit. CC, les derrieres d'habit. DD, les chanteaux des plis de derriere d'habit. EE, les devants de veſte. FF, les deſſus de manche d'habit. GG, les deſſous de manche d'habit. HH, *&c.* les paremens des manches. II, les pattes d'habit. KK, les derrieres de veſte. LL, les deſſus de manche de veſte. MM, les deſſons de manche de veſte. NN, les devants de culotte. OO, les derrieres de culotte. PP, les pattes de veſte.

5. & 6. Deux aunes deux tiers d'étoffe de ſoie pour veſte ſeule. AA, les devants. BB, les derrieres. CC, les deſſus de manche. DD, les deſſous de manche. EE, les pattes.

PLANCHE XVI.

Fig. 1. & 2. Huit aunes d'étoffe de ſoie pour habit & veſte ſeulement, dont ces deux figures repréſentent la moitié.

3. Cinq aunes un tiers d'étoffe de ſoie pour habit ſeulement, dont la figure repréſente la moitié.

4. Six aunes deux tiers pour habit & culotte, dont la figure repréſente la moitié.

5. Quatre aunes d'étoffe de ſoie pour veſte & culotte, dont la figure repréſente la moitié.

6. Une aune & demie d'étoffe de ſoie pour culotte, dont la figure repréſente la moitié. A, devant d'habit. B, derriere d'hahir. C, chanteaux des plis de devant d'habit. D, chameaux des plis de derriere d'habit. E, devant de veſte. F, derriere de veſte. G, deſſus de manche d'habir. H, deſſous de manche d'habit. I, parement de manche. K, deſſus de manche de veſte. L, deſſous de manche de veſte. M, patte d'habit. N. patte de veſte. O, devant de culotte. P, derriere de culotte. Q, ceinture de culotte. R, patte de devant de culotte.

PLANCHE XVII.

Fig. 1. Deux aunes d'étoffe de ſoie pour veſton, dont la figure montre la moitié.

2. Quatre aunes & demie d'étoffe de ſoie pour fraque ſeul, dont la figure fait voir la moitié.

3. Six aunes & demie d'étoffe pour redingotte, dont la figure fait voir la moitié.

4. Sept aunes d'étoffe pour roquelaure; dont la figure fait voir la moitié.

5. Demi-aune d'étoffe pour camiſole, dont la figure fait voir la moitié.

6. Deux tiers d'étoffe pour gillet, dont la figure fait voir la moitié.

7. Deux aunes d'étoffe pour ſoutanelle, dont la figure fait voir la moitié. A, devant de fraque. B, derriere de fraque. C, chanteaux. D, parement. E, deſſus de manche. F, deſſous de manche. G, collet. H, patte de poche. I, devant de veſton. K, derriere de veſton. L, devant de redingotte. M, derriere de redingotte. N, devant de roquelaure. O, derriere de roquelaure. P, devant de camiſole. Q, derriere de camiſole. R, devant de gillet. S, derriere de gillet. T, devant de ſoutanelle. V, derriere de fontanelle.

PLANCHE XVIII.

Fig. 1. & 2. Neuf aunes & un tiers d'étoffe pour ſoutanne, dont les figures font voir la moitié. A, devant de la ſoutanne. B, derriere de la ſontanne. C, deſſous de manche. D, deſſus de manche. EE, paremens. F, chanteau de devant. G, chanteau de derriere.

3. Six aunes & demie d'étoffe pour robe de chambre d'homme, dont la figure ne montre que la moitié. A, devant de la robe. B, derriere de la robe. C, chanteau de devant. D, chanteau de derriere. E, collet. F, Manche. G, parement.

4. & 5. Sept aunes deux tiers d'étoffe pour robe de palais, dont la figure montre la moitié. A, le devant. B, le derriere. C, chanteau de devant, D, chanteau de derriere. E, manche. F, botte.

PLANCHE XIX.

Seize aunes & demie d'étoffe pour manteau long d'abbé. AA, *&c.* les pieces du manteau. BB, le coller. C, le chanteau.

PLANCHE XX.

Tailleur de Corps.

Fig. 1. Corps fermé par-devant vu de face en-dehors, avec lacet de treſſe. A, le lacet. BB, les devants. CC, les derrieres. DD, les épaulettes. EE, les baſques. FF, bordures couvrant les œillets du lacet.

2. Corps ouvert à la ducheſſe vu de face. AA, les devants. BB, les derrieres. C, le lacet à la ducheſſe. DD, les épaulettes. E, les baſques.

3. & 4. Derriere de corps fermé ou ouvert. AA, les derrieres. BB, les épaulettes. CC, les échancrures. DD, les baſques.

5. & 6. Devant de corps fermé. AA, partie de la carrute. BB, les devants. CC, la pointe. DD, les épaulettes. EE, les échancrures. FF, les baſques.

7. & 8. Devant de corps ouvert. AA, les œillets. BB, les épaulettes. CC, les échancrures. DD, les baſques. EE, la pointe.

PLANCHE XXI.

Fig. 1. & 2. Patron de devants de corps à l'angloiſe,

fermé par-devant. AA, parties de la carrure. BB, les devants. CC, la pointe. DD, les épaulettes. EE, les échancrures. FF, les basques. GG, bordures couvrant les œillets.

3. & 4. Patron de derriere de corps à l'angloise. AA, les derrieres. BB, les épaulettes. CC, les échancrures. DD, les basques.

5. & 6. Patron de devants de corps à la françoise, fermé par-devant. AA, les devants. BB, la pointe. CC, les épaulettes. DD, les échancrures. EE, les basques.

7. & 8. Patron de derriere de corps à la françoise. AA, les derrieres. BB, les épaulettes. CC, les échancrures. DD, les basques.

9. & 10. Patrons de devants de corps à l'angloise, ouvert par-devant. AA, les devants. BB, la pointe. CC, les épaulettes. DD, les échancrures. EE, les basques.

11. & 12. Patrons de derriere de corps à l'angloise. AA, les derrieres. BB, les épaulettes. CC, les échancrures. DD, les basques.

PLANCHE XXII.

Fig. 1. & 2. Patrons de devants de corps à la françoise, ouvert par-devant. AA, les devants. BB, la pointe. CC, les épaulettes. DD, les échancrures. EE, les basques.

3. & 4. Patron de derrieres de corps à la françoise, ouvert par-devant. AA, les derrieres. BB, les épaulettes. CC, les échancrures. DD, les basques.

5. Maniere de prendre mesure de corps. AB, premiere opération depuis le milieu du dos jusqu'au coin de l'épaulette. CD, deuxieme opération, la carrure du devant. AD, troisieme opération depuis le dos jusqu'au devant par le haut. EF, quatrieme opération, largeur de la taille par le bas. GH, cinquieme opération, longueur de la taille depuis le haut du dos jusqu'à la hanche. DI, sixieme & derniere opération, longueur du devant.

6. Profil d'un corps à demi baleiné, dit corset baleiné.

7. Profil d'un corps à baleines pleines.

8. Corps vu de profil intérieurement pour montrer la disposition des garnitures.

9. Corps vu de face intérieurement, pour montrer la disposition des baleines de dressage.

PLANCHE XXIII.

Fig. 1. Grand corps de cour ou de grand habit de cour vu de profil.

2. Corps pour les femmes qui montent à cheval vu de profil.

3. Corps pour les femmes enceintes se laçant par les deux côtés en A.

4. Corps de fille.

5. Corps de garçon.

6. Corps de garçon à sa premiere culotte.

7. & 8. Buscs de baleine qui se glissent dans l'épaisseur du devant du corps. AA, les boucles pour les retirer.

9. Lacet de côté ferré. AA, afferons.

10. Lacet de tresse ferré. A, l'afferon.

11. Mesure de corps.

12. & 13. Baleines de diverses grosseurs pour garnir.

14. Façon de former l'œillet. A, premiere opération, le trou fait au poinçon dans l'épaisseur du corps. B, seconde opération, les premiers points fichés. C, troisieme & derniere opération, l'œillet fini.

PLANCHE XXIV.

Fig. 1. Corps ouvert par-devant avec lacet à la duchesse.

2. Dessous de manche de corset.

3. Dessus de manche de corset.

4. & 5. Devant & derriere de corset.

6. & 7. Patrons de devant & de derriere de corset.

8. Bas de robe de cour ou de grand habit.

9. Jaquette ou foureau pour les garçons.

10. & 11. Fausses robes pour les filles.

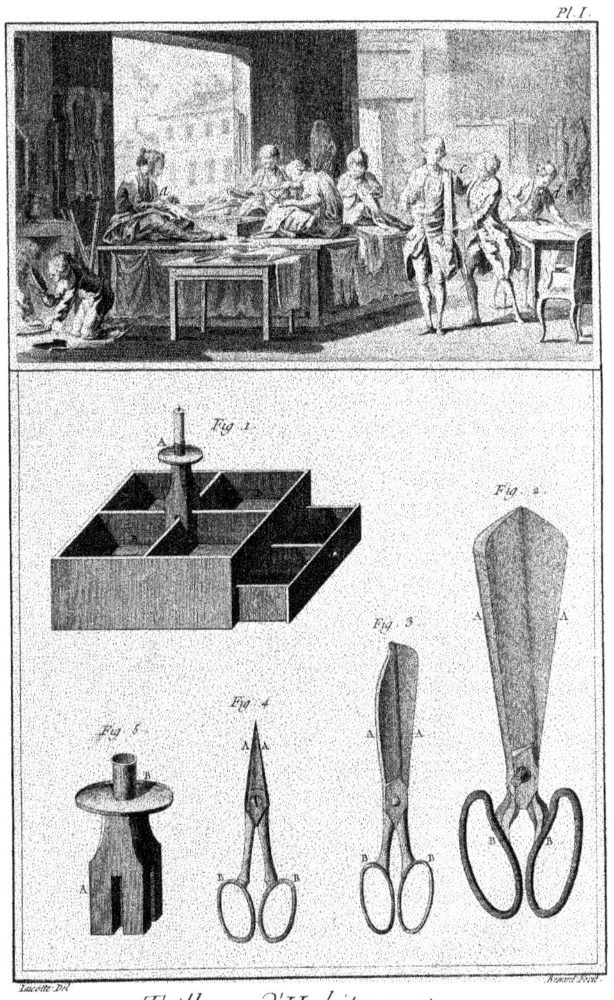

Lucotte Del. Benard Fecit.

Tailleur d'Habits, Outils.

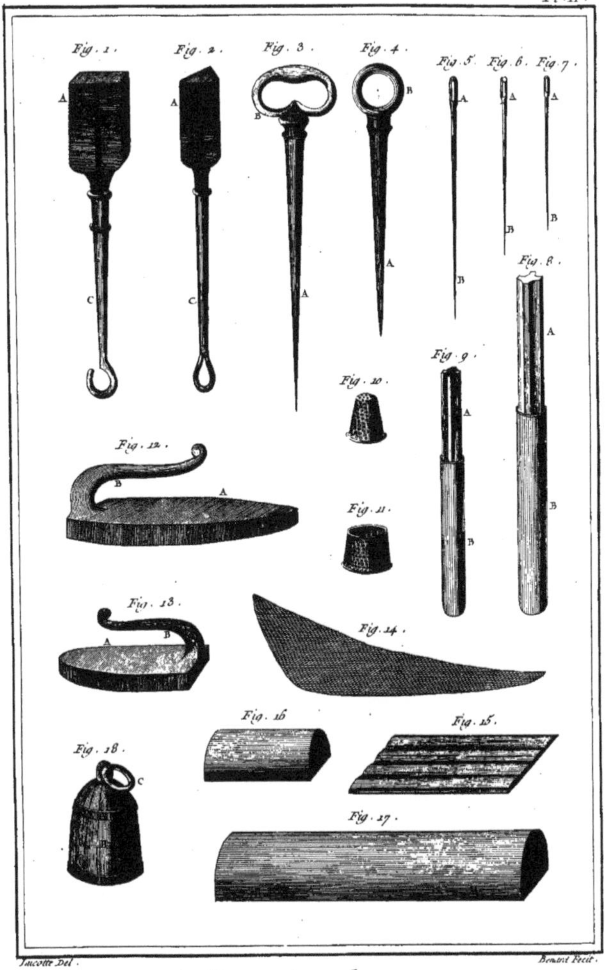

Fig. 1. Fig. 2. Fig. 3. Fig. 4. Fig. 5. Fig. 6. Fig. 7.

Fig. 8. Fig. 9. Fig. 10. Fig. 11. Fig. 12. Fig. 13. Fig. 14. Fig. 15. Fig. 16. Fig. 17. Fig. 18.

Jacotte Del. Benard Fecit.

Tailleur d'Habits, Outils.

Lucotte Del. Benard Fecit.

Tailleur d'Habits, outils.

Tailleur d'Habits, Etoffes et mesures.

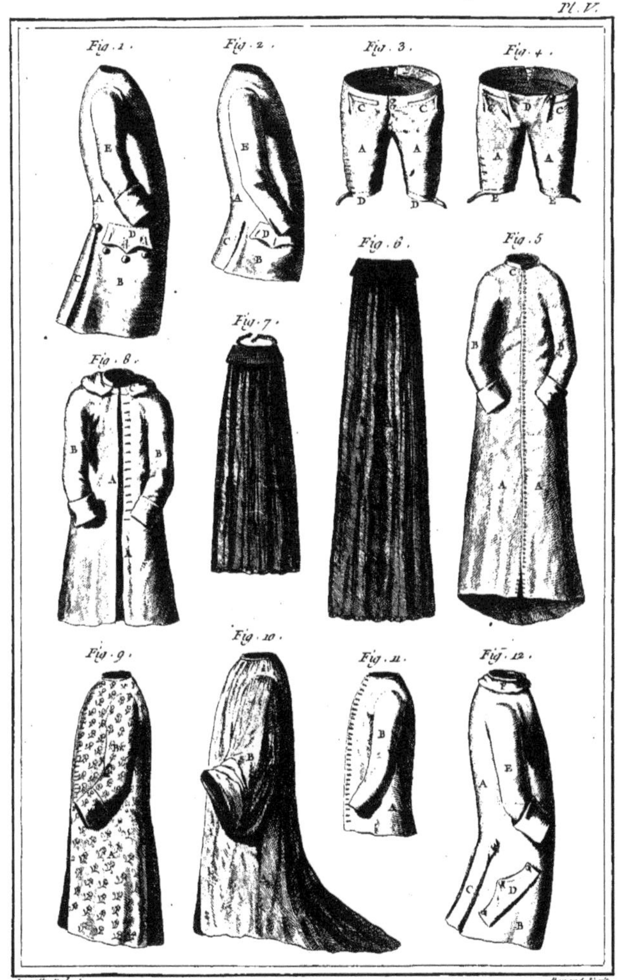

Lucotte Del.   Benard Fecit.

Tailleur d'Habits, *Habillements actuels.*

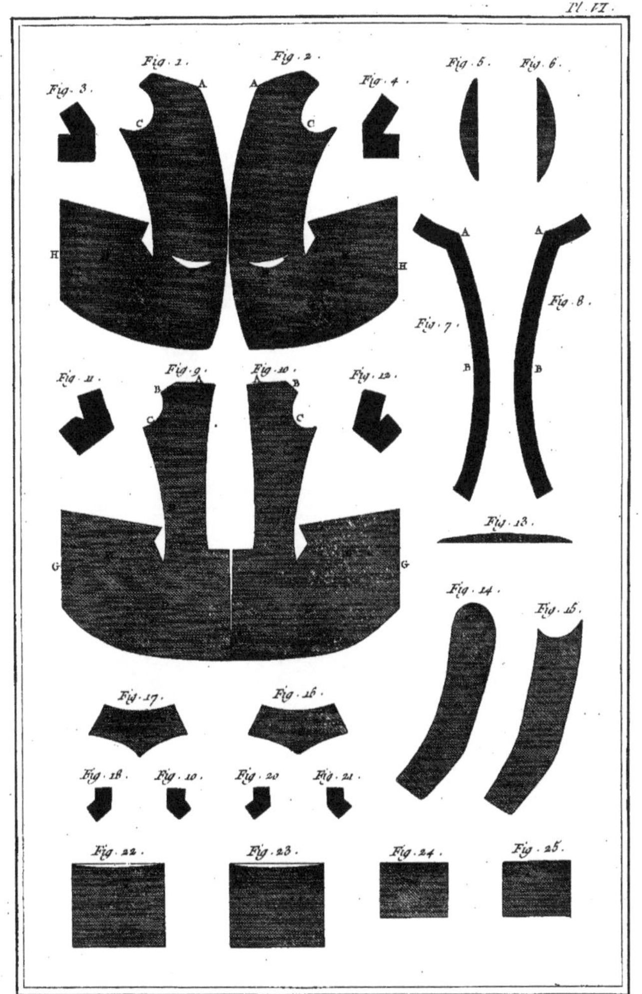

Lucotte Del. Benard Fecit

Tailleur d'Habits, Pieces détaillées d'un Habit.

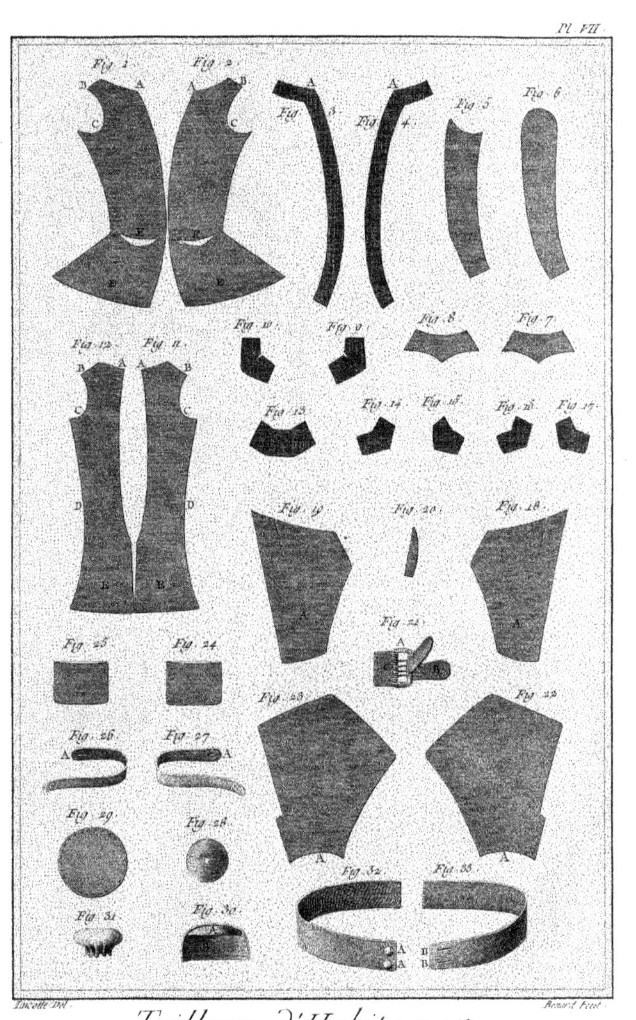

Lucotte Del. Benard Fecit.

Tailleur d'Habits, Details.

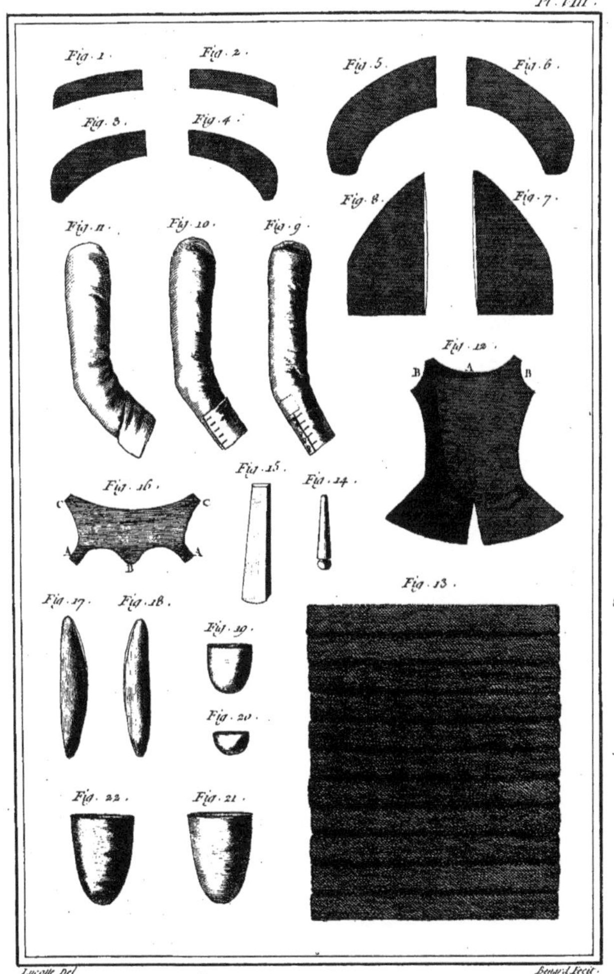

Lucotte Del. Benard Fecit.

Tailleur d'Habits, Différentes especes de Collets, de Poches et de Manches de Fraque. Teste croisée, Patine, Goussets, Outils &c.

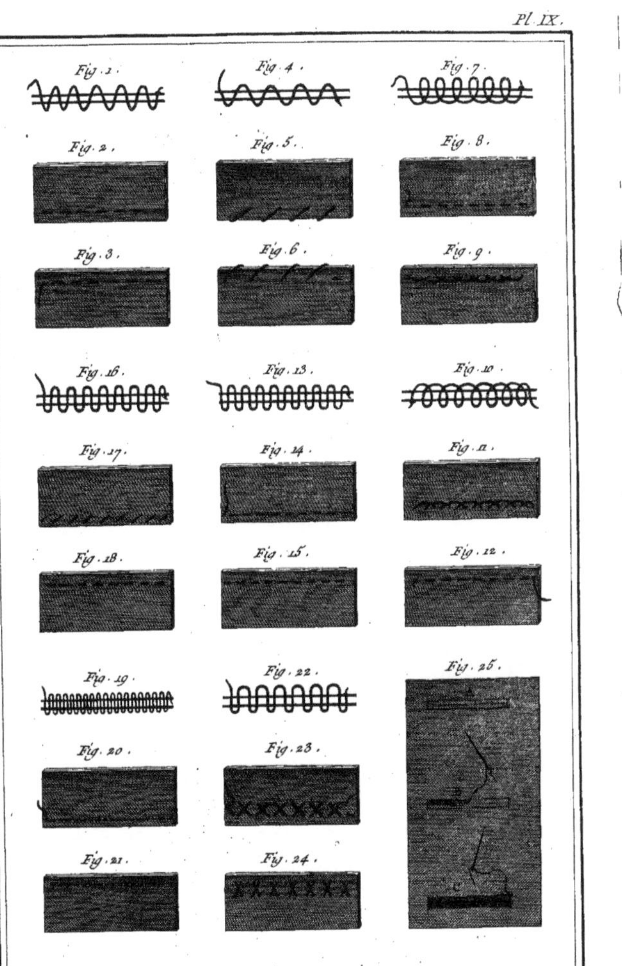

Lucotte Del. Benard Fecit.

Tailleur d'Habits,

Points de Couture, les Points de devant, de Coté, l'Arriere Point, le Lassé, le Point à Rabatre, à Rentraire, le Perdu, le Traversé, les Points Coulés et passés achevés.

Pl. X.

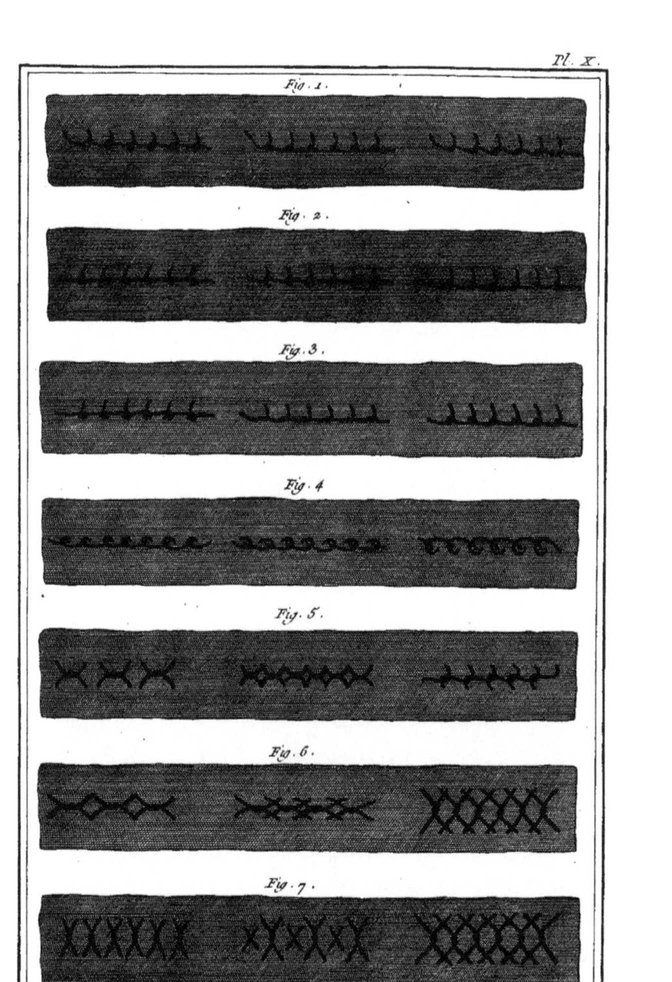

Lucotte Del. Benard Fecit.

Tailleur d'Habits, Points noués simples de différentes formes, Points noués doubles, et Points Croisés simples et doubles de différentes sortes.

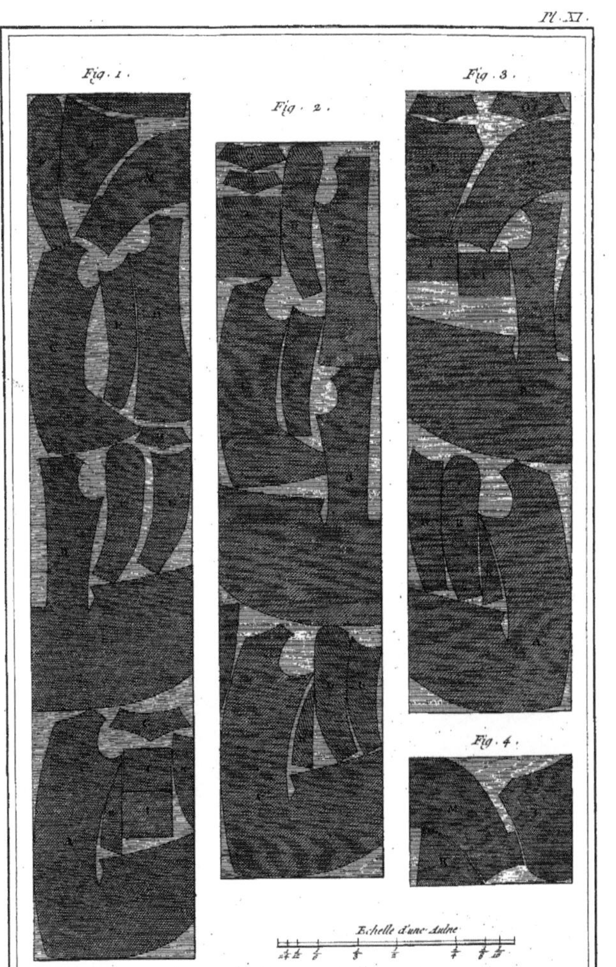

Lucotte Del. Benard Fecit.

Tailleur d'Habits,

Différentes manieres de Couper l'Étoffe de Drap de différent Aulnage pour Habit Veste et Culotte, pour Habit et Veste, pour Habit et Culotte, et pour Culotte seule.

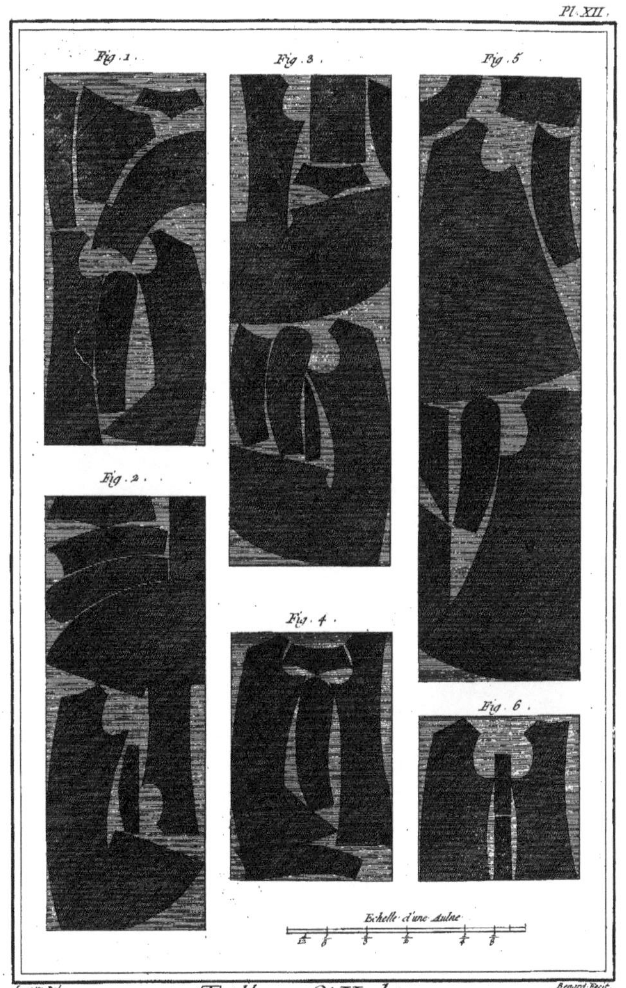

Lucotte Del. Benard Fecit.

Tailleur d'Habits,

Différentes manieres de couper l'Etoffe de Drap de différent aulnages, pour Veste et Culotte, pour Fraque seul, pour Habit seul, pour Veste seule, pour Redingotte et pour Veste sans manches

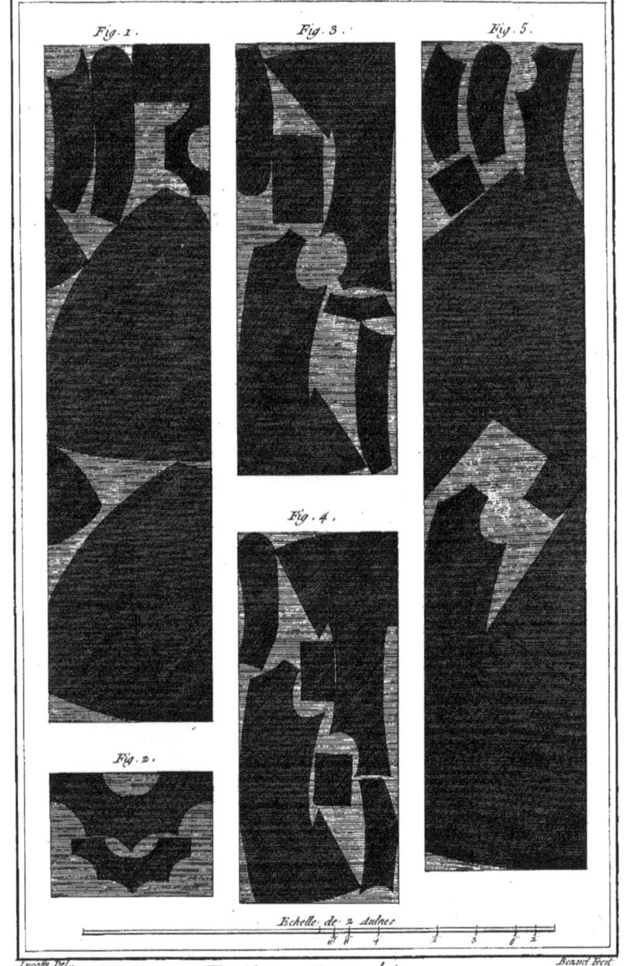

Lucotte Del.

Benard Fecit

Tailleur d'Habits,

Etoffe de Drap de différent Aulnage pour Roquelaure et Collets, pour Soutanelle; Volant, et Soutanne.

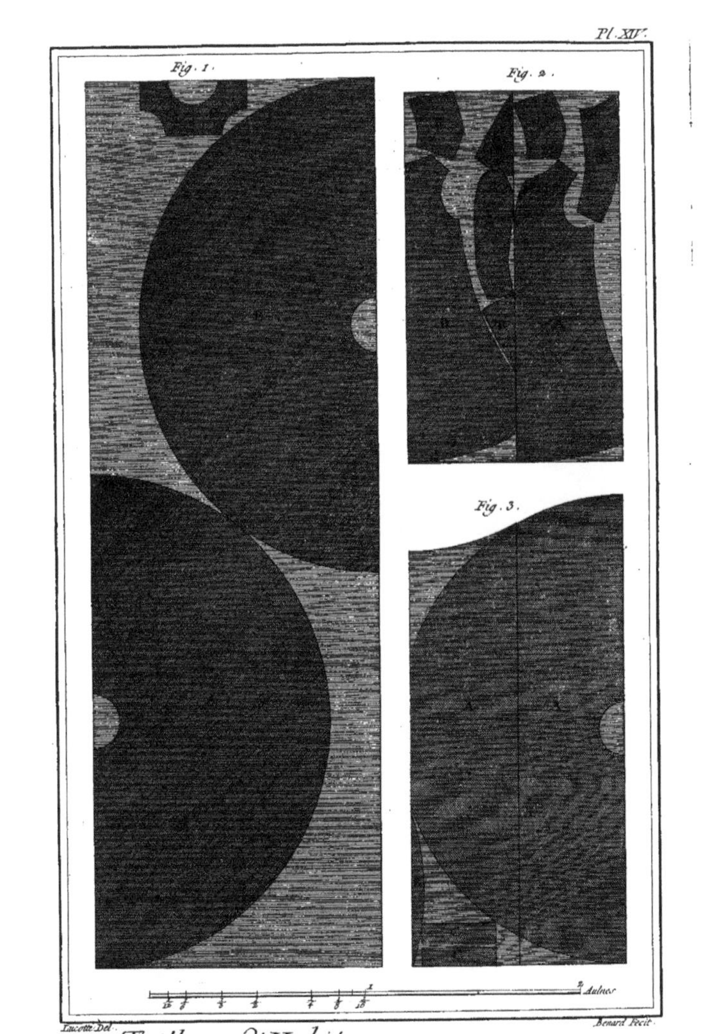

Lucotte Del. Benard Fecit.

Tailleur d'Habits, Grand Manteau de 4 Aulnes de drap.
Étoffe étroite pour Robe de Chambre, et Voile, ou Taffetas pour Manteau d'Abbé.

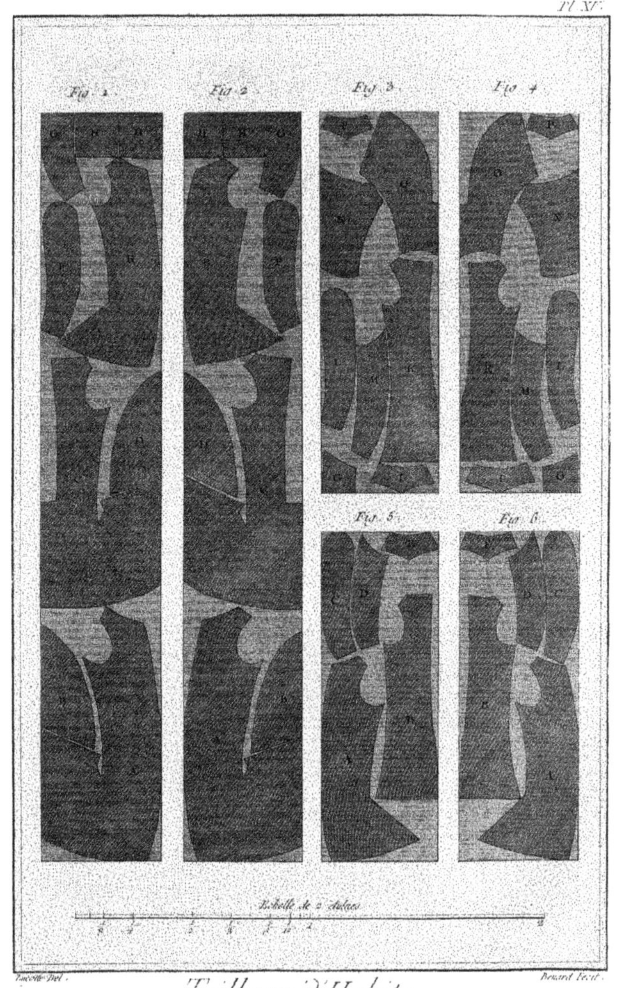

Lucotte Del. Benard Fecit.

Tailleur d'Habits,

Étoffes étroites de différent Aulnage pour Habit Veste et Culotte et pour Veste seule.

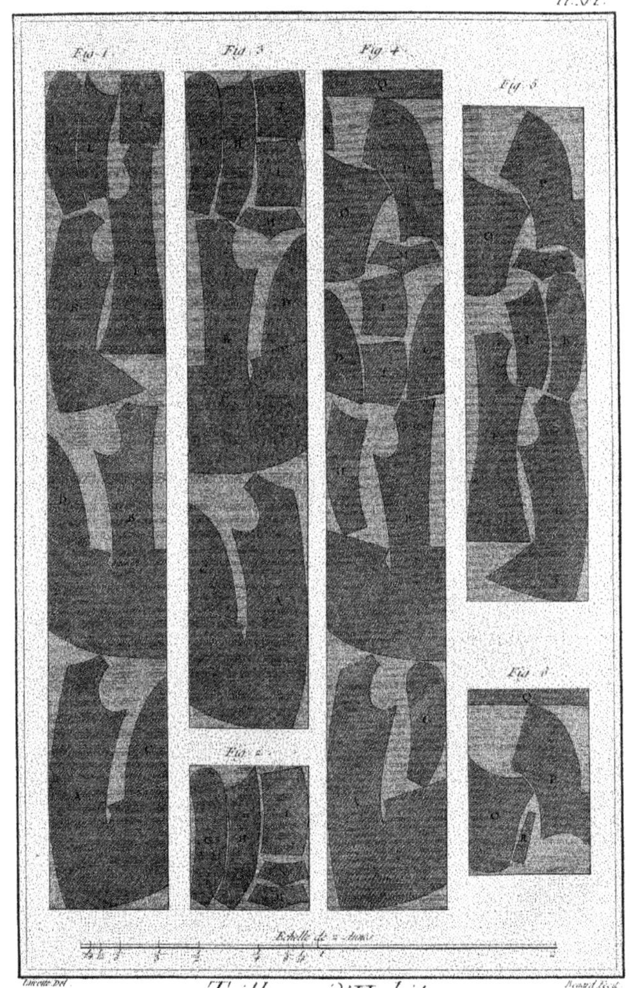

Lucotte Del. Benard Fecit

Tailleur d'Habits,

Étoffes étroites pour Habits Vestes et Culottes, representées par moitiés.

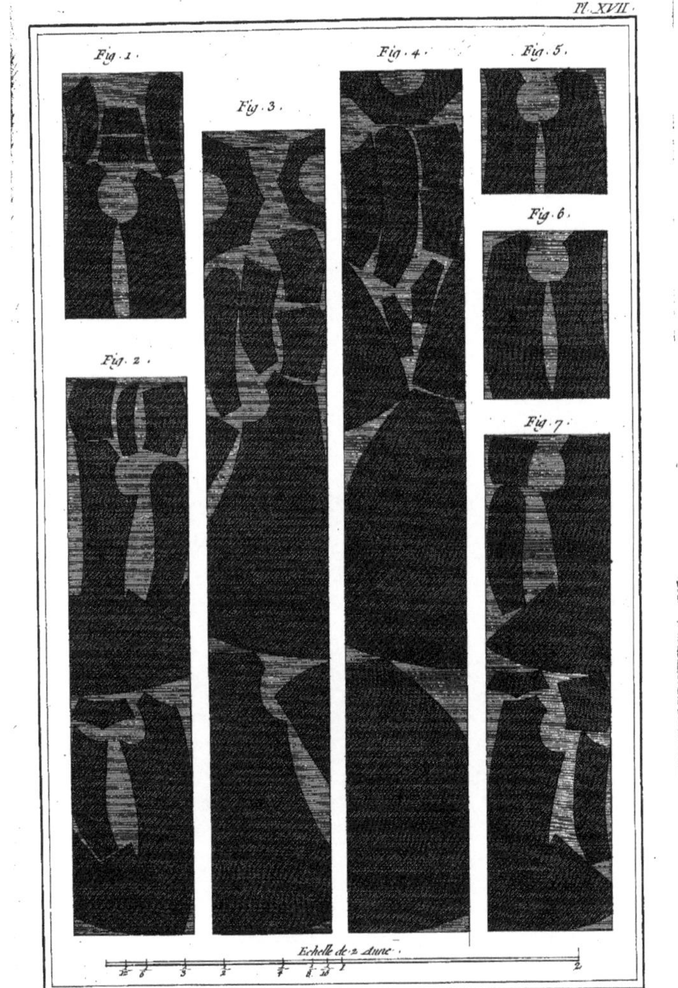

Lucotte Del. Benard Fecit.

Tailleur d'Habits, Étoffes étroites de différent aunage pour Veston, Fraque, Redingotte, Roquelaure, Camisole, Gillet et Soutanelle Vues par moitiés.

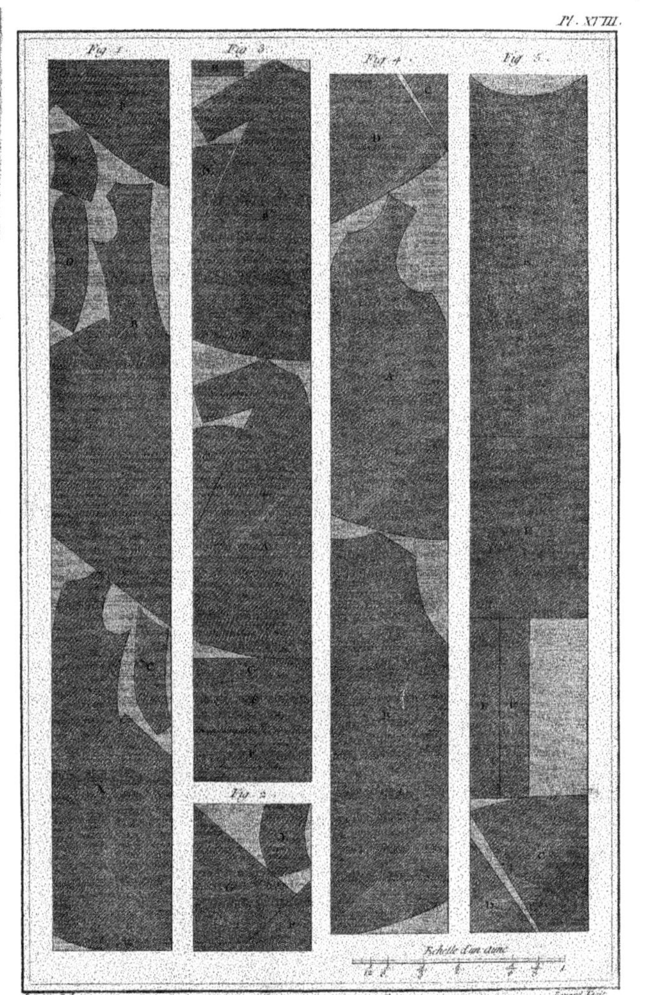

Lucotte Del.

Benard Fecit

Tailleur d'Habits,

Étoffes étroites pour Soutanne Robe de Chambre, Robe du Palais, representées par moitiés.

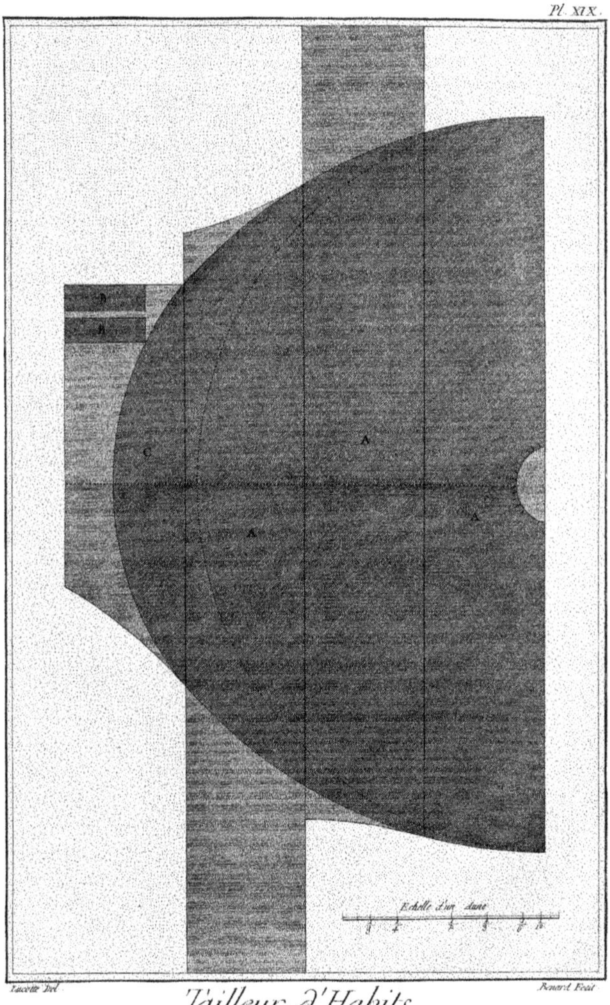

Echelle d'un aune

Lucotte Del. Benard Fecit

Tailleur d'Habits,

Étoffes étroite, pour Habillemens. Manteau long d'Abbé.

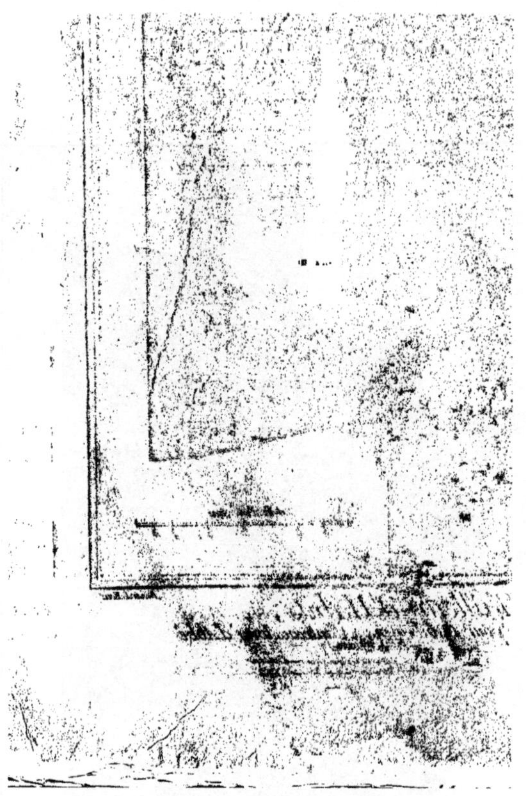

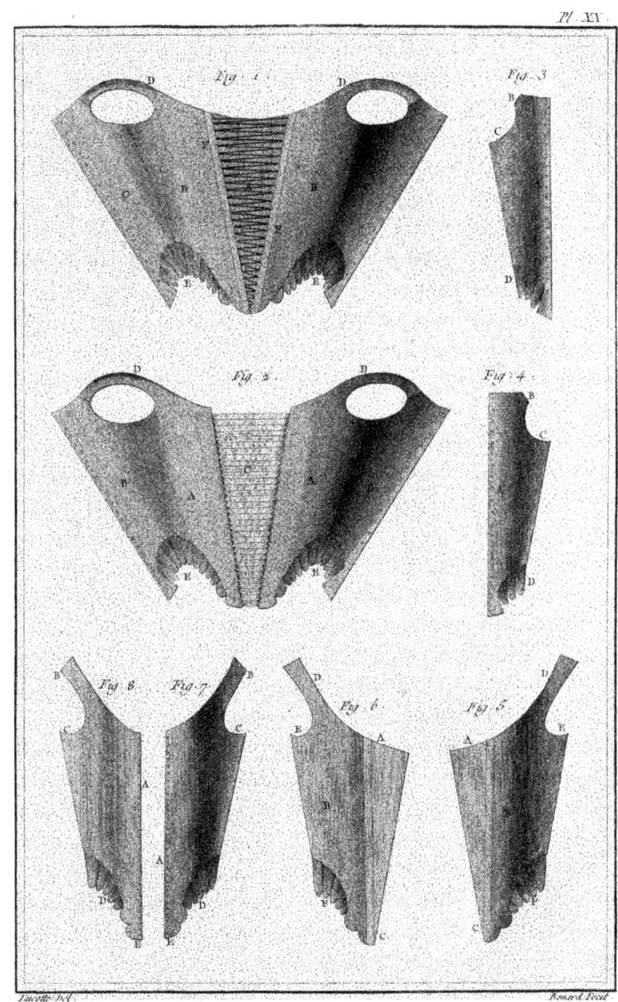

Jacotte Del. Benard Fecit

Tailleur de Corps, Corps fermé et Corps ouvert Vus de face.

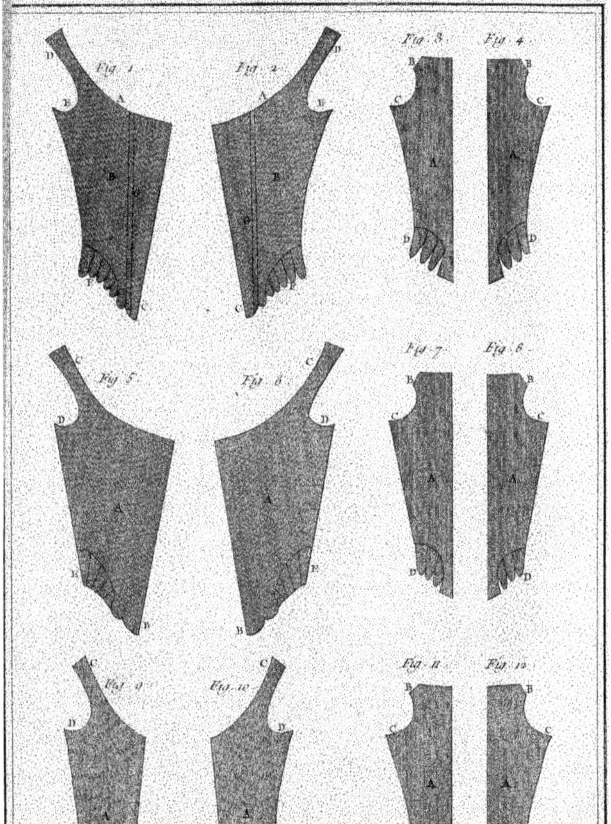

Lucotte Del. | Benard Fecit.

Tailleur de Corps,

Patrons de Corps à l'Angloise et à la Françoise, fermés et ouverts.

Pl. XXII.

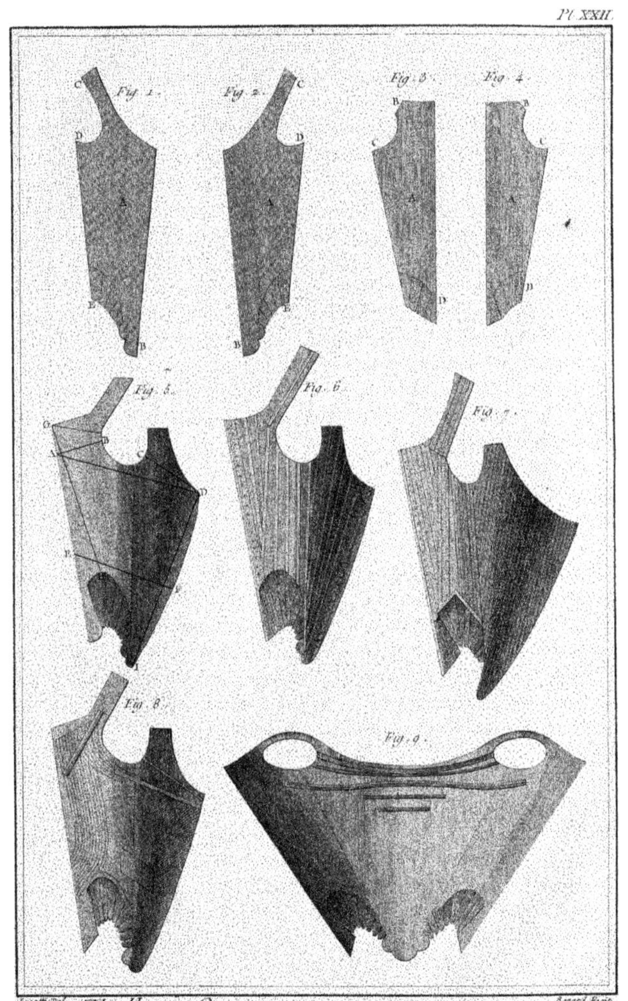

Lucotte Del. Bonard Fecit.

Tailleur de Corps, Patrons de devant et de derriere de Corps à la françoise, différentes Opérations pour prendre la mesure d'un Corps, Corset baleiné, Corps à baleines pleines et dispositions intérieures des garnitures et des baleines de Dressage.

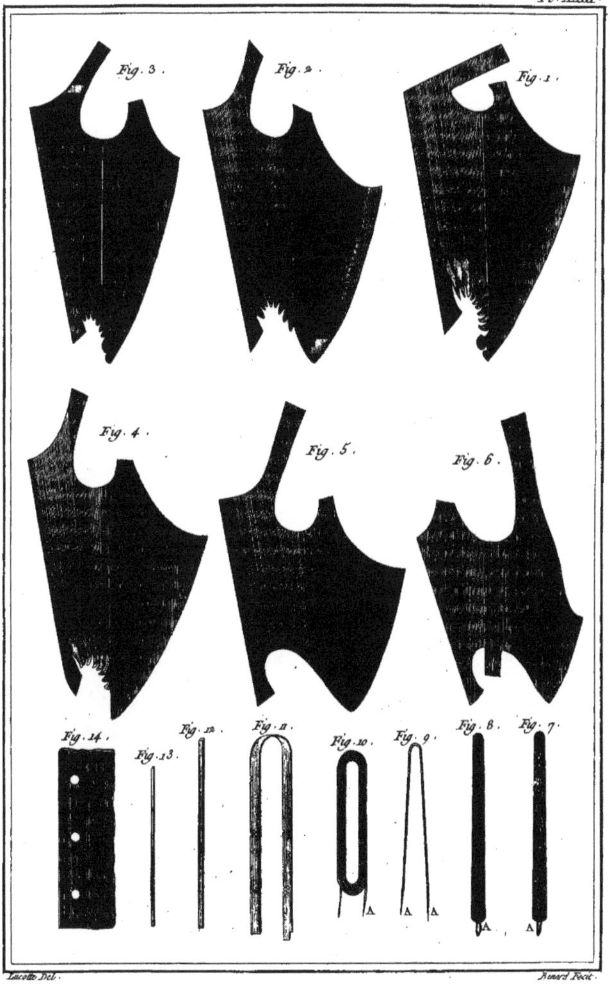

Fig. 3. Fig. 2. Fig. 1.

Fig. 4. Fig. 5. Fig. 6.

Fig. 14. Fig. 13. Fig. 12. Fig. 11. Fig. 10. Fig. 9. Fig. 8. Fig. 7.

A A A A A

Lucotte Del. Benard Fecit.

Tailleur de Corps, Corps de différente espece.

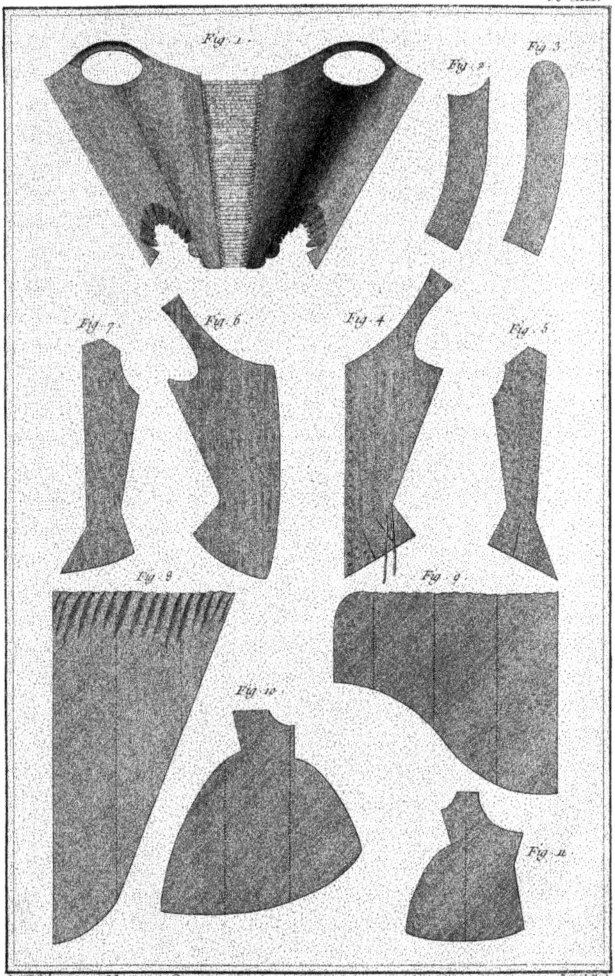

Fig. 1.

Fig. 2.

Fig. 3.

Fig. 7.

Fig. 6.

Fig. 4.

Fig. 5.

Fig. 8.

Fig. 9.

Fig. 10.

Fig. 11.

Lucotte Del. Benard Fecit.

Tailleur de Corps, Corps ouvert avec Lasset à la Duchesse, et Patrons de Manches, de devant et de derriere de Corset, de Bas de Robe de Cour, de Foureau pour les garçons et de fausses Robes pour les filles.

TANNEUR,

CONTENANT vingt-deux Planches, à cauſe de ſix doubles & de deux triples.

PLANCHE Iere.

Plan général d'une tannerie.

LA tannerie occupe un terrein de 30 toiſes de long ſur 12 de large; elle eſt placée ſur le bord d'une riviere, l'eau étant d'un uſage continuel dans ces ſortes de manufactures, dont les bâtimens qui renferment différens atteliers, peuvent être regardés avec raiſon comme les outils ou inſtrumens de cette profeſſion. C'eſt ce qui nous a engagés à publier ce plan & l'élévation contenue dans la Planche ſuivante.

Le corps de logis A B placé ſur le devant, contient au rez-de-chauſſée les magaſins & une partie du logement du maître. A, porte d'entrée pour les charrois. A B, paſſage ſous le bâtiment pour communiquer à la cour B C. *a*, veſtibule qui conduit au pié de l'eſcalier par lequel on monte aux étages ſupérieurs. *b*, porte du magaſin. c, autre porte du magaſin. *d*, magaſin. *e*, porte de communication au cabinet *f*. g, arriere-cabinet. *h i*, paſſage ſous le perron de l'eſcalier.

L'autre côté du bâtiment contient la loge *k* du portier, une ſalle ou paſſage *l* pour communiquer à la cuiſine *o*, l'antichambre *m* & la ſalle à manger *n*. Cette partie de bâtiment peut avoir différentes diſpoſitions indifférentes à la profeſſion de tanneur.

Le ſecond corps de bâtiment C D contient la plamerie à laquelle eſt adoſſé le hangard ſous lequel on travaille de riviere. E F, pont ou planches placées en travers de la riviere; elles ſont ſupportées dans leur milieu par une ſolive qui recouvre deux pieux. C'eſt de deſſus ces planches que les ouvriers rincent les peaux dans l'eau courante. G H, I K, quatre cuves dans leſquelles on fait déſaigner les peaux. H I, les deux poteaux qui ſoutiennent le hangard ſous lequel les ouvriers travaillent de riviere, & ſont à couvert. Cet attelier doit être pavé de grandes pierres un peu inclinées vers la riviere pour rejetter facilement l'eau qui tombe deſſus pendant le cours du travail. D, porte de communication à l'attelier où on fait les paſſemens. C, autre porte qui communique à la cour; ces deux portes ſont en face de celles du premier bâtiment.

Le bâtiment dont il s'agit, eſt comme diviſé en deux parties par un mur d'appui N O. La plus petite partie dont le ſol eſt plus élevé que celui de la grande d'environ un pié ou un pié & demi, eſt l'attelier où on fait le plamage à la chaux; elle contient les quatre pleins Q R S T, qui ſont des foſſes en maçonnerie. Ces foſſes ont cinq piés de diametre & quatre piés de profondeur au-deſſous du rez-de-chauſſée au niveau duquel eſt leur ouverture. P, pilier de pierre qui ſoutient les poutres du plancher. P 2 & P 3, ſemblables piliers qui ſoutiennent les autres poutres du même plancher. L & M, portes; la premiere ſert de communication de la plamerie à l'attelier de riviere, & la ſeconde communique à la cour.

La grande partie contient l'attelier des paſſemens. 1, 2, 3, 4 : 5, 6, 7, 8, deux rangs de cuves dans leſquelles ſe font les paſſemens blancs; ces cuves ont cinq piés de diametre & deux piés dix pouces de hauteur; elles ſont cerclées de fer. 9, 10, 11 : 12, 13, 14, autres cuves dans leſquelles ſe font les paſſemens rouges. 15, chaudiere de cuivre montée ſur ſon fourneau de briques, dans laquelle on fait chauffer l'eau néceſſaire aux paſſemens.

Au dehors du bâtiment que l'on vient de décrire, ſont en aîles ſur la cour deux pavillons quarrés X & Z. Le premier ſert de poudrier; c'eſt-là où l'on enferme le tan en poudre, & où on le mouille légérement. V, porte du poudrier. Le ſecond pavillon contient l'eſcalier par lequel on monte aux chambres au premier étage & au grenier ou ſéchoir qui eſt au-deſſus. Y eſt la porte. Près de ce pavillon eſt un puits dont l'eau eſt néceſſaire en certaines opérations, & ſupplée à celle de la riviere, lorſque les ſechereſſes ou autres raiſons empêchent d'en faire uſage.

La cour qui a douze à quatorze toiſes de long, contient deux rangs de foſſes. Les ſix premieres I, II, III, IV, V, VI, ſont conſtruites en maçonnerie; les ſix autres VII, VIII, IX, X, XI, XII, ſont en bois comme les cuves, & ſont cerclées de fer; les unes & les autres ont huit piés de diametre ſur neuf de profondeur; elles doivent être fort étanchées, c'eſt-à-dire ne point perdre l'eau dont on abreuve les cuirs & le tan qu'elles contiennent. Pour cela, ſi on conſtruit les foſſes en bois, on a ſoin de les aſſeoir ſur un corroi de terre glaiſe ou d'argille; le même corroi environne auſſi la cuve dans toute ſa hauteur.

Près de chaque rang de foſſes eſt un foſſé r, *s* & *t*, *u* de huit piés de large ſur quatre de profondeur, revêtu de maçonnerie dans tout ſon pourtour. Ces foſſés ſont deſtinés à recevoir la tannée que l'on retire des foſſes quand on releve les cuirs. C'eſt avec cette tannée que l'on fabrique les mottes, ainſi qu'il ſera dit ci-après.

Après le foſſé dont on vient de parler, eſt une banquette *p*, *q* : *x*, *y* de niveau au reſte de la cour, ſur laquelle on place les mottes à meſure qu'elles ſont fabriquées. Près du mur qui termine les banquettes qui ont huit piés de large, ſont les étentes ſur leſquelles on fait ſécher les mottes.

PLANCHE II.

Fig. 1. Coupe longitudinale de la tannerie. A, porte chartiere. A B, paſſage ſous le bâtiment. *b*, porte du magaſin. *a*, entrée du veſtibule ou paſſage pour arriver à l'eſcalier.

Au premier étage eſt l'appartement du maître; au ſecond, des chambres où on attache les cuirs pour les faire ſécher. Ce plancher doit être élevé au-moins de dix piés, pour que les cuirs y étant accrochés, ne traînent point à terre. Les fenêtres de ces chambres doivent être fermées exactement avec des volets de bois pour en été défendre les cuirs de l'ardeur du ſoleil, & en hiver de la force de la gelée.

Au-deſſus de ces chambres ſont les greniers ou ſéchoirs, dans une partie deſquels on pratique avec des claies différens planchers ou tablettes ſur leſquels on fait ſécher les mottes.

Nous ſuivrons dans l'explication de cette Planche le même ordre que dans celle de la précédente en commençant par le côté de la riviere. F E, pont ou planches qui traverſent la riviere; on voit un des deux pieux qui ſoutiennent la ſolive ſur laquelle les planches ſont appuyées. H, un des deux poteaux qui ſoutiennent le toit ſous lequel les ouvriers ſont placés pour travailler de riviere; derriere ce poteau on voit une des quatre cuves dans leſquelles on fait déſaigner les peaux. D, porte de communication de l'attelier où on travaille de riviere à celui où ſe font les paſſemens. 5, 6, 7, 8, quatre des huit cuves ſervant aux paſſemens blancs. *p* 3, un des trois piliers qui ſoutiennent le plancher à ſept piés & demi au-deſſus du rez-de-chauſſée. C, porte qui communique à la cour. Y, porte de l'eſcalier par lequel on monte aux étages ſupérieurs.

Le premier étage eſt compoſé de chambres dont les fenêtres ſont fermées avec des volets de bois, comme celles du ſecond étage du corps de logis de devant; au-deſſus de ces chambres ſont les greniers & ſéchoirs où on fait ſécher les mottes.

A

Dans la cour on voit dans le terre-plein la projection de ſix foſſes. I, II, III, IV, V, VI, indiquées par des lignes ponctuées.

2. Coupe tranverſale de la tannerie priſe par le plein. S, les cuves 3, 7, 10, 13 du plan de la Planche précédente. L, porte de communication de l'attelier des pleins à la riviere. S, un plein coupé diamétralement; il a cinq piés de diametre & quatre piés de profondeur. P, un des piliers qui ſoutiennent le plancher. P2, ſecond pilier ſervant au même uſage; au-devant on voit la coupe du petit mur qui ſépare l'attelier des pleins de celui des paſſemens. 3 & 7, deux des huit cuves ſervant aux paſſemens blancs. D, porte de communication de l'attelier des paſſemens au travail de la riviere. 10, 13, deux des quatre ou ſix cuves deſtinées pour les paſſemens rouges.

3. Coupe tranſverſale de la tannerie par le milieu de la cour & celui de deux foſſes oppoſées. *y*, banquettes près d'un des murs de clôture de la tannerie. u, foſſé pour la tannée. IX, une des ſix foſſes montée en bois & entourée d'un corroi de glaiſe, ainſi qu'il a été dit. III, une des ſix foſſes conſtruite en maçonnerie comme elles ſont preſque toutes. *s*, folié pour recevoir la tannée. *q*, banquette pour placer les mottes; ſa largeur eſt terminée par le mur de clôture auquel ſont adoſſées les étentes ou échelles ſur leſquelles on fait ſécher les mottes.

PLANCHE III.

La vignette de cette Planche repréſente l'attelier où ſe fait le travail de riviere & pluſieurs ouvriers occupés à différentes opérations. Cet attelier placé ſur le bord de la riviere, eſt recouvert par un toît ſous lequel ſont les quatre cuves G g *k* K, dans leſquelles on fait déſaigner les peaux; le toît eſt ſoutenu par deux piliers H, I, vis-à-vis l'intervalle deſquels eſt la porte D, qui ſert de communication à l'attelier des paſſemens; dans le dehors ſont les ponts ou planches E F ſoutenues dans leur milieu par une ſolive qui ſert de chapeau à deux pieux qui ſont plantés dans le milieu du lit de la riviere. L, porte de la plamerie.

Fig. 1. Ouvrier qui avec de longues pinces ou tenailles de fer rince les peaux qui trempent dans la riviere; elles ſont attachées par la tête à un pieu ou à la planche ſur laquelle eſt placé l'ouvrier dont les vêtemens ſont tels que les figures les repréſentent, c'eſt-à-dire en chemiſe dont les manches ſont retrouſſées au-deſſus du coude, en bonnet, tablier, guettes & ſabots.

2. Ouvrier qui apporte les peaux ſur une brouette pour les mettre tremper dans une des quatre cuves.

3. Ouvrier qui avec le couteau rond débourre une peau ſur le chevalet, c'eſt-à-dire qu'il en fait tomber le poil, après que la peau eſt ſortie des pleins que la Planche ſuivante repréſente.

Le chevalet ſur lequel l'ouvrier travaille, eſt une piece de bois demi-cylindrique, ſur laquelle il étend une ou deux peaux ployées en double pour faire une couche ſur laquelle il étend enſuite la peau qu'il veut dépiler, il la contient ſur le chevalet en appuyant avec ſon corps; tenant enſuite le couteau demi-rond qu'il conduit de haut en bas ſur le chevalet qui eſt incliné, il fait tomber le poil dont le plamage par la chaux ou les paſſemens a détruit l'adhérence. Ce poil eſt enſuite recueilli & lavé, ce qui forme la bourre que les tapiſſiers employent au lieu de crin pour garnir différens meubles.

L'écharnement des peaux ou cuirs ſe fait avec un ſemblable couteau, mais qui eſt tranchant; avec lequel on ôte du côté de la chair toutes les parties ſuperflues.

C'eſt auſſi ſur le chevalet que l'on raſe les cuirs deſtinés à être hongroyés; on ſe ſert pour cela de la faux que l'ouvrier tient à deux mains comme le couteau rond ou le couteau à écharner; il la conduit ſur le plat comme un raſoir; ſon tranchant qui eſt très-aigu, coupe le poil juſqu'auprès de la racine. Pour rétablir le tranchant de la faux, on ſe ſert de la queurſe qui eſt une pierre à aiguiſer; elle ſert auſſi à donner le fil au couteau à écharner.

Dans toutes ces différentes opérations, ainſi que dans celle de recouler les peaux, c'eſt-à-dire d'en faire ſortir l'humidité & la chaux en les exprimant fortement avec le couteau rond ou la queurſe, l'attitude de l'ouvrier eſt celle que la figure repréſente.

Bas de la Planche.

Fig. 4. qui, ainſi que les deux ſuivantes, doit être meſurée par la grande échelle, couteau rond dont ſe ſert l'ouvrier, *fig.* 3. de la vignette. Ce couteau ne differe du couteau à écharner que parce que ſon tranchant eſt arrondi, d'où lui vient ſon nom, au lieu que celui du couteau à écharner eſt aigu; la fleche de l'arc du couteau eſt de deux pouces & demi ſur une longueur de ſeize pouces.

5. Queurſe ou pierre à aiguiſer ſervant à affiler la faux, le couteau à écharner & à queurſer les cuirs.

6. La faux ſervant de raſoir pour raſer les cuirs qui doivent être hongroyés. C'eſt une faux ordinaire dont on a fait forger l'extrémité *a* en maniere de ſoie pour être reçue dans un manche de bois, & dont on a roulé ſur elle-même la partie *b c*, après l'avoir tranché en *b* de la moitié de la largeur de la faux, ce qui ſert de ſeconde poignée à cet inſtrument dont on affute le tranchant avec la queurſe; la fleche de l'arc du tranchant eſt d'un pouce ſur un pié dix pouces de longueur.

7. Le chevalet dont ſe ſert l'ouvrier, *fig.* 3. de la vignette, repréſenté en perſpective. Cette figure, ainſi que les ſuivantes, eſt deſſinée ſur la petite échelle.

8. Le chevalet vu par-deſſous ou du côté concave; il a cinq piés de long, quinze pouces de large de dehors en dehors, & ſeulement un pié de dedans en dedans.

9. Coupe tranſverſale du chevalet priſe au milieu de ſa longueur, par laquelle on voit les courbures extérieures & intérieures.

10. Le pié du chevalet dont les croiſées ont deux piés trois pouces de longueur.

PLANCHE IV.

La vignette repréſente l'intérieur de la plamerie à la chaux & les quatre pleins Q, R, S, T, cotés des mêmes lettres. Dans le plan général, Pl. I. on voit le petit mur N O à hauteur d'appui qui ſépare cet attelier de celui des paſſemens repréſenté dans la vignette de la Planche ſuivante.

Les pleins conſtruits en maçonnerie, ont cinq piés de diametre & quatre de profondeur. On fait éteindre de la chaux en quantité ſuffiſante dans chacun de ces pleins dans leſquels on abat les peaux qui ont été écornées, déſaignées & fendues en deux parties égales, ſi elles ſont deſtinées à être hongroyées; car on les laiſſe entieres, ſi elles doivent être corroyées. On commence par abattre les peaux dans un plein mort, c'eſt-à-dire dans un plein qui a déjà ſervi & où elles doivent être ſubmergées dans l'eau de chaux qu'on a eu ſoin de braſſer auparavant pour relever le ſédiment de la chaux & faire qu'elle ſe diſtribue également entre toutes les peaux. On laiſſe les peaux dans le plein mort pendant 2 ou 3 jours, au bout deſquels on les releve pour les mettre en retraite empilées les unes ſur les autres auprès du plein. On les laiſſe en cet état environ 4 à 5 jours, après leſquels on rabat les peaux dans le même plein, & ainſi alternativement pendant environ deux mois; ce qui diſpoſe le poil à quitter la peau & en facilite la dépilation.

Après que les cuirs ſont débourrés ou dépilés, on les rabat dans un plein plus vif où ils reſtent 3 ou 4 jouts, & alternativement en retraite pendant huit autres jours pendant trois mois.

Après le plein foible on donne aux cuirs le plein fort, c'est-à-dire qu'on les abat dans un plein neuf où ils restent également quatre mois alternativement en plein & en retraite de semaine en semaine.

Quelques tanneurs font encore passer les cuirs par un nouveau plein fort où ils restent deux mois aussi alternativement en plein & en retraite. Après ce dernier plein ou le précédent, les cuirs étant suffisamment renflés ou gonflés, on les travaille de riviere avec le couteau rond ou la queurse pour en faire sortir la chaux, on les écharne du côté de la chair avec le couteau à écharner; on les foulle & on les rince soigneusement pour en exprimer toute la chaux, ils sont ensuite en état d'être tannés. Il y a des cuirs plus forts qui exigent un plus grand nombre de pleins.

Fig. 1. Ouvrier qui avec le boulloir brasse le plein pour délayer le sédiment de la chaux & la mêler dans l'eau. Ordinairement deux ouvriers sont employés ensemble à cette opération.

2. & 3. Ouvriers qui retirent les cuirs du plein pour les mettre en retraite; ils se servent pour cela de longues tenailles de fer avec lesquelles l'ouvrier, *fig.* 2. saisit la tête du cuir; lorsqu'il a tiré la tête hors du plein, l'ouvrier, *fig.* 3. la saisit avec ses tenailles; le premier ouvrier reprend la peau vers la culée, & tous les deux agissant de concert, l'enlevent & la couchent en *a b*, de maniere que la tête soit du côté du mur & la culée du côté du plein, les dos de chaque bande couchés les uns sur les autres, & les ventres du côté des ouvriers. C'est-là que les peaux sont en retraite pendant plusieurs jours, ainsi qu'il a été dit.

Bas de la Planche.

Fig. 4. Tenailles de fer dont se servent les ouvriers, *fig.* 2. & 3. pour tirer les cuirs de dedans les pleins; l'extrémité d'une des branches a une rainure qui reçoit la languette de la seconde partie de la tenaille; ensorte que les peaux une fois saisies par cet instrument, ne peuvent point échapper ni glisser, ce qui exposeroit la fleur à être égratiguée.

4. Autre sorte de pinces plates servant au même usage.

6. Boulloir dont se sert l'ouvrier, *fig.* 1. de la vignette pour brasser le plein dans lequel on doit rabattre les peaux qui sont en retraite auprès de lui. Le reste du manche de cet outil est représenté à côté sous le numero *fig.* 6. *bis*.

PLANCHE V.

La vignette représente l'attelier des passemens contigu à celui que l'on vient de décrire, représenté par la Vignette de la Planche précédente.

La dépilation & le gonflement des cuirs qui a été produit ci-devant par l'eau de chaux dans laquelle on a laissé long-tems macérer les cuirs, peut s'opérer par la fermentation acide ménagée avec art, & en beaucoup moins de tems. On se sert pour cela de différentes substances, entre autres de la farine d'orge dont on fait un levain qu'on laisse aigrir & que l'on délaye ensuite dans l'eau contenue dans les cuves pour former les passemens.

Le train des passemens à l'orge ou passemens blancs est composé de quatre cuves 1, 2, 3, 4, ou 5, 6, 7, 8, qui sont cotées des mêmes chiffres dans le plan général, Pl. I. Ces cuves ont cinq piés de diametre & deux piés dix pouces de hauteur. Les peaux suffisamment désaignées & écharnées, sont jettées dans la premiere cuve, celle dont l'eau aigre a servi plusieurs fois & est la plus foible de toutes. Elles y restent plusieurs jours, tous les jours on les releve deux fois pendant deux ou trois heures sur les planches qui sont sur le bord de la cuve; ce qui équivaut à la retraite des cuirs à la chaux; on les rabat ensuite dans la seconde cuve dont l'eau est plus aigre, ayant servi une fois moins que la précédente: Elles y restent aussi plusieurs jours alternativement en retraite sur les planches qui recouvrent en partie la cuve. On continue ainsi à faire passer successivement les peaux d'un passement plus foible à un plus fort jusqu'à ce que le poil soit disposé à quitter la peau: en les débourre ou on les épile alors sur le chevalet avec le couteau rond; on les rince soigneusement, on les rabat ensuite dans un passement plus fort, on les releve, & on les rabat dans les cuves.

Après que les cuirs sont épilés & écharnés, ils passent successivement dans les autres passemens, dont le dernier est un passement neuf composé d'environ 12 livres de farine d'orge pour chaque cuir; ils sont alors suffisamment gonflés pour aller dans les passemens rouges.

On conçoit par ce qui vient d'être dit que la premiere cuve qui est la plus foible, devient la derniere; lorsqu'après l'avoir vuidée & jetté le passement comme inutile, on la renouvelle par un passement neuf pour un autre train de peaux, & que la seconde cuve devient alors la premiere dans l'ordre du travail, & ainsi de suite pour toutes les autres à mesure que l'on traite de nouvelles peaux.

N O, mur d'appui ou de séparation de l'attelier du plamage à la chaux & de celui des passemens. 1, 2, 3, 4, quatre des huit cuves qui servent aux passemens blancs. On voit sur les planches de la troisieme cuve les cuirs qui y sont en retraite. 5, 6, 7, 8, les quatre autres cuves servant aux passemens blancs. Entre les unes & les autres est le passage pour aller à la riviere. D, porte de communication à l'attelier où se fait le travail de riviere. 9, 10, deux des quatre ou six cuves servant aux passemens rouges, les autres n'ayant pas pu être représentées dans cette vignette.

Fig. 1. & 2. Deux ouvriers occupés à relever les cuirs sur les planches de la huitieme cuve, sur lesquelles les cuirs sont pliés en trois; on les laisse ainsi égoutter dans la cuve pendant deux ou trois heures deux fois chaque jour.

Les passemens rouges sont composés d'eau pure & de deux ou trois corbeillées de tan. Les cuirs trempent dans cette composition pendant trois ou quatre jours, au bout desquels on les releve; on les rabat ensuite dans le même passement en ajoutant encore quelques poignées d'écorce pour chaque cuir; trois jours après ils sont en état d'être couchés en fosse.

Bas de la Planche.

Fig. 3. Une peau entiere tannée ouverte dans toute son étendue. On voit sur la queue la marque du boucher par laquelle on peut connoitre combien pesoit la peau étant fraîche & sortant de dessus l'animal. Ces marques sont des entailles faites avec un couteau; elles se comptent en allant vers l'extrémité de la queue, le nombre marqué est 77; ce qui fait connoître que cette peau pesoit autant de livres étant fraîche. On voit aux deux côtés de cette peau les différens chiffres au moyen desquels on peut composer tous les autres.

4. Vue perspective d'une fosse pour préparer le jus de tannée dont on le sert au lieu de la liqueur des passemens & dans des cuves semblables pour préparer les cuirs façon de Liege, dits de l'emploi de ce jus *cuirs à la jusée*.

Pour faire ce jus on remplit une fosse ronde ou quarrée de vieille écorce ou tannée qui a servi à tanner les cuirs; on y verse de l'eau qui se filtre à-travers & descend au fond du puisard A qu'on a eu soin de former avec quelques planches dans un des angles de la fosse. On puise cette eau que l'on reverse sur la tannée jusqu'à ce que par ces filtrations réitérées, elle ait acquis l'acidité nécessaire. La fermentation acide s'établissant dans la tannée à mesure que la qualité styptique s'anéantit, on a alors un jus que l'on met dans des cuves & dans lequel on fait successivement passer les cuirs (préalablement travaillés de riviere & rasés) d'une cuve foible dans une plus forte. La premiere cuve ou la plus foible ne contient qu'un huitieme de jus de tannée sur sept huitiemes d'eau pure; la seconde deux huitiemes de jus de tannée sur six huitiemes d'eau, ainsi de suite pour les autres cuves en augmentant l'acidité par un huitieme de jus de tannée. En hiver les passemens sont au nombre de douze.

Pendant la premiere moitié des passemens on releve les cuirs deux fois par jour pour les laisser égoutter sur les planches des cuves pendant environ deux heures. Pendant l'autre moitié des passemens on ne releve les cuirs qu'une seule fois.

Après le dernier passement composé du plus fort jus de tannée, auquel on a ajouté quelques poignées de tan pour chaque cuir, & qu'ils y ont séjourné pendant environ une semaine, ils sont suffisamment gonflés & sont en état d'être mis en fosse comme les cuirs préparés par les deux méthodes précédentes.

PLANCHE VI.

La vignette de cette Planche représente le travail de la cour ou les différentes opérations de la mise en fosse, l'action de tanner proprement dite pour laquelle les opérations précédentes sont des préparations.

On voit d'un côté une partie du bâtiment du derriere de la tannerie, & le pavillon qui contient l'escalier marqué au plan général, Planche I. par lequel on monte aux chambres closes qui sont au-dessus de la plamerie & des passemens, & au grenier ou sechoir qui est au-dessus de ces chambres. C, porte de l'attelier des passemens. Y, porte de l'escalier en face de celle du poudrier placé dans le pavillon vis-à-vis, que l'on ne voit point dans la figure; près de ce pavillon on voit un des murs de clôture auquel sont adossées les échelles ou étentes, sur lesquelles on fait sécher les mottes, & au-devant de ce mur quatre des six fosses construites en maçonnerie, & une partie de la cinquieme; elles sont cotées dans le plan général par les chiffres I, II, III, IV.

Fig. 1. & 2. Deux ouvriers qui sur une civiere apportent les cuirs suffisamment gonflés par les pleins, les passemens d'orge, ou ceux de jus de tannée près de la premiere fosse où ils doivent être couchés.

3. Ouvrier qui apporte sur le bord de la fosse une corbeille pleine de tan, qu'il a humecté dans le poudrier, pour que la poussiere de cette substance ne se volatilise point.

4. Ouvrier qui couche les cuirs en fosse; pour cela l'ouvrier commence à faire au fond de la fosse une couche de tannée, ou d'écorce qui a déja servi à la préparation d'autres cuirs; sur cette tannée il répand une couche de tan nouveau d'environ un pouce d'épaisseur; sur cette derniere couche il étend un cuir, ou deux bandes si les cuirs ont été divisés en deux; sur ce cuir une autre couche de tan de même épaisseur, sur laquelle il étend un nouveau cuir, dont la longueur doit croiser celle du premier, ainsi de suite alternativement, une couche de tan & un cuir, ou deux bandes, jusqu'à ce que la fosse soit remplie à environ deux piés près, ou que tous les cuirs qui sont préparés à être tannés y soient placés. Par-dessus le dernier cuir qui a été couché en fosse on met au-dessus du tan neuf qui le recouvre un ou deux piés de tannée ou écorce battue qui a déja servi, de laquelle on remplit aussi les places qui ne sont pas occupées par les cuirs. On foule cette derniere couche avec les piés pour comprimer le tout, & faire mieux appliquer le tan sur les cuirs: on met quelques planches sur cette derniere couche, & on charge quelquefois ces planches avec des pierres.

A cette opération succede celle d'abreuver la fosse, on y verse pour cela une quantité suffisante d'eau claire, on a soin d'entretenir cette humidité, c'est pour cela que les fosses doivent être fort étanchées.

La seconde fosse est représentée comble, & la quatrieme est entierement vuide.

Les cuirs ainsi couchés en fosse & en premiere poudre, restent en cet état pendant trois mois.

5. & 6. Deux ouvriers occupés à retirer les cuirs de la troisieme fosse, ils se servent pour cela de longues tenailles, semblables à celles qui sont représentées au bas de la Planche IV. Un troisieme ouvrier *fig.* 7. leur présente la tête du cuir, que l'un des deux saisit avec sa tenaille; l'ouvrier qui est dans la fosse & nuds piés, pour ne point blesser les cuirs sur lesquels il marche, continue pendant que l'un des deux ouvriers hors de la fosse tire à lui une partie du cuir, de soûlever l'autre partie pour que le second ouvrier puisse la saisir avec sa tenaille, & achever de le tirer hors de la fosse, ces deux ouvriers rangent les cuirs ou bandes les unes sur les autres, ensorte que tous les dos soient du même côté.

Pendant cette opération & à mesure que l'ouvrier qui est dans la fosse enleve de nouveaux cuirs, il jette avec une pelle la tannée qui est au-dessous & recouvre les cuirs inférieurs; dans le fossé qui est entre les fosses & la banquette, on voit cette tannée dans le fossé près du chiffre 7, & tout auprès sur la banquette une partie de mottes nouvellement fabriquées.

Après cette opération on balaye les cuirs, on les secoue pour en détacher toute la tannée, on les recouche ensuite avec de nouveau tan, & ils restent quatre mois ou même plus dans cette seconde poudre; on réitere encore une troisieme fois les mêmes opérations, & les cuirs ayant resté cinq mois dans leur troisieme poudre, sont achevés de tanner: on les retire alors & on les porte dans les chambres où on les fait sécher à l'ombre, après les avoir balayés on les accroche à des clous au plancher, & lorsqu'ils sont aux trois quarts secs, on les bat du côté de la chair avec un maillet sur une pierre; lorsque les cuirs sont entierement secs, on les porte au magasin d'où ils passent dans les mains des différens ouvriers qui les employent.

8. Ouvrier qui avec la tannée fait des mottes, il est placé dans le fossé, & a un moule ou anneau de cuivre de la grandeur & de la hauteur que les mottes doivent avoir, il pose un ais ou petite planche au fond du fossé, & le moule par-dessus il le remplit de tannée qu'il foule avec les piés nuds; de cette maniere il forme une motte qu'il fait sortir du moule en le prenant par les oreilles & le renversant sur une douve ou planchette, qui lorsqu'elle est remplie de quatre ou cinq rangs de mottes, lui sert à les transporter sur la banquette, comme cet ouvrier travaille principalement des piés, il lui faut un appui pour les mains, c'est une perche soutenue horizontalement en-travers du fossé par deux chevalets, dont les bouts sont fichés dans le tas de tannée, comme on le voit dans la figure; il avance cette espece d'établi à mesure que par sa fabrication il consomme la masse de tannée que le fossé contient.

Bas de la Planche.

Fig. 9. Corbeille d'osier servant à transporter le tan du poudrier qui le renferme au bord de la fosse où on doit l'employer.

10. Table de pierre sur laquelle les ouvriers battent les cuirs avec des maillets de bois pour les raffermir.

11. Un des maillets de bois servant aux ouvriers pour battre les cuirs.

12. Le moule du tanneur sur sa planchette.

13. Le même moule en plan.

PLANCHE VII.

Cette Planche & les deux ſuivantes repréſentent le moulin à tan, la premiere en eſt le plan, la ſeconde l'élévation, & la troiſieme le profil ; on a eu l'attention de marquer les mêmes parties par les mêmes lettres dans ces trois Planches.

Le moulin eſt composé d'une roue à augets A B, qui reçoit l'eau à hauteur du centre, d'un arbre tournant garni de douze levées ou cames de ſix pilons, qui ſont chacun garnis de trois couteaux. A, empellement que l'on leve avec une vis. B, partie du courſier du côté d'aval par lequel l'eau s'écoule. C D, arbre de roue. *a*, *b*, *c*, *d*, *f*, *g*, *i*, *k*, les levées ou cames qui foulevent alternativement les mentonnets des pilons. E F, G H, les couches ſur leſquelles s'aſſemblent les quatre montans de la cage du moulin. L & M, deux des quatre montans. P Q, la batterie ſur laquelle tombent les pilons, elle forme le fond de l'auge dans laquelle on met l'écorce de jeune chêne, qui eſt la matiere du tan. I K, N O, partie des chapeaux qui aſſemblent les quatre montans. *m n*, *m m* nn, les moiſes qui embraſſent les queues des pilons ; on a fracturé les chapeaux & les moiſes pour laiſſer voir l'auge R S T. 1, 2, 3, 4, 5, 6, les ſix pilons.

PLANCHE VIII.

Elévation antérieure du moulin. A B, la roue à augets vue du côté d'aval. II, le fond du courſier. CD, les tourillons de l'arbre. N O, N V, les chapeaux qui aſſemblent les quatre montans. F H, les ſolles ſur leſquelles les montans ſont aſſemblés. P Q, la batterie aſſemblée à encoche & à mi-bois avec les ſolles; *p*, *q*, *pp*, *qq*, bloc de pierre aſſis ſur un maſſif de maçonnerie ſur lequel la batterie eſt poſée. R S, partie de la huche que l'on a fracturée en S pour laiſſer voir les pilons. M H, un des côtés de l'auge aſſemblé à rainure dans les deux montans, dans la ſolle H & dans l'entretoiſe L M qui ſupporte les moiſes inférieures. *m*², n², *m*, *n*, les moiſes ſupérieures ſervant à guider les pilons dans leur mouvement vertical. L L M M, entretoiſe ſupérieure. *e*, *h*, *l*, queue des mentonets de trois pilons.

PLANCHE IX.

Coupe tranſverſale du moulin. F E, la ſolle ſur laquelle deux montans *a*, *aa*: *b*, *bb* ſont aſſemblés & affermis dans la ſituation verticale par deux jambes ou guettes. *p*, *q*, *qq*, *pp*, la pierre ſur laquelle la batterie eſt poſée. Z T X Y, la batterie. V X, planche qui ferme la huche ou auge du côté de l'arbre tournant. T, S S, S, R, partie courbe de la huche dans laquelle on place les paquets d'écorce. Ces planches ſont aſſemblées à la batterie par une feuillure comme on le voit en T, & entr'elles par des clés ou languettes. L M, entre-toiſe inférieure qui porte les moiſes *nn*², n². L L M M, entretoiſe ſupérieure qui ſoutient les moiſes ſupérieures nn, n, elles ſont les unes & les autres affermies dans les entailles des entre-toiſes par des coins. O & K, les chapeaux qui aſſemblent les poteaux d'un des bouts du moulin avec ceux de l'autre bout. 4, 5, 6, un des pilons vu de côté. 4, 5, la queue du pilon qui peut couler dans les ouvertures des moiſes. 5, 6, le corps du pilon. 6, ſa ferrure ou les couteaux. *e*, le mentonet. *f*, coin qui ſerre le mentonet dans la mortoiſe du pilon. D, arbre de la roue à augets. *dk*, *fg*, les levées de l'arbre. A *a*, empellement du courſier. *a* B *b*, le courſier.

Fig. 2. Un des ſix pilous vus en perſpective & du côté de l'arbre tournant. *e*, le mentonet. *f*, coin qui ſerre la queue du mentonet dans l'entaille du pilon.

3. Le même pilon vu du côté oppoſé ou du côté de la huche du moulin. E, extrémité de la queue du mentonet. F, tête du coin.

4. Un des deux fers qui ſont aux côtés de chaque pilon ; il a deux taillans perpendiculaires l'un à l'autre ; les vives arêtes du barreau qui les terminent ſont crennelées pour mieux retenir la filaſſe dont on les entoure avant de les enfoncer dans le corps du pilon, dont chaque fourchon eſt entouré d'une frette pour l'empêcher de ſe fendre.

5. Couteau du milieu d'un des pilons, ſa queue eſt en partie entourée de filaſſe : on voit au-deſſous de ces deux dernieres figures le plan de leur tranchant.

PLANCHE X.

Cette Planche & les deux ſuivantes repréſentent le moulin pour chamoiſer les buffles, qui eſt établi à Corbeil, la premiere en eſt le plan, la ſeconde l'élévation, & la troiſieme la coupe tranſverſale ; on a auſſi marqué par les mêmes lettres les parties ſemblables dans les trois Planches. X, porte pour aller à l'empellement. A, empellement du courſier de la roue. A B, la roue. C D, l'arbre tournant garni de cames pour lever les maillets qui ſont au nombre de douze, ſéparés de deux en deux par une cloiſon, ce qui forme ſix pilles ou coupes dans leſquelles on place les peaux. E F, G H, les deux ſolles des extrémités du moulin d'un plus fort équarriſſage que les intermédiaires. N, O, P, Q, quatre eſcaliers de ſix marches chacun, pour monter ſur le plancher qui eſt au niveau des coupes. Y Z, forte piece de bois de deux piés d'équarriſſage dans une des faces latérales de laquelle les ſix coupes ſont creuſées. I, K; L, M, les quatre poteaux corniers qui forment les angles du moulin ; il y a de ſemblables poteaux ou montans ſur toutes les ſolles intermédiaires auxquels les cloiſons qui ſéparent les coupes ſont aſſemblées. 1, 2 : 3, 4 : 5, 6 : 7, 8 : 9, 10 : 11, 12 : les douze maillets ou pilons qui ſont ſuſpendus par un manche, enſorte qu'étant écartés de la coupe par l'action des cames ou levées de l'arbre ils peuvent retomber dans la coupe où les peaux ſont placées. R & T, deux tables ſur leſquelles on étend les peaux pour les mettre en huile au moyen d'un balai qui trempe dans cette liqueur, & qu'on ſecoue enſuite ſur la peau ; ces tables ſont un peu inclinées vers le baquet S ou V, où les rebords dont les tables ſont garnies renvoyent l'huile ſuperflue ; on ſe ſert d'huile de poiſſon.

PLANCHE XI.

Elévation du moulin pour chamoiſer les buffles. C C, empellement de décharge placé à côté de celui de la roue. A B, la roue à aubes. B, le fond du coucher. C D, l'arbre de la roue garni de douze levées qui en ſont vingt-quatre, chaque levée traverſant l'arbre d'outre en outre. E, G, les ſolles des extrémités poſées ſur le maſſif de maçonnerie. N, P, deux eſcaliers pour monter aux coupes. E *e*, G g, les deux montans ou poteaux corniers de la face de devant du moulin. Y Z, la batterie dans laquelle les coupes ſont creuſées. 1, 2 : 3, 4 : 5, 6 : 7, 8 : 9, 10 : 11, 12, les douze maillets ou pilons, deux dans chaque coupe. *a d*, chapeau qui aſſemble les deux poteaux corniers & les ſept montans intermédiaires. *b*, *c*, entre-toiſes qui relient les poteaux de devant avec ceux de derriere ; c'eſt ſur ces pieces que porte le plancher au-deſſus duquel ſont les treuils qui ſervent à manœuvrer les pilons. *ff*, *ff*, les treuils pour replacer les pilons ſur leur ſuſpenſion. *hh*, treuil dont la poulie *kk* reçoit une corde ſans fin pour le faire tourner, & au moyen des cordes qui s'enroulent ſur ce treuil, & vont s'accrocher aux pilons, on les écarte de la coupe pour en retirer les peaux.

PLANCHE XII.

Coupe tranſverſale du moulin pour les buffles. X, porte pour aller à l'empellement & donner ou ſupprimer l'eau à la roue. E H K F, une des ſolles intermédiaires ſur laquelle ſont aſſemblés deux poteaux ou montans H *d*, K *d d*, le dernier auquel la pille ou batterie n eſt adoſſée eſt affermi dans la ſituation verticale par deux jambettes aſſemblées haut & bas à embrevement dans le poteau & dans la folle. *o*, la coupe creuſée dans la pile. *c i m*, maillet ou pilon. *a b*, le manche du pilon. *a*, le point de ſuſpenſion. *b*, queue du manche qui eſt rencontrée deux fois à chaque révolution de la roue par les cames ou levées 1 & 3 de l'arbre tournant D. P & Q, eſcaliers pour monter aux coupes. *d*, *d d*, chapeaux qui aſſemblent tous les poteaux montans. *f*, treuil pour remettre les pilons en place. *h*, autre treuil qui porte une poulie; la poulie reçoit une corde ſans fin, au moyen de laquelle on fait tourner le treuil pour écarter les maillets des coupes. R & T les deux tables ſur leſquelles on met en huile.

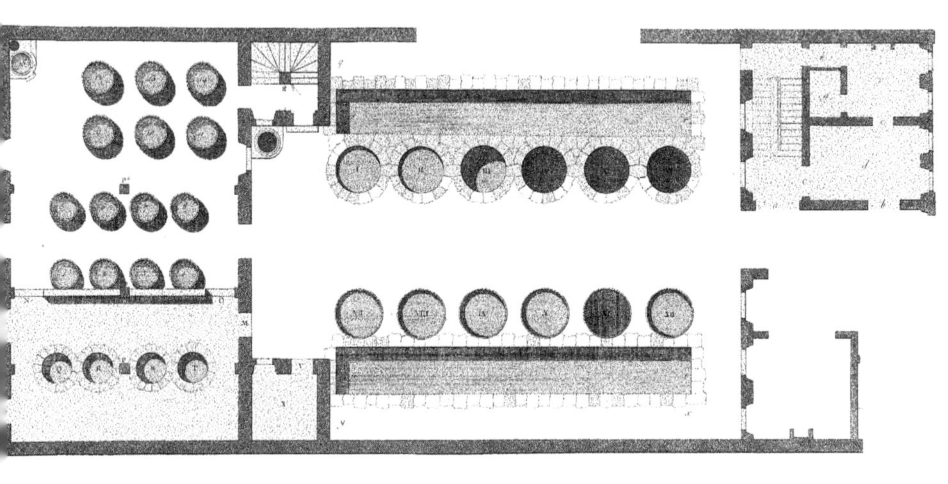

Tanneur, Plan Général d'une Tannerie

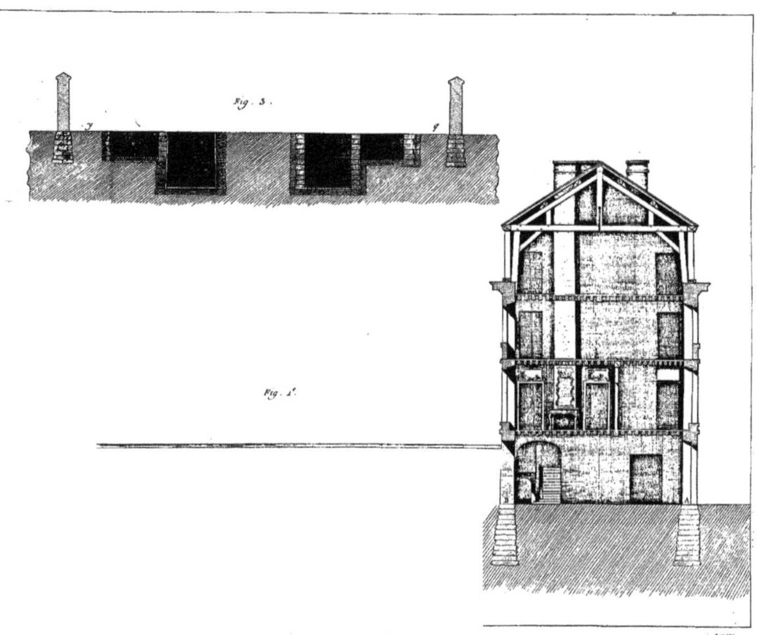

...eur, Coupes Longitudinalle et Transversalle de la Tannerie.

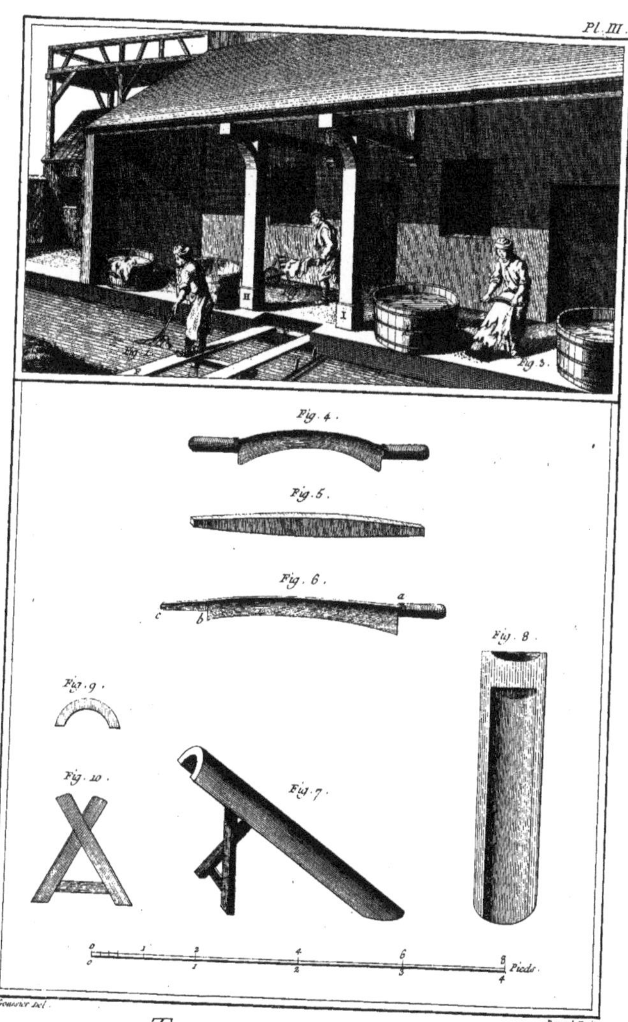

Tanneur, *Travail de Riviere.*

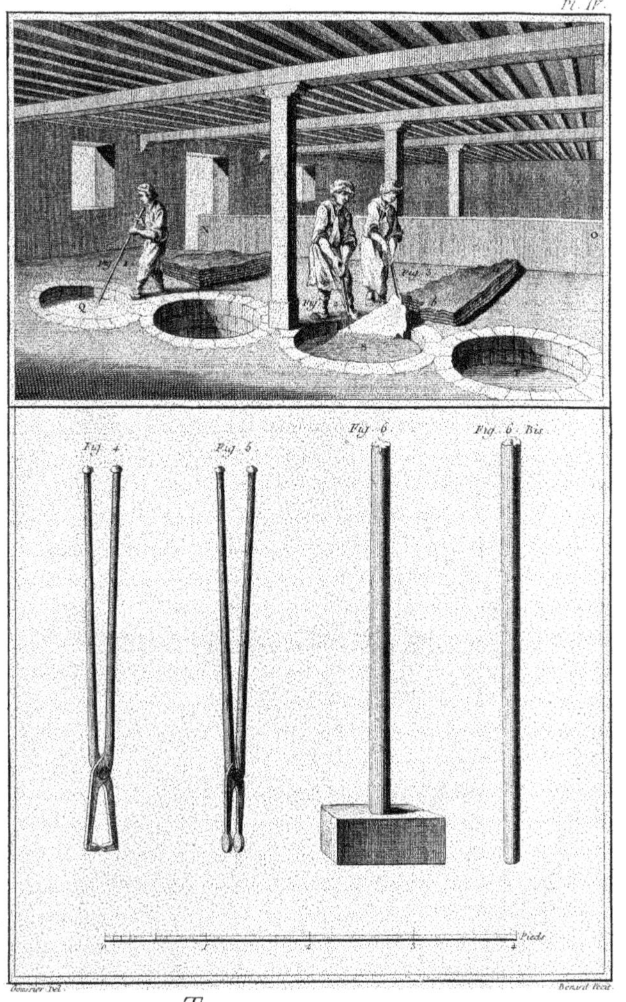

Goussier Del. | Benard Fecit

Tanneur, Travail des Pleins.

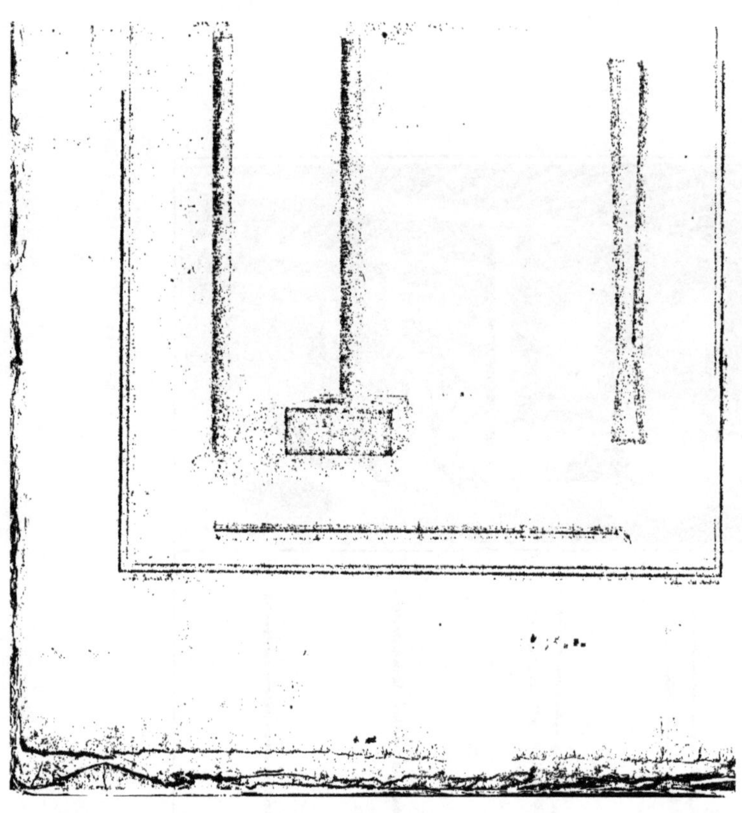

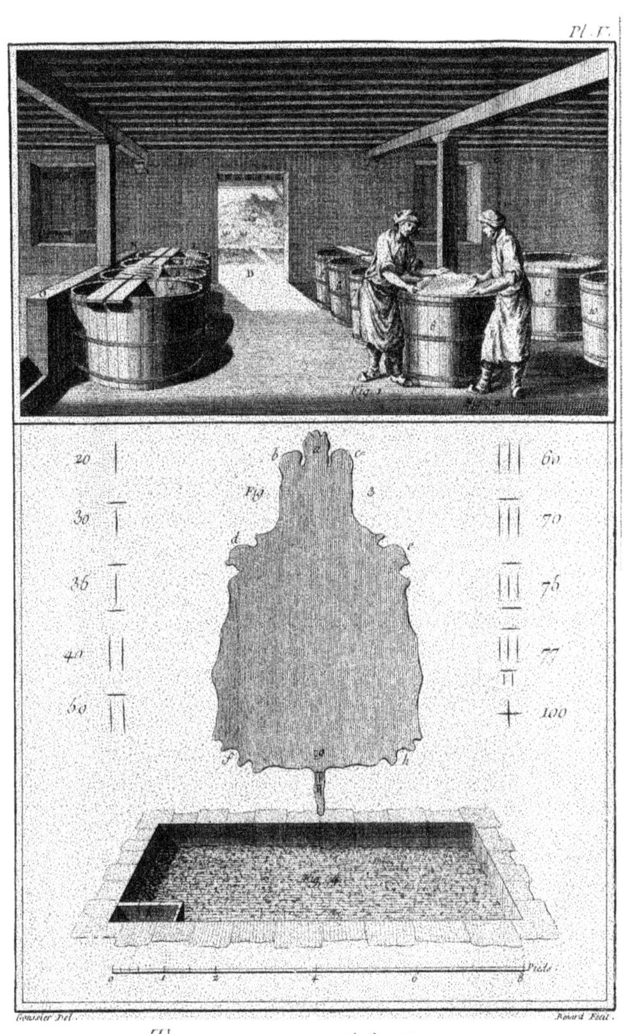

Tanneur, Travail des Passements.

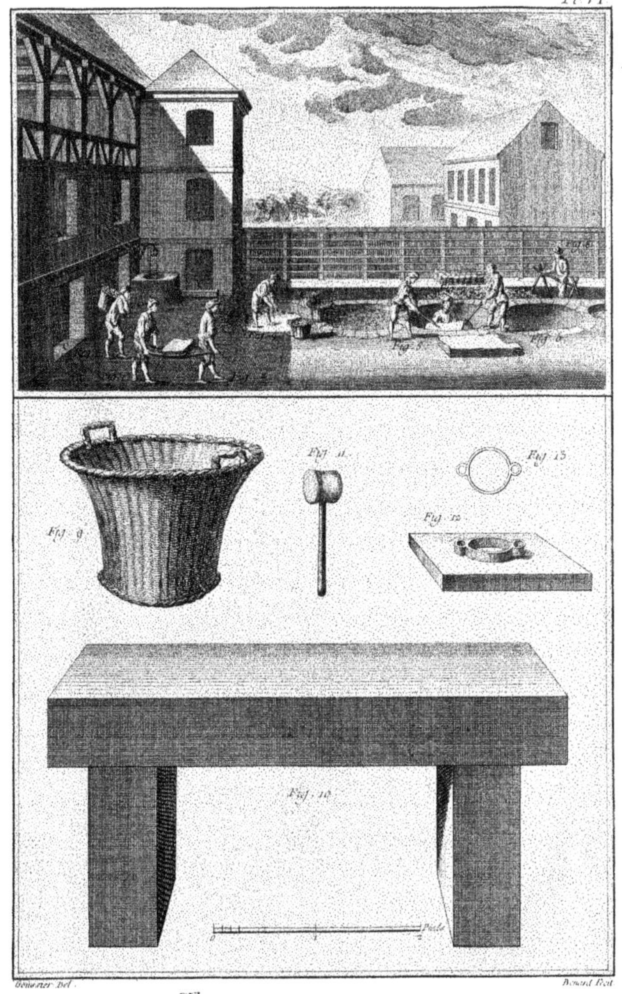

Goussier Del. Benard Fecit.

Tanneur, Travail des Fosses.

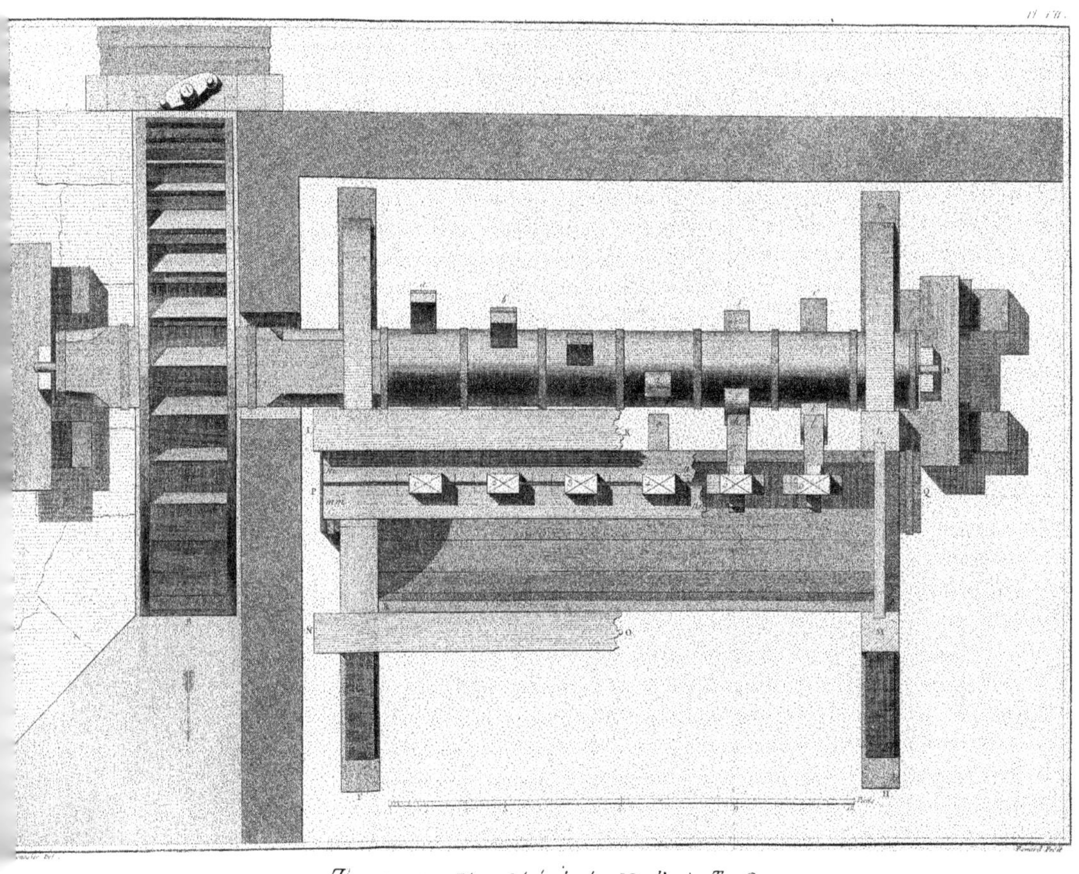

Tanneur, Plan Général du Moulin à Tan.

Tanneur, Élévation Antérieure du Moulin à Tan.

Tanneur, Coupe Transversalle du Moulin à Tan.

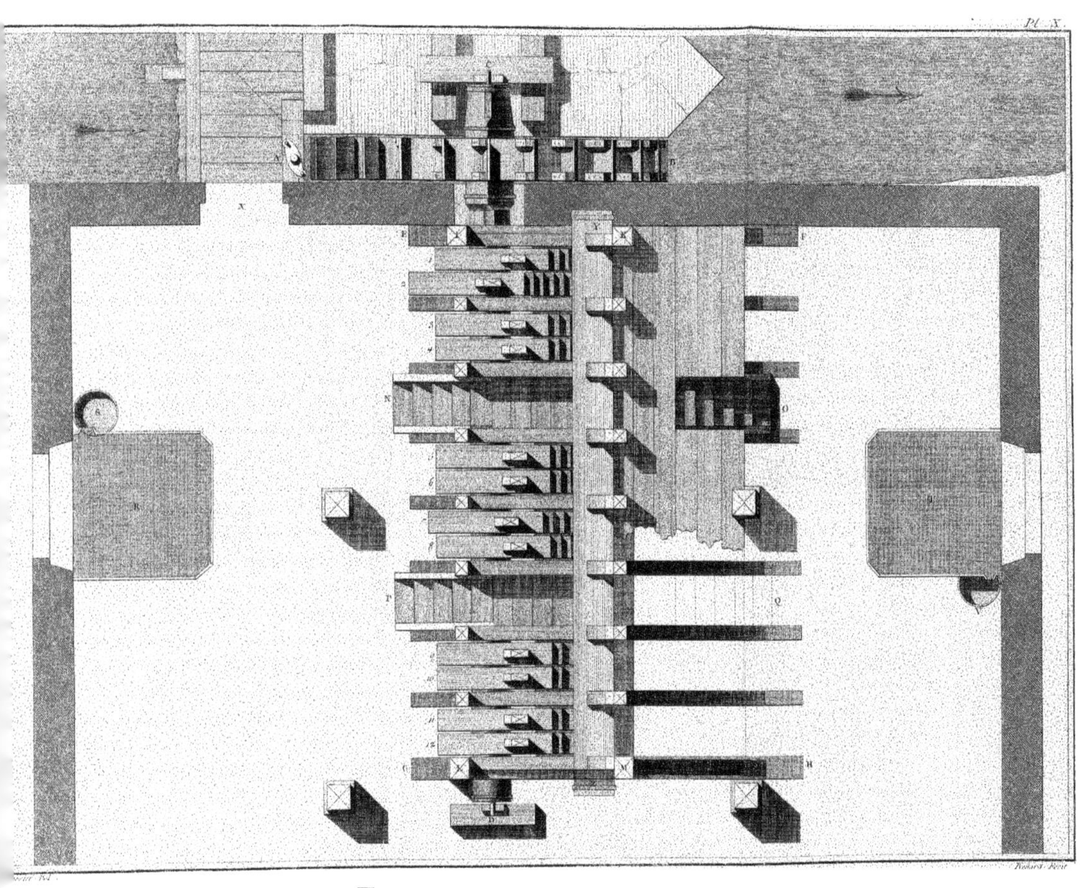

Tanneur, Plan du Moulin pour les Buffles.

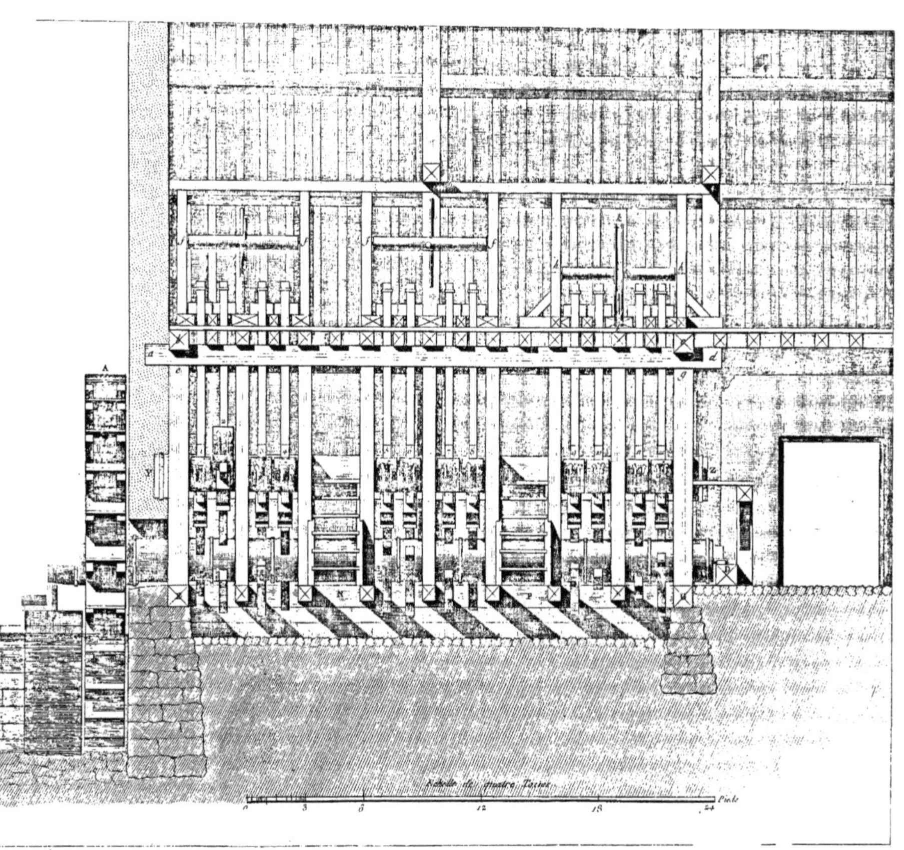

Tanneur, Élévation du Moulin pour les Buffles

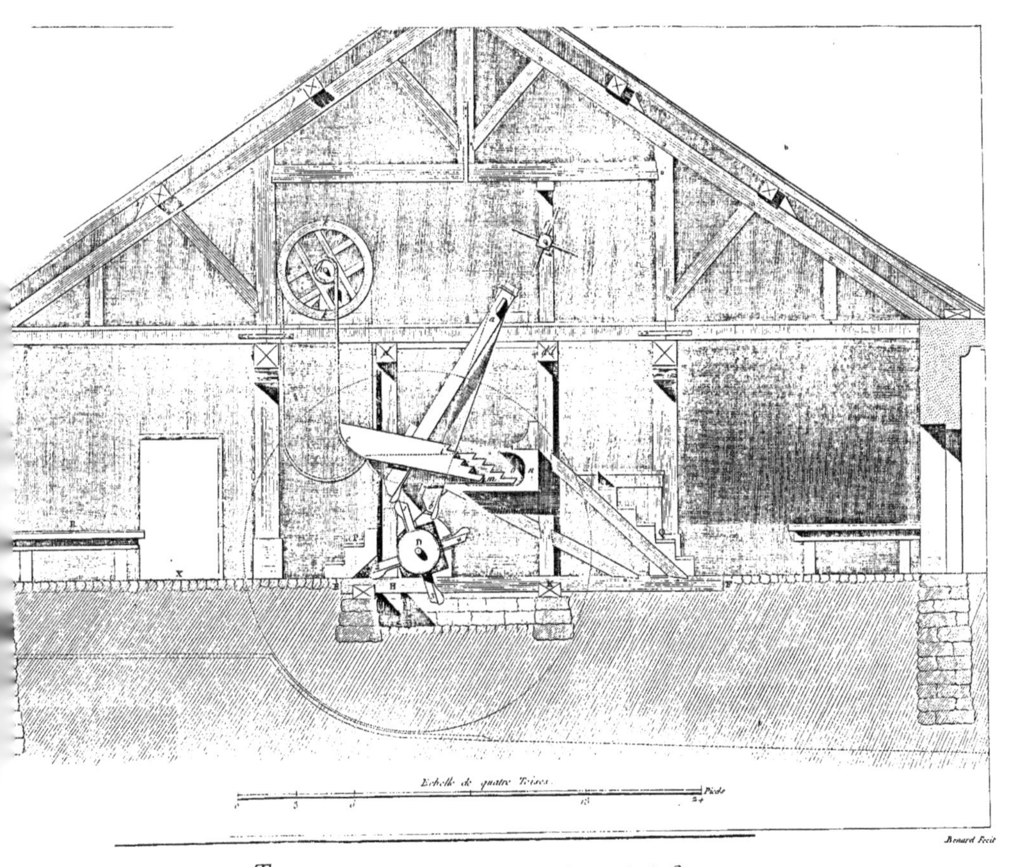

Tanneur, Coupe transversalle du Moulin pour les Buffles.

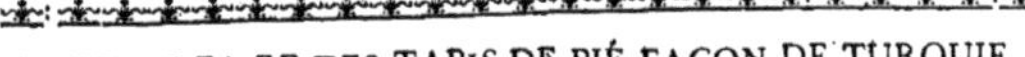

L'ART DE FAIRE DES TAPIS DE PIÉ FAÇON DE TURQUIE,

CONTENANT dix Planches, à cauſe de deux doubles.

PLANCHE Iere.

CETTE Planche repréſente l'intérieur d'un attelier où font montés des métiers à faire des tapis de pié.

aaaa, Métiers ſur leſquels ſont montés les chaînes. *b*, ouvrier occupé à travailler. c, ouvrier occupé au treuil pour bander ſur le métier les chaînes. *dddd*, chaînes. *ee*, piliers de pierre qui ſervent à porter les milieux des poutres du plancher. *fffff*, poutres du plancher ſur leſquels ſont arrêtés les métiers. ggg, montants ou cotrets. *hhh*, enſouple. *Voyez* les détails du métier à la Planche ſuivante. *jjj*, croiſées de l'attelier.

Fig. 1. Proportions & figures géométrales du peigne de fer qui ſert à ferrer les fils qui forment le tiſſu de l'ouvrage. *a*, figure de profil du peigne. *b*, peigne vu par-deſſus. c, dent du peigne. *d*, partie plate de fer, ſervant à donner du poids aux dents. *ee*, manche du peigne. *f*, partie du manche garni d'étoffe pour le tenir plus facilement.

2. Proportions & figure des ciſeaux. *a*, vue perſpective des ciſeaux. *b*, profil & proportion des ciſeaux. *c*, partie courbe des branches des ciſeaux. *d*, lame. *e*, œils des ciſeaux.

3. Proportion du tranche-fil. *a*, lame du tranche-fil qui ſert à couper les boucles formées par les nœuds ſur la partie *b*. *b*, partie du tranche-fil ſur laquelle ſe forme les boucles. *c*, partie courbe du tranche-fil, dans laquelle l'ouvrier paſſe le doigt pour le tirer & couper les boucles.

4. Proportion de la broche. *a*, partie de la broche que l'on nomme *quend*. *b*, partie de la broche où l'on met les laines. c, tête de la broche. *d*, broche chargée de laine.

PLANCHE II.

Fig. 1. Vue géométrale & proportion d'un métier à faire des tapis de pié façon de Turquie. *aa*, cotret vu de face ſur lequel ſont aſſemblés les tourillons des rouleaux ou enſouples. *bb*, les rouleaux ou enſouple d'en-haut, ſur lequel ſont roulées les chaînes, & d'en-bas, ſur lequel ſe roule l'ouvrage fait. *cc*, chaînes pour former le tiſſu de l'ouvrage. d *d*, tapis fait ſe roulant ſur l'enſouple d'en-bas. *eee*, bâton d'entre-deux pour ſéparer les fils de croiſure. *fff*, ficelles de croiſure. g, grand tapis de pié façon de Turquie. *h*, portiere ou meuble façon de Turquie. *jj*, verguillon pour retenir les boucles des chaînes dans la nervure faite dans l'enſouple. *ll*, petite broche de fer qui retient le verguillon dans la nervure. *mm*, poutres du plancher auxquelles eſt attaché le correr du métier. nnnn, étriers de fer qui attachent les cotrets aux poutres du plancher. *o*, face d'un cotret, & la maniere dont ſont noués les ardieres ou leviers aux cotrets par des cordes que l'on nomme *commandes*. *p*, autre face du cotret vu par-derriere. *qqqq*, leviers ou ardieres pour bander les chaînes ſur les enſouples.

2. Maniere de faire les liſſes. *a*, bâton du liſſe. *b*, bâton de croiſure paſſé dans l'entre-deux des chaînes, pour reprendre le fil de derriere avec la liſſe, pour le faire avancer & former la croiſure. *cc*, entre-deux des fils de la chaîne. *d*, ficelle que l'on nomme *liſſe croiſée*, ſur le fil de derriere pour le faire avancer. *e*, petit inſtrument de fer que l'on nomme *calaix*, échancrée par les bouts, pour s'appuyer ſur les bâtons des liſſes & de croiſure.

3. Vue du métier par le côté. *a*, cotret. *bb*, emboîtures des tourillons des enſouples. cc, étrier de fer pour retenir les cotrets ſur les poutres. *dd*, poutre ſur laquelle eſt attaché le correr. *eee*, lien de fer qui tient les extrémités des cotrets pour les empêcher de ſe fendre. *ff*, leviers ou ardieres pour bander les enſouples. g, ligne ponctuée qui marque l'angle de direction que la corde prend pour tirer l'ardiere par le moyen du treuil. *h*, profil du treuil ſur lequel ſe roule la corde à bander. *j*, patin de charpente dans lequel eſt aſſemblé le bas du cotrer. *ll*, étrier de fer qui retient les patins par terre. *m*, corde ou commande qui noue les ardieres aux cotrets. n, profil de la perche de liſſe avec ſon ſupport en menuiſerie aſſemblée. *ooo*, ſupport de la perche de liſſe.

4. Le treuil à bander. *aa*, bâtous pour le faire tourner. *bb*, forts crochets de fer courbés, dans leſquels tourne le treuil. c, corde à bander.

5. Vautoir pour mener également les chaînes ſur les enſouples. *aa*, morceaux de menuiſerie aſſemblés. *bb*, dents de fer entre leſquelles paſſent les fils. c, piece du vautoir dehors ſon tenon pour voir les dents développées. *dd*, dents dehors leur emboîture. *f*, emboîture des dents du vautoir. g, tenon des extrémités du vautoir qui entre dans la mortaiſe ſupérieure, y eſt attachée par des petites broches de fer.

6. *a*, *a*, bâton des liſſes. *b*, *b*, ficelles qui forment les liſſes. c, trou pour la broche de fer.

7. Coupe d'un métier avec ſes proportions géométrales. *aa*, cotrets. *bb*, enſouple. c, patin. *d*, poutre du plancher ſur laquelle eſt attaché le cotret. *e*, ſupport de la perche de liſſe. *h*, ardier, fort morceau de bois arrêté avec un fort cable autour de l'enſouple, lequel tourné avec force, fait tourner l'enſouple & bander les chaînes ſur le métier. *jj*, cable ou corde arrêtée autour de l'enſouple avec une forte chevrette de fer qui lui ſert d'arrêt. *ll*, coupe de l'enſouple avec le verguillon.

PLANCHE III.

Fig. Petit métier pour faire des meubles façon de Turquie ſur ſes proportions géométrales. *aa*, cotrets. *bb*, enſouples. *cc*, chaîne tendue ſur les enſouples. *dd*, perche de liſſe deſſus ſes ſupports & retenue par une cheville de fer. *ee*, trous pratiqués dans les cotrets pour baiſſer les ſupports des liſſes. *f*, bâton d'entre-deux. g, ficelle de croiſure. *h*, ouvrage fait. *j*, coupe du petit métier. *l*, cotret avec ſon patin. *mm*, coupe des enſouples. n, bâton de liſſe avec ſon ſupport. *o*, chaîne ſur le métier. *p*, profil du petit métier. *q*, profil du correr du petit métier avec ſon patin. r, profil du ſupport de la perche de liſſe. *ss*, trous des tourillons des enſouples.

2. 3. 4. 5. 6. 7. & 8. Détails en grand du petit métier à faire des meubles. *a*, enſouple d'en-haut. *b*, verguillon. *cc*, tourillons des enſouples. *dd*, roue denrée à l'extrémité de l'enſouple d'en-haut pour la tenir en arrêt. *ee*, bout freté & percé de l'enſouple d'en-bas pour recevoir les chevilles qui le tiennent en arrêt. *f*, bâton d'entre-deux pour ſéparer les croiſures. g, perche de liſſe. *h*, ſupport de la perche de liſſe. *j*, partie du ſupport qui entre dans les trous du cotret de la *fig.* 1. marquée *c*. *l*, trou de ſupport pour retenir la perche de liſſe par le moyen d'une broche. *m*, douille avec ſon écrou pour l'aſſurer au cotter & arrêter l'enſouple. *n*, petit morceau de fer pour arrêter les dents de la roue dentée de l'enſouple d'en-haut. *o*, piton, alonge, quend, pour mettre dans le tinguer & arrêter l'enſouple.

PLANCHE IV.

Fig. 1. Ouvrier occupé à ourdir une chaîne contre un mur. *a*, formation de la grande croiſée. *b*, cheville pour la petite croiſée. *c*, fer ſcellé dans le mur pour rapprocher le bois de la petite croiſée & faire la chaîne plus ou moins longue, ſelon la grandeur des tapis. *d*, clou de fer pour arrêter le bois de la petite croiſée. *e*, boite où l'on met les pelotes de laine, les unes bleues & les autres blanches.

2. Maniere d'enlacer une portée de chaîne ourdie pour qu'elle ne ſe mêle point. *a a a*, liens que l'on met aux croiſures pour les indiquer.

3. Trait de la grande croiſée. *a*, piece de bois dans lequel ſont emmanchées trois chevilles. *b b b*, chevilles. *c c*, laine nommée *chaîne*, fermant la grande croiſée ſur les trois chevilles.

4. Ajuſtement de la cheville pour la petite croiſée. *a*, cheville de fer vue par-deſſus avec ſes trous pour l'arrêter. *b*, cheville vue de côte, c, bois avec ſes trous pour arrêter la cheville de fer. *d*, fer monté ſur ſon bois & arrêté par des chevillettes.

PLANCHE V.

Fig. 1. Papier imprimé par une planche de cuivre, & diviſé également par dixaine de ligne qui marque la diviſion de dix fils de chaîne qu'il y a entre les fils bleus, pour ſuivre exactement le deſſein tracé deſſus. *a a a a a*, diviſion des fils bleus qui marquent les dixaines. *b b b b b*, fils en chaîne blanc au nombre de dix, qui ſervent d'entre-deux aux fils bleus.

2. Papier de même diviſion que le premier où eſt tracé un bouquet de roſes, pour reconnoître par la diviſion des lignes la quantité de la diviſion des chaînes de l'ouvrage, de maniere qu'en comptant ces lignes du deſſein & les chaînes de l'ouvrage, l'on puiſſe par leurs rapports égaux trouver le trait & la dégradation des couleurs. *a a a*, diviſions des fils bleus. *b b b*, petite diviſion des dixaines. *c c*, bouquet de roſes deſſiné & peint.

3. Diviſion d'un carreau de dixaine & la maniere de compter aux jeunes éleves en nommant deſſus & deſſous, en montant & deſcendant, & ſur la largeur, par les noms de deçà & de delà, les points que les numéros ſervent à marquer comme deux deſſus, deux deſſous, deux deçà, deux delà pour la largeur. *a*, *b*, *c*, *d*, nombres d'indications.

4. Femme travaillant à la lumiere. *a*, plaque de fer-blanc attachée à l'eſtomac de l'ouvriere.

5. Ouvriere occupée à dévider un écheveau de laine & en faire un peloton. *a*, tournette. *b*, écheveau de laine.

PLANCHE VI.

Fig. 1. Rouet à devider les pelotes ſur les broches. *a*, grande roue. *b*, manivelle pour tourner la roue. *c*, corde à faire tourner. *d d*, bobines creuſes dans leſquelles ſe mettent les queues de la broche. *e e*, poupée dans laquelle ſont emmanchés deux collets de cuir pour retenir la bobine. *f*, collet de cuir retenant la bobine. *g*, lame de fer pour couper les fils. *h*, petite clavette de fer pour ſerrer les broches dans les bobines. *j*, trou pour mettre le quend de la broche. *l*, broche ſe rempliſſant. *m*, vis pour approcher ou éloigner la poupée. n, boîte pour contenir les pelotes. *o*, pelote ſe dévidant ſur les broches.

2. Boîte remplie de broches chargées de laine de différentes couleurs aſſorties, que les ouvriers mettent à leur côté pour travailler. *a a a a*, broches aſſorties. *b b*, boîte avec ſéparation.

3. Service de liſſe pour paſſer dans les croiſures un fil avec la broche afin d'arrêter les nœuds du velouté fait ſur les chaînes. *a*, main tirant les liſſes. *b b*, diviſions des dixaines de fils. *c*, croiſures. *d*, main tenant la broche & la faiſant paſſer par les croiſures. *e*, fil. *f*, tranche-fil. *g*, petit trait qui marque les bords du velouté. *h*, petit poinçon qui ſert à arranger les points & piquer les deſſeins.

PLANCHE VII.

Fig. 1. Enlacement du fil pour faire le nœud. *a*, main qui tient la chaîne pour l'avancer & paſſer la broche. *b*, fil formant le nœud. *c*, tranche-fil autour duquel ſe forme le point. *d*, main tenant la broche pour paſſer dans le nœud. *e e e*, fils bleus qui marquent les dixaines. *ff*, diviſions des dixaines. g, enſouple au rouleau. *h*, ouvrage fait. *j*, deſſein attaché deſſos la perche de liſſe pour être à la vue de l'ouvrier.

2. Maniere de tirer le tranche-fil pour couper les points & former le velouté. *a*, main tenant avec le doigt dans le crochet du tranche-fil. *b*, lame & tranchant du tranche-fil prêt à paſſer dans les points. *c*, perche de liſſe. *d*, liſſe paſſant dans la croiſure pour les faire avancer. *e f*. *Voyez* la *fig.* 1. de cette Planche. g, ouvrage fait.

PLANCHE VIII.

Fig. 1. Maniere de ſe ſervir des ciſeaux courbes. *a*, main tenant les ciſeaux dans les anneaux avec le pouce & le petit doigt pour les ouvrir & fermer, & donner la facilité d'appuyer ſur les lames le doigt afin de mettre de niveau à l'ouvrage les longs fils. *b*, ciſeaux courbes. *c c*, fil plus long que les autres, cauſé par les changemens de couleurs.

2. Service du peigne. *a* main occupée à battre avec le peigne ſur les fils paſſés ſur les nœuds dans les croiſures pour les ſéparer également & ſerrer. *b*, peigne. *c*, fil paſſé dans les croiſures deſſus les nœuds veloutés, & ſe ſerrant avec le peigne.

Tapis de Turquie, Attelier, Metiers montés et Outils.

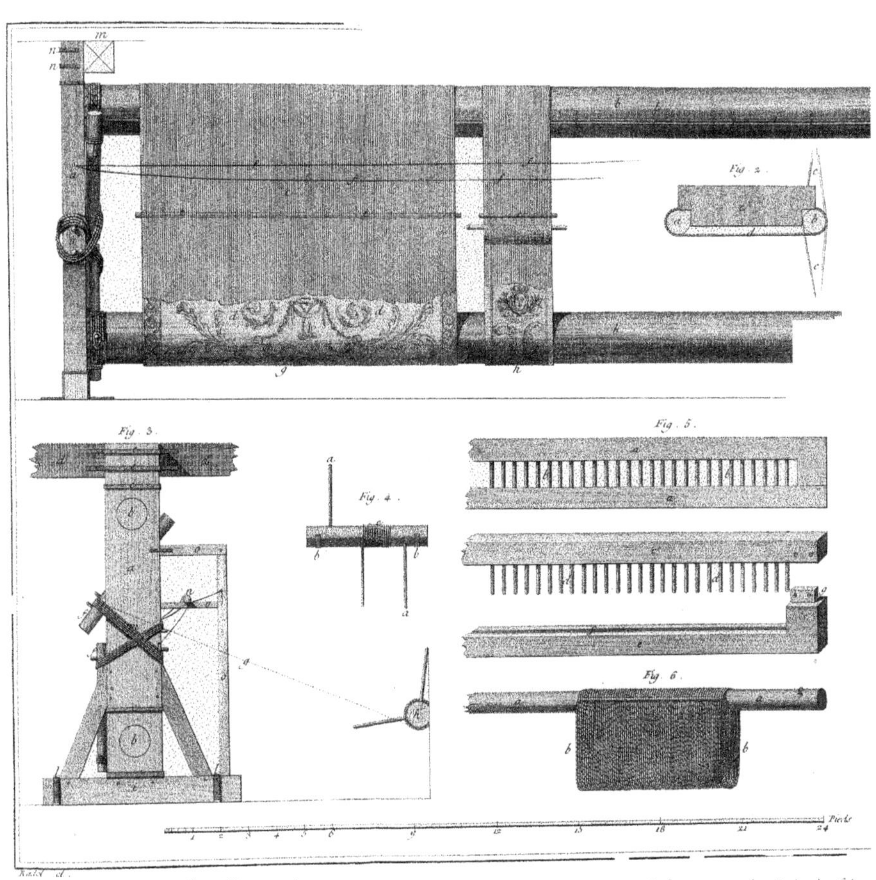

Tapis de Turquie, Élévation Géométralle et Latéralle, Coupe et Développemens du Metier à faire

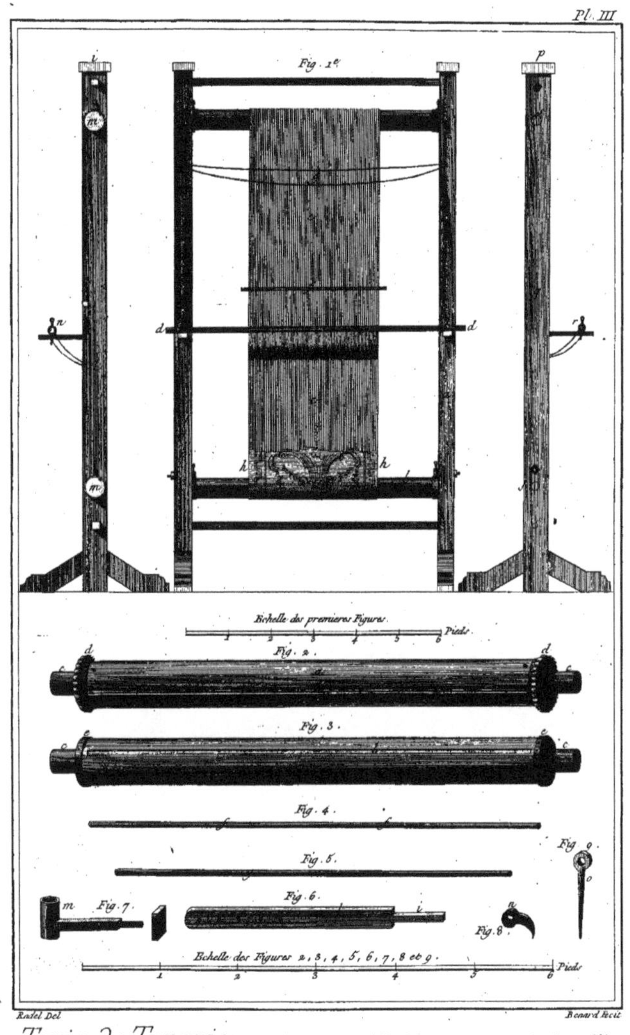

Radel Del. Benard Fecit.

Tapis de Turquie, Proportions Géometralles et développemens du metier à faire les meubles.

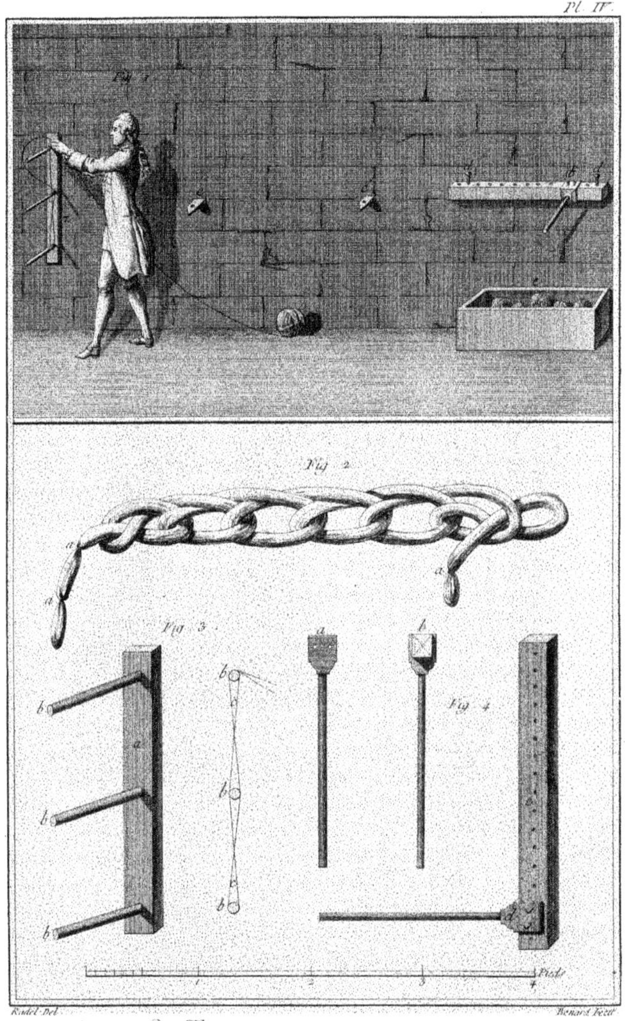

Rudel Del. Benard Fecit

Tapis de Turquie, Ourdissage de la Chaine et Développemens.

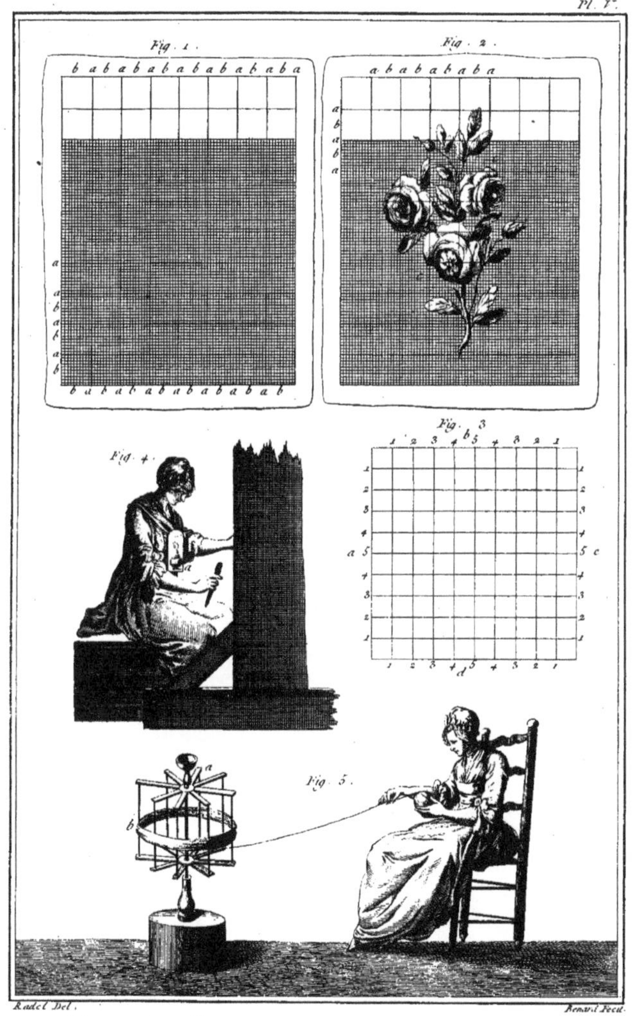

Radel Del. Benard Fecit.

Tapis de Turquie, Division des Fils et autres Opérations.

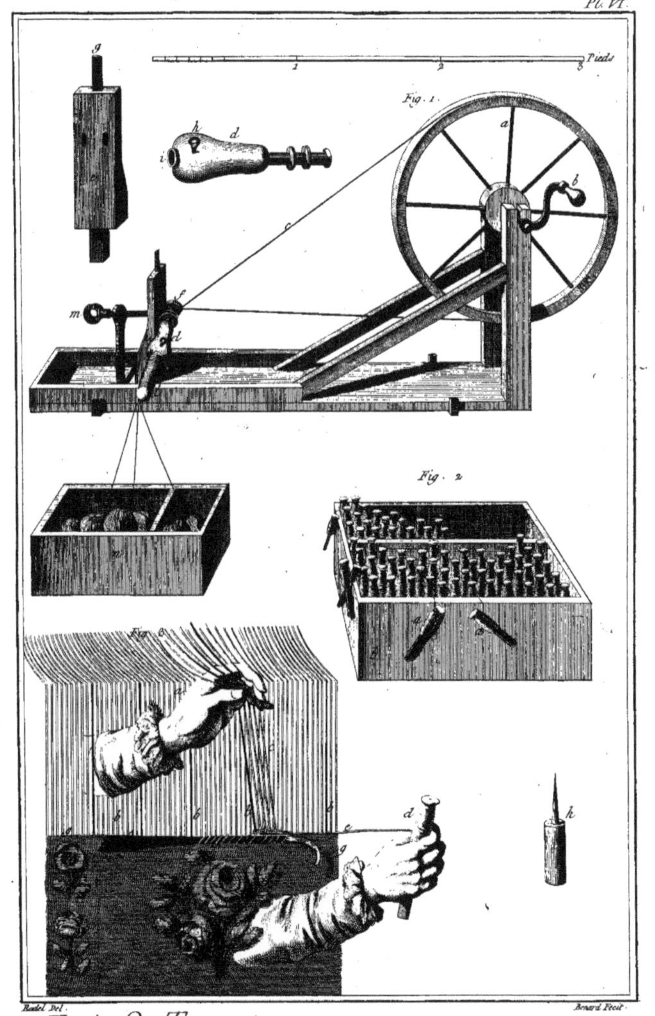

Radel Del. Benard Fecit.

Tapis de Turquie, Rouet, Boëte aux Laines et Service des Lisses.

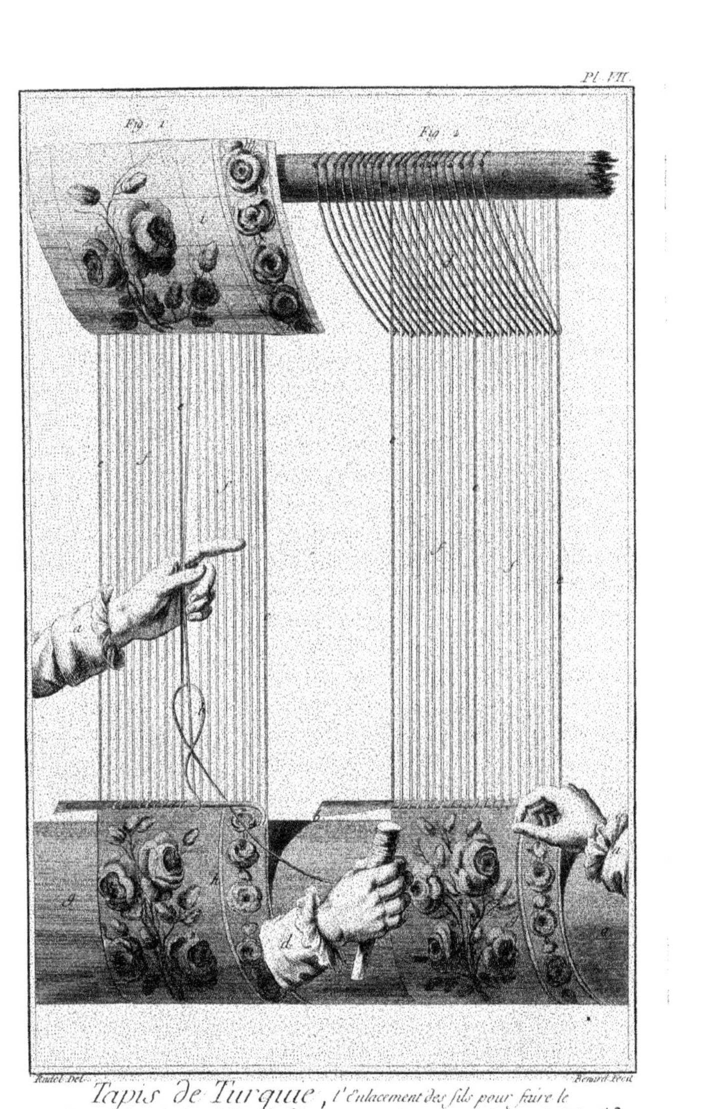

Radel Del.   Benard Fecit

Tapis de Turquie, l'Enlacement des fils pour faire le Nœud et Maniere de tirer le Tranche fil pour couper les points et former le Velouté.

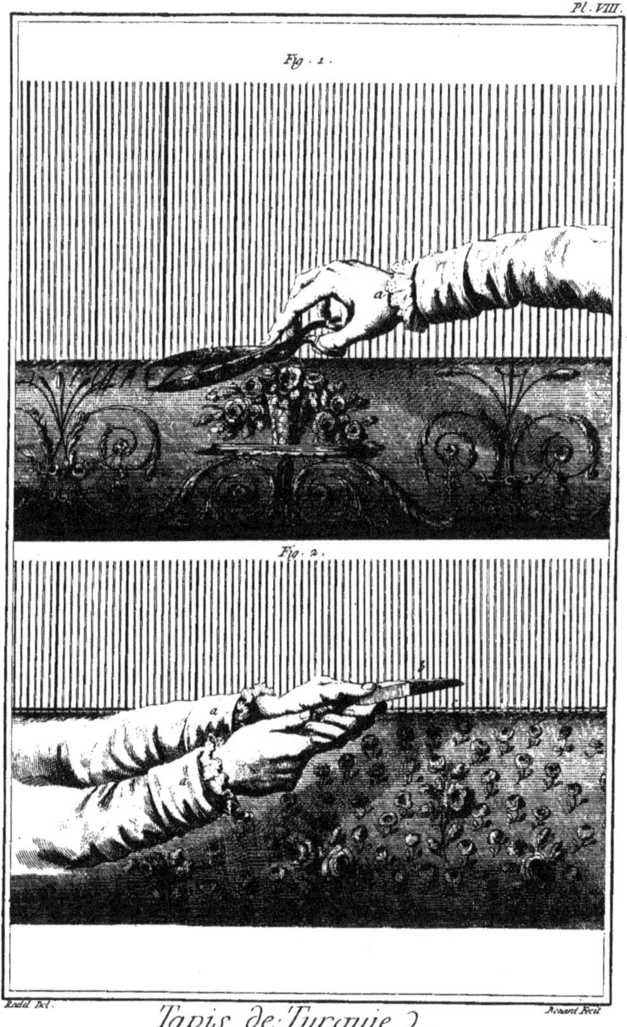

Radel Del. Benard Fecit

Tapis de Turquie,

Service des Ciseaux courbes, et Service du Peigne.

TAPISSIER,

CONTENANT DIX-HUIT PLANCHES, à cause de quatre doubles.

PLANCHE Iere.

CETTE Planche premiere représente l'intérieur d'une bourique & différens ouvrages.

a, a, a, a, a, a, meubles de toutes les especes. *b, b, b*, tapisserie ployée. *c, c, c*, matelas roulés. *d, d, d*, plusieurs formes de miroirs ou glaces pour la garniture des appartemens. *e, e, e*, commode & espece d'armoire à grands tiroirs. *f, f, f*, bois de chaise sans garniture. *g*, escalier montant au magasin. *h*, porte du magasin. *i*, porte-faix chargé de matelas sortant du magasin. *l, l, l*, plusieurs ouvrieres tapissieres cousant sur une table des lés d'étoffes pour tenture & rideaux. *m*, maître tapissier examinant un fauteuil.

PLANCHE II.

Points de couture.

Fig. 1. Point arriere qui s'emploie pour les coutils. *a*, étoffe. *b*, figure du passage du fil pour coudre l'étoffe. c, aiguille.

2. Surjet. *a*, étoffe. *b*, extrémité, autrement ourlet de l'étoffe ployé pour soutenir le point de couture. c, passage du fil qui forme le surjet. *d*, aiguille.

3. Point de devant arriere; on l'emploie dans les toiles peintes & autres. *a*, étoffe. *b*, passage du fil qui forme ce point. *c*, aiguille.

4. Point de devant employé ordinairement pour les satins & toutes les étoffes sujettes à s'érailler. *a*, étoffe. *b*, passage du fil qui forme ce point. *c*, aiguille.

5. Point de couture rabattu. *a*, étoffe. *b*, passage du fil qui forme ce point. *c*, aiguille.

6. Point que l'on nomme *rentraiture*. *a*, étoffe. *b*, passage du fil qui forme ce point. c, aiguille.

PLANCHE III.

Point de couture.

Fig. 1. Point en-dessus. *a*, étoffe. *b*, passage du fil qui forme ce point. *c*, aiguille.

2. Point lacé qui s'emploie pour les tapis de pié, ainsi que pour les étoffes très-épaisses. *a*, étoffe. *b*, fil qui forme le point lacé, ne prenant que la demi-épaisseur de l'étoffe pour serrer les deux lisieres ensemble. *c*, aiguille.

3. Point servant au border à une fois. *a*, étoffe. *b*, point qui comprend le dessus & dessous du ruban qui borde l'étoffe. *c*, aiguille. *d*, ruban qui sert à border.

4. Point feuilleté. *a*, étoffe. *b*, fil formant le point de côté ou feuilleté. c, partie de doublure rabattue avec l'étoffe sur les bords & retenue par le point feuilleté.

5. Façon de nervures. *a a*, l'étoffe du carreau. *b*, bande d'étoffe qui enveloppe la ficelle. *c*, ficelle. *d*, fil formant le point de la nervure & cousant ensemble les deux joints de l'étoffe du carreau, le restant qui déborde de l'enveloppe de la ficelle, sert de nervure. *e*, bord de l'étoffe du carreau qui ne laisse déborder que la ficelle enveloppée d'étoffe servant de nervure.

PLANCHE IV.

Fig. 1. Point que l'on nomme *glacis*, qui sert à attacher les doublures aux étoffes. *a*, étoffe roulée posée sur la doublure. *b*, doublure. *c c*, point que l'on nomme *glacis*.

2. Tenaille à sanglet; elle sert ordinairement à serrer avec ses dents les sangles qui servent de fond à tous les meubles & bander lesdites sangles, afin de la broqueter. *a*, dents de la tenaille. *b*, anneau de fer qui sert à serrer les branches de la tenaille.

3. Tourne-vis en fer. *a*, trou pour passer la tête des vis dans la platine. *b*, manche du tourne-vis.

4. Marteau du tapissier. *a*, partie plate du marteau pour donner le coup. *b*, partie opposée à la précédente & échancrée pour arracher les clous. *c*, manche en bois.

5. Autre tourne vis en fer pour les vis à tête ronde & échancrée de chaque côté. *a*, partie du tourne-vis pour placer dans les échancrures de la tête de la vis. *b*, poignée du tourne-vis.

6. Grande clé à vis. *a a*, trous dans lesquels se place la tête des vis. *b*, branche courbée de deux sens pour lui donner plus de force dans son abattage.

7. Repoussoir servant à enfoncer le clou doré dans l'angle enfoncé, afin que le marteau ne gâte point la dorure. *a*, tete du repoussoir pour recevoir le coup du marteau. *b*, extrémité concave du repoussoir pour envelopper la tete du clou doré & l'enfoncer.

8. Clou doré servant à attacher l'étoffe sur les meubles.

9. Poinçon pour faire le trou à placer le clou doré. *a*, tete du poinçon. *b*, pointe du poinçon.

10. Petit clou de fer que l'on nomme *broquette*, qui sert à tendre les tapisseries & toutes les étoffes en général.

11. Clou d'épingle en cuivre, servant à broqueter les étoffes de soie pour la tenture.

PLANCHE V.

Des lits.

Fig. 1. Lit à la polonnoise. *a*, plumet de plume d'autruche. *b*, baldaquin. *c c*, pente festonnée tenant au baldaquin & prenant la courbe des S de fer qui sortent des colonnes du lit pour soutenir ledit baldaquin. *d d*, rideaux du lit tenant auxdites colonnes. *e*, colonne de lit garnie d'étoffe. *f*, petite pente intérieure du baldaquin. *g*, traversin. *h*, dossier. *i*, courtepointe. *l*, agraffe en étoffe avec rosette & gland pour retenir les rideaux. *m*, pente du lit.

2. Lit à la turque. *a*, plumet de plume d'autruche. *b*, baldaquin couronné, guirlandé, doré. c, pente du baldaquin. *d*, petite pente intérieure du baldaquin. *f*, grand dossier appuyé contre le mur. *g g*, tete & pié du lit contournés en volute. *h*, courtepointe. *i*, traversin. *l*, roulette pour écarter facilement le lit du mur. *m*, agraffe d'étoffe en rosette garnie de milleret, pour tenir les rideaux.

3. Lit en niche ou alcove. *a*, encadrement de l'alcove. *b*, pente extérieure du ciel. *c*, ciel du lit. *d*. petite pente intérieure du ciel. *e e*, garniture intérieure de face de l'alcove. *f*, dossier. g, traversin. *h*, courtepointe. *i*, pente de la courtepointe.

4. Roulette du bois de lit. *a a*, bandes du bois de lit, sur lesquelles est vissé le bâti de la roulette. *b*, bâti de fer de la roulette. c, œil de cuivre dans lequel tourne le pivot de la roulette. *d*, pivot de la roulette. *e*, boulon de fer qui enfile la roulette dans son pivot. *f*, roulette de bois. *Voyez* son service, *fig.* 2. de cette Planche, à la lettre *l*.

5. Vase en carton cousu que l'on garnit par-dessus d'étoffe & de milleret que l'on met sur le baldaquin avec un plumet, ce qui sert à le couronner.

6. Petit tabouret de pié.

PLANCHE VI.

Fig. 1. Lit à colonne. *a*, plumet. *b*, pente de l'impériale, c, petite pente intérieure de l'impériale. *d*, ciel de l'impériale. *e*, rideaux. *f*, fond de garniture du dossier. g, colonne garnie d'étoffe qui soutient l'impériale. *h*, dossier. *i*, agraffe d'étoffe qui retient les rideaux. *l*, traverſin. *m*, courtepointe. *n*, pente ſans bois qui s'agraffe à la courtepointe & aux colonnes.

2. Lit à ducheſſe. *a*, plumet. *b*, pente extérieure de l'impériale. *c*, pente intérieure de l'impériale. *d*, ciel de l'impériale. *e*, garniture derriere le doſſier. *ff*, rideaux. gg, agraffes en étoffe du rideau. *h*, doſſier. *i*, chevet. *l*, courtepointe. *m*, pié doré du lit. *n*, pente de la courtepointe.

3. Lit à la romaine. *a*, plumet. *b*, baldaquin. *c*, pente du baldaquin garnie de frange & de glands. *d*, rideaux retrouſſés ſur les courbes de fer portant le baldaquin. *ee*, agraffes en étoffe avec des glands pour retrouſſer les rideaux. *f*, doſſier. g, chevet. *h*, courtepointe. *i*, pente de la courtepointe.

4. Satin colé derriere un papier deſſiné & découpé.

5. Satin découpé ſuivant le deſſin & appliqué ſur la ſerge dont un côté eſt bordé de milanoiſe.

6. Papier deſſiné & piqué ſur le contour pour poncer ſur la ſerge, & autre étoffe pour tracer & coudre ſur les traits des rubans de couleur.

7. Piece d'étoffe ſur laquelle ſont confus des rubans ſuivant la figure précédente.

PLANCHE VII.

Fig. 1. Lit à double tombeau. *a*, plumet. *b*, petit vaſe de bois garni d'étoffe. *c*, baldaquin. *d*, pente du baldaquin. *ee*, pente bordant les courbes formant le double tombeau. *ff*, rideaux retrouſſés. g, doſſier. *h*, traverſin. *i*, courtepointe portant ſa pente.

2. Lit à tombeau ſimple. *a*, partie de ciel formant le tombeau. *b*, petit vaſe de bois garni d'étoffe. *c*, pente faiſant le tour du tombeau. *d*, rideau retrouſſé. *e*, doſſier. *f*, chevet. *h*, courtepointe.

3. Lit de camp à l'angloiſe, ou hamac ſervant pour le voyage. *a*, traverſe du haut ſe pliant en deux étant aſſurée par un crochet ; cette traverſe ſert à contenir le lit. *b*, montant avec broche de fer pour retenir la traverſe. *c*, autre montant ſoutenant la noix creuſée pour recevoir le premier. *d*, étai aſſemblé en tournant dans la noix. *e*, grand crochet de fer allant d'un étai à l'autre pour les contenir. *f*, piquet de fer pour arrêter en terre tout l'aſſemblage. g, corde paſſée ſur la noix & ſur le premier montant, laquelle corde porte le hamac. *h*, hamac, eſpece de matelas mince & piqué, compoſé d'étoffe très-chaude. *i*, agraffes qui ſervent à fermer le hamac, quand on eſt couché, pour avoir plus chaud. *l*, rideau ou petite tente qui enveloppe toute la machine. *m*, pente qui couronne la petite tente. n, petit vaſe de bois garni d'étoffe.

Cette machine ſe plie à la longueur de trois piés & ſe met dans une valiſe.

4. Paravent à cinq feuilles. *a*, étoffe. *b*, couplets qui ſervent à plier les feuilles l'une ſur l'autre. *c*, clou doré.

5. Ecran. *a*, piece d'étoffe. *b*, bâti de l'écran. *c*, clou doré. *d*, gland dans lequel il y a un plomb qui ſert de poignée.

6. Façon de porte battante. *a*, toile verte. *b*, chaſſis de bois. *c*, entre-deux de la toile verte où ſe met la garniture en paille. *d*, paille ſervant de garniture. *e*, bourlet pour empêcher l'air de paſſer par le joint de la porte. *f*, piquure.

7. Quarrelet ſervant aux tapiſſiers pour piquer & ſoutenir le bourlet du meuble, ainſi que la piquure de porte battante.

PLANCHE VIII.

Fig. 1. Façon de fauteuil. *a*, bois de fauteuil. *b*, ſangle tendue par la tenaille & broquetée. *c*, ſervice de la tenaille à ſangler. d, bourlet commencé. *e*, bras du fauteuil commencé. *f*, bras du fauteuil à nud. *g*, tas de crin.

2. Façon du fauteuil. *a*, façon du bourlet. *b*, crin poſé ſur la ſangle & prêt à être couvert. c, premiere couverture du crin qui eſt en toile. *d*, doſſier du fauteuil fini ; ce doſſier eſt à cartouche, c'eſt-à-dire que la partie du milieu eſt appliquée. *e*, tas de crin.

PLANCHE IX.

Fig. 1. Façon du fauteuil. *a*, ouvrier occupé à poſer le clou doré, ou préparant le trou avec ſon poinçon. *b*, bras du fauteuil que l'on finit de couvrir. *c*, partie du fauteuil finie.

2. Façon du fauteuil. *a*, ouvrier occupé à guinder l'étoffe du ſiége du fauteuil, à la broqueter de diſtance en diſtance pour après la couper juſte & poſer le clou doré. *b*, partie d'étoffe que l'ouvrier eſt occupé à poſer ſur le ſiége. cc, fond du doſſier en toile à carreau.

3. Siège à panneau ou chaſſis de changement pour les ſaiſons. *a*, chaſſis garni prêt à mettre au doſſier d'un fauteuil. *b*, feuillure. c, table ſur laquelle on travaille. *d*, tas de crin. *e*, tréteaux de la table.

4. Fauteuil à panneau. *a*, doſſier prêt à recevoir ſon chaſſis. *b*, ſiége du fauteuil fait, c, bras fait. *d*, mortaiſe du bras prêt à recevoir celui de changement. *e*, feuillure prête à recevoir le chaſſis de changement.

PLANCHE X.

Fig. 1. Bergere. *a*, doſſier. *b*, carreau. *c*, bourlet, *d*, bras. *e*, clou doré.

2. Chaiſe. *a*, doſſier. *b*, ſiége de la chaiſe. *c*, clou doré.

3. Otomane. *a*, doſſier. *b*, partie du doſſier en retour ſur le côté. *c*, carreau. *d*, bourlet. *e*, clou doré.

PLANCHE XI.

Fig. 1. Ducheſſe à bateau. *a*, doſſier en demi-cercle. *b*, bras. *c*, joue. *d*, carreau. *e*, petit doſſier du pié de la ducheſſe à bateau. *f*, bourlet.

2. Ducheſſe avec encoignure. *a*, doſſier. *b*, carreau. *c*, bourlet. *d*, bras de la ducheſſe ſéparant les encoignures. *e*, petit carreau des encoignures. *f*, bras des encoignures.

PLANCHE XII.

Fig. 1. Lit de repos. *a*, doſſier. *b*, joue du doſſier. *c*, bras. *d*, couſſin. *e*, petit matelas ou carreau. *f*, bourlet.

2. Sopha. *a*, doſſier. *b*, bras à jour ſans garniture. *c*, ſiége.

PLANCHE XIII.

Fig. 1. Turquoiſe. *aa*, doſſiers garnis en forme de volute. *b*, petit couſſin. c, petit matelas. *d*, bourlet.

2. Rideaux de croiſée retrouſſés à l'italienne. *a*, planche chantournée pour cacher le haut du rideau. *b*, retrouſſi du rideau qui ſe fait par le moyen des anneaux couſus diagonalement de diſtance égale, dans leſquels paſſe un cordon qui étant attaché à l'anneau du bas & guindé dans une poulie qui eſt poſée dans l'angle de la croiſée, fait l'effet du premier retrouſſi. *c*, retrouſſi d'à-plomb ; ce qui ſe fait en couſant les anneaux d'à-plomb.

3. Rideau ordinaire qui s'ouvre & ſe ferme par le moyen des cordons & poulie double. *a*, rideau fermé. *b*, rideau ouvert. *c*, cercle de fer doré pour retenir le rideau.

PLANCHE XIV.

Fig. 1. Siége de bureau garni en maroquin. *a*, doſſier en demi-cercle formant les bras. *b*, garniture des bras. c, carreau.

2. Voyeuſe, eſpece de chaiſe pour s'aſſeoir à cheval & s'accouder ſur le doſſier pour voir jour. *a*, doſſier courbé. *b*, forme du ſiége étroit du côté du doſſier, & large ſur le devant.

3. Chanceliere. *ab*, partie de la boîte garnie d'étoffe. *c*, garniture en peau d'ourſe. *d*, clou doré.

4. Niche à chien. *a*, partie ſupérieure ſervant de ſiége. *b*, intérieur de la niche. *c*, petit matelas ou carreau.

5. Façon de banquette. *a*, bâti de la banquette en bois. *b*, fond ſanglé. *c*, premier crin. *d*, toile ou premiere couverture. *e*, ſecond crin. *f*, étoffe de couverture. *g*, clou doré.

Benard Fecit.

Tapissier, Intérieur d'une Boutique et différens Ouvrages.

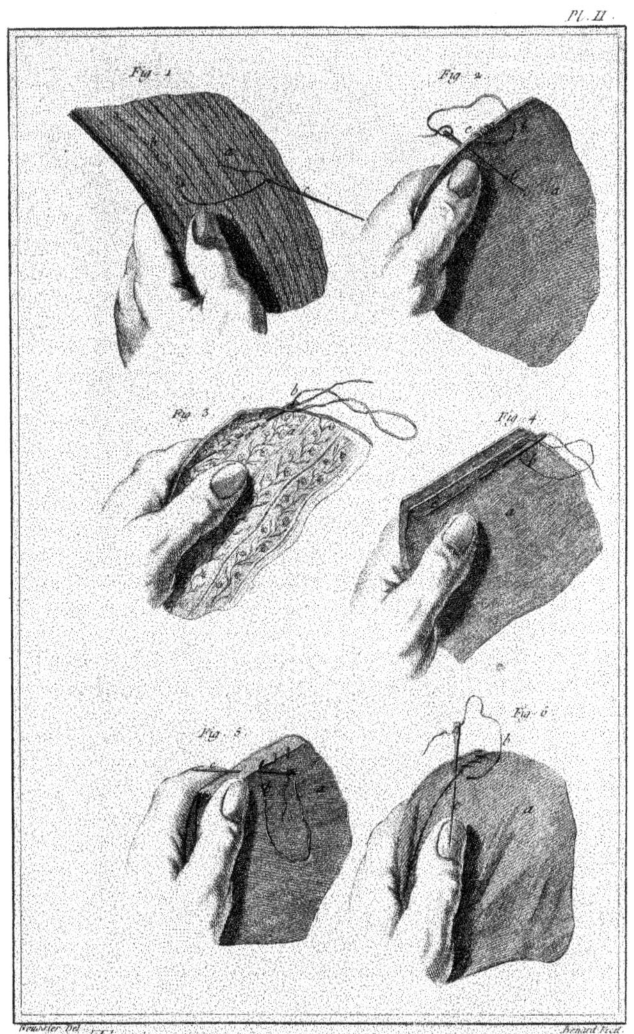

Tapissier, Différens Points de Couture, le Point arrière, le Surget, le Point de devant arrière, le devant, le Rabatu, et le Point de Rentraiture.

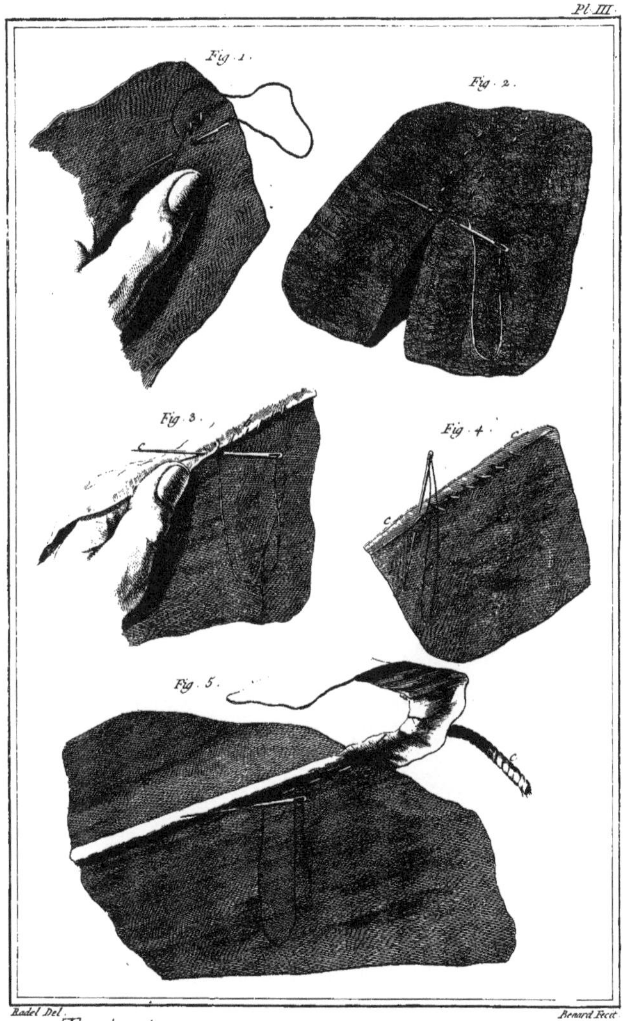

Radel Del. Benard Fecit

Tapissier, Différents Points de Couture, le Point en dessus, le Jacé, le Point au Bordé à une fois, le Feuilleté et le Point de la Façon des Nervures.

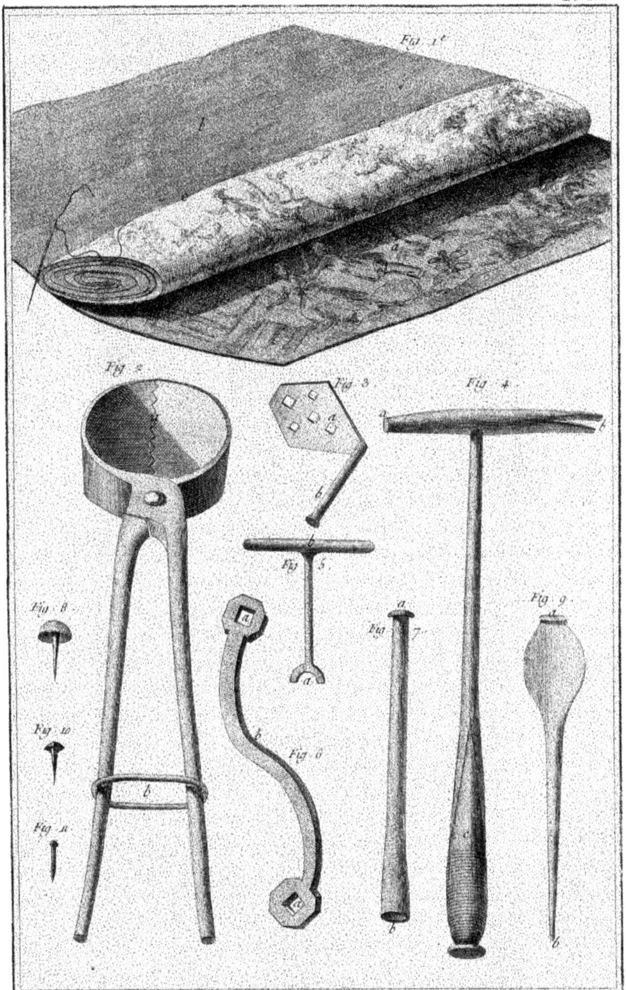

Radel Del. Benard Fecit

Tapissier, Façon du Point glacis, et Outils.

Tapissier, Lit à la Polonaise, à la Turque et Lit en Alcove. Développements.

Tapissier, Lit à Colonne, Lit à la Duchesse, Lit à la Romaine et Ouvrages.

Tapissier, Lit à double Tombeau et à Tombeau simple, Lit de Camp à l'Angloise ou Hamac, Paravent, Ecran et Porte-Batante.

Pl. VIII.

Radel Del. Benard Fecit.

Tapissier, 1re et 2me préparation de la façon de faire les Fauteuils.

Tapissier, Suite de la Façon d'un Fauteuil.

Radel Del. Benard Fecit.

Tapissier, Meubles, la Bergere, la chaise, l'Ottomane.

Radel Del. Benard Fecit

Tapissier, La Duchesse à Bateau et la Duchesse avec encoignure.

Radel Del. Benard Fecit.

Tapissier, Le Lit de Repos et le Sopha.

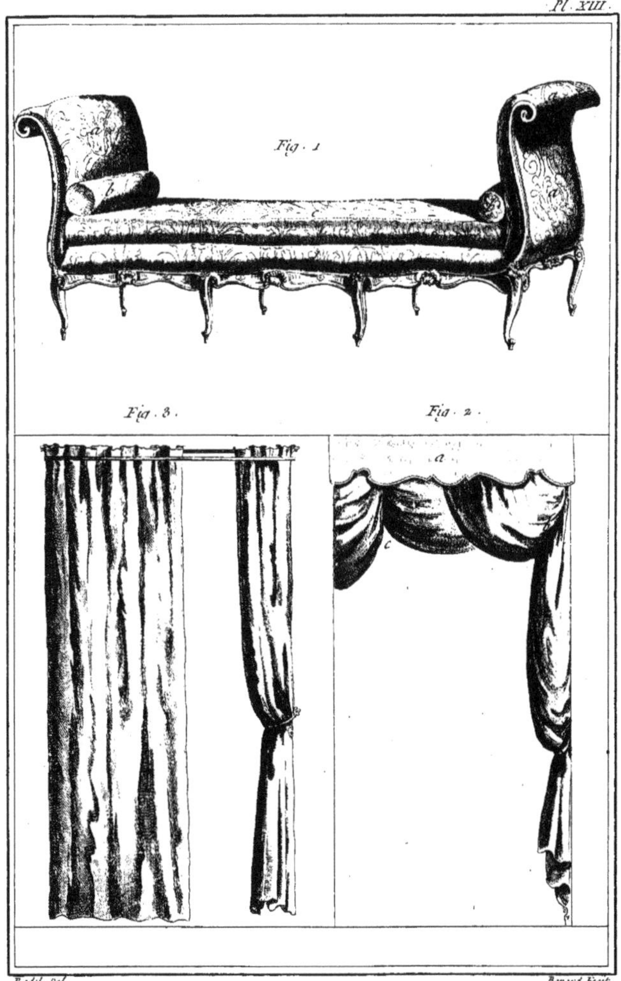

Radel Del.

Benard Fecit

Tapissier, La Turquoise, et différens Rideaux.

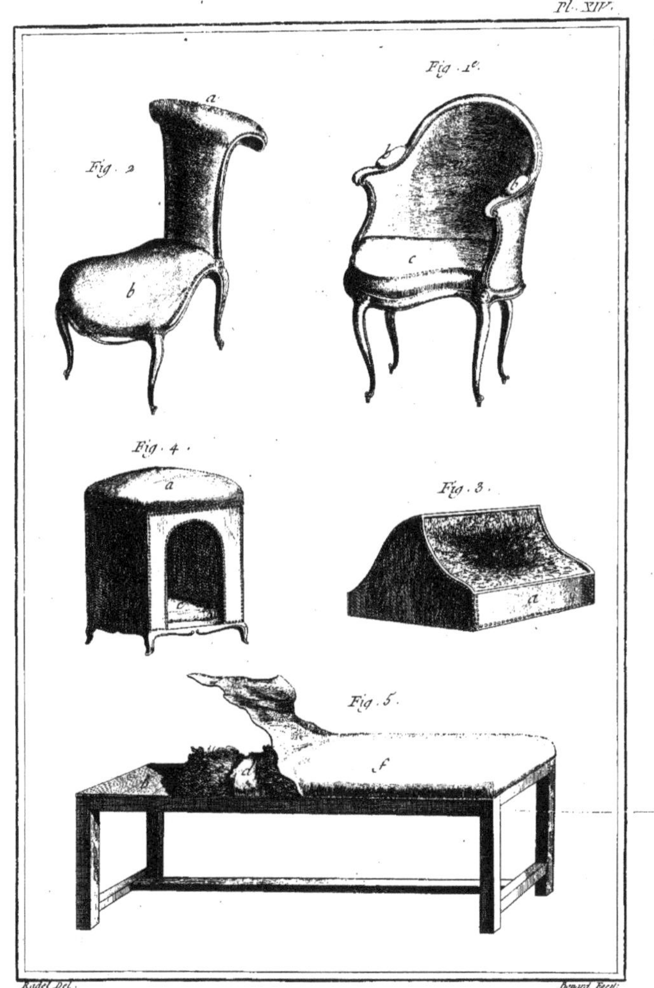

Tapissier, Différens meubles.

TAPISSERIE DE HAUTE-LISSE DES GOBELINS,

CONTENANT treize Planches équivalentes à quinze, à cause de deux doubles.

PLANCHE Ire.

CETTE Planche représente l'intérieur d'un attelier des tapisseries de haute-lisse de la manufacture royale des Gobelins.

Fig. 1. *aaa*, métier tendu avec les ouvriers occupés à travailler par derriere. *b*, planchette pour garantir le faux jour de la terre. *ccc*, grande planche pour empêcher que l'ouvrage ne soit sali. *dd*, rouleaux sur lesquels se roulent les fils nommés *pienes* & l'ouvrage fait. *ee*, tentoir, piece de bois qui sert à bander l'ouvrage. *fff*, cotret, montant qui sert à contenir les rouleaux. *g*, jeune homme occupé à porter des broches pour le changement des couleurs. *h*, ouvrier occupé à nettoyer avec la pince l'ouvrage fait. *i*, ouvrier occupé à bander le tentoir d'en-bas. *l*, ouvrier occupé à bander le tentoir d'en-haut. *m*, ouvrier occupé à chercher dans son coffre les broches de différentes couleurs pour nuancer. n, enfant occupé à porter les écheveaux. *o*, femme occupée à dévider les écheveaux sur les broches. *pp*, rouet. *qq*, étais, pieces de bois qui servent à contenir les métiers.

2. Plan de l'attelier. *aaa*, plan des métiers. *bbb*, plan où l'ouvrier se met pour travailler. *ccc*, croisées pour éclairer les métiers.

PLANCHE II.

Fig. 1. Vue du métier du côté du jour. *aa*, rouleau d'en-bas, sur lequel se roule la tapisserie à mesure qu'elle se finit. *bb*, rouleau d'en-haut, sur lequel sont les pienes qui se déroulent pour fournir à l'ouvrier. c *c*, cotret, piece de bois plate qui sert d'emboîture à la tête des rouleaux. *dd*, socle sur lequel est assemblé le cotret. *eeee*, tête du rouleau qui s'emboîte dans le cotret. *ff*, les tentoirs d'en-haut & d'en-bas pour tourner les rouleaux, afin de bander l'ouvrage. gg, arguillere, corde tournée à la tête du rouleau & au tentoir, pour en faire faire le service. *h*, nervure dans les rouleaux pour placer le verguillon qui est marqué plus en grand dans la *fig.* 3. de cette Planche. Perche de lisse détaillée plus en grand, PL V. marquée *a*.

2. Vue de côté. *aa*, mur derriere le métier, sur lequel s'attache le tableau. *bb*, profil du tableau. *cc*, bâton ou petit rouleau sur lequel est roulé le tableau que l'ouvrier copie. *dd*, perche de lisse. *Voyez* Pl. V. lettre *a*. *e*, arguillier, crochet de fer pour soutenir la perche de lisse, détaillée plus en grand, Pl. IX. *fig.* 4. *ff*, passage de la tête du rouleau dans le cotret. *g*, cotret vu du grand côté. *Voyez fig.* 1. de cette Pl. lettre *c*. *h*, siége sur lequel se met l'ouvrier pour travailler. *i*, socle du cotret vu de côté.

3. Coupe du rouleau en grand pour en voir les détails. *a*, ligne ponctuée qui marque la tête du rouleau qui s'emboîte dans les cotrets. *b*, coupe de la nervure où l'on voit la disposition du verguillon. c, coupe du verguillon passé dans les boucles des fils de piene. *d*, petite broche de fer passée dans le rouleau croisant la nervure pour retenir le verguillon. *eeee*, fil de piene tourné autour du rouleau & retenu par le verguillon.

4. Coupe sur le milieu d'un métier. *aa*, coupe des rouleaux. *b*, corde à bander, à attacher aux deux tentoirs au cotret.

5. Vue du côté où l'ouvrier travaille. *aa*, trou dans le cotret pour mettre les arguilliers. *b*, grande perche de lisse. *c*, petite perche de lisse. *Voyez* Planche IX. *d*, ouvrage sur le métier.

PLANCHE III.

Fig. 1. Service de l'ourdissoir. *aaaa*, fil déroulé des bobines doublé sur l'ourdissoir; ce qui forme la piene composée de huit fils qui divisés en deux, font les croisûres. *b*, piene. *Voyez* l'article ci-dessus pour sa construction. cd, bâton servant de verguillon pour terminer la longueur de la piene qui fait la largeur de la piece. *e*, trou pour disposer les différentes portées des pieces plus ou moins grandes. *f*, talon pour disposer la croisure sur la piece.

2. *a*, piece de bois portant des broches de fer pour retenir les bobines. *bb*, broches de fer.

3. *a*, construction de la tête du rouet pour dévider les écheveaux de laine sur les bobines. *b*, partie de tournette portant les écheveaux.

4. *a*, bobine sur laquelle se mettent les fils de laine pour former les pienes sur l'ourdissoir.

PLANCHE IV.

Service du vautoir. C'est une piece de bois avec des dents de fer espacées également, qui s'emboîtant dans une rainure, fait de deux une égale piece; ce vautoir sert à espacer également les pienes de huit fils, compris les quatre de croisure; & lorsque ces fils sont espacés également, à passer le verguillon du rouleau du haut, afin de le placer dans sa nervure.

Fig. 1. Vue du vautoir en état de recevoir les pienes. *a*, piece de bois avec la rainure pour emboîter les dents de fer. *b*, dent de fer servant à espacer également les piones. *cc*, piece de bois portant les dents de fer. *d*, fer courbé qui est pour traverser la partie supérieure du vautoir, afin d'y placer la petite clavette *e*, pour lier les deux parties du vautoir ensemble. *f*, verguillon passé dans les boucles de piene, prêt à être mis dans la nervure du rouleau haut du métier. g, écheveau de piene prêt à recevoir le verguillon d'en-bas. *hh*, rouleau d'en-bas sur lequel se passe le vautoir pour disposer les pienes.

2. Coupe du vautoir. *a*, piece inférieure portant les dents de fer. *b*, piece de bois supérieure portant la rainure dans laquelle s'emboîtent les dents de fer. *c*, dent de fer. *d*, rainure. *eee*, fer courbé pour recevoir la clavette. *f*, trou dans lequel se met la clavette.

3. *a*, vautoir suspendu pour contenir également les pienes. *bb*, pienes. *cc*, ficelle sur laquelle est suspendu le vautoir. *dd*, boucles de piene, dans lesquelles est passé le verguillon d'en-bas. *ee*, verguillon passé dans les boucles. *ff*, verguillon dans la nervure du rouleau. gg, ficelle de croisure pour écarter la piene en deux, afin de disposer les lisses.

PLANCHE V.

Fig. 1. Construction des lisses, qui sont des ficelles passées derriere les croisures pour les faire avancer, afin de donner le passage aux laines. *a*, perche de lisses pour leur construction. *b*, verguillon passé dans la croisure pour aider à construire les lisses. c, échelete pour borner la longueur des lisses. *d*, vautoir. *Voyez* Pl. IV. *fig.* 1. lettre *a*. *e*, lisse. *f*, las, espece de nœud pour retenir les lisses ensemble. g, ficelle pour former les las. *h*, arguillier. *Voyez* Pl. IX. *fig.* 4. *iii*, trou dans la petite face du cotret pour hausser, baisser les arguilliers. *lll*, piene tendue sur le métier.

2. *a*, échelete, morceau de bois pour terminer la longueur des lisses. *bb*, échancrure circulaire pour appuyer l'échelete sur le verguillon & sur la perche de lisse.

PLANCHE VI.

Fig. 1. *a*, ouvrier occupé à bander le tentoir d'en-haut. *b*, le tentoir.

2. *a*, disposition des pienes sur le rouleau d'en-haut, pour être bandé. *b*, gros clou de fer mis dans les trous de la tête du rouleau pour recevoir le nœud.

c, nœud de l'arguillier diſpoſé pour bander le tentoir d'en-haut. *d*, trou pour recevoir le clou. *e*, nervure pour recevoir le verguillon dans le rouleau.

3. *a*, ouvrier occupé à bander le tentoir d'en-bas pour rouler ſur le rouleau d'en-bas l'ouvrage fait. *b*, tentoir d'en-bas. c, tentoir d'en-haut détendu pour laiſſer faire le ſervice de celui du bas.

4. *a*, diſpoſition de l'ouvrage ſur le rouleau d'en-bas. *b*, nœud de l'arguillier.

PLANCHE VII.

Fig. 1. Métier monté ſelon le projet de ſa nouvelle conſtruction, pour faciliter le bandage des fils ſans courir aucun riſque pour les ouvriers, & avec deux ſeuls hommes. *a*, fils bandés. *bb*, rouleaux d'en-haut & d'en bas, ſur leſquels ſe roulent les fils de piene & l'ouvrage fait. *bb*, cottets ſéparés & aſſemblés pour retenir l'eſſor de la nouvelle jumelle. *cc*, montans pour ſoutenir la porche de liſſe. *d*, perche de liſſe. *ee*, nouvelle jumelle du métier de la haute liſſe. *ff*, mouvement en arrêt dans le cotret pour faire monter & deſcendre plus ou moins la jumelle dans laquelle eſt aſſemblé le rouleau, & par ce moyen bander également les fils. gg, ouvrier occupé à faire tourner la manivelle pour bander les fils.

2. Fer du mouvement. *aa*, bâti de fer qui retient la vis. *bb*, vis en arrêt dans le bâti par la platine. c, platine qui retient la vis dans le bâti de fer. *d*, tête quarrée dans laquelle s'emmanche le mouvement de la manivelle pour faire tourner la vis. *ff*, morceau de fer qui ſoutient à hauteur le bâti de la manivelle dans la rainure du cotret.

3. Développement du mouvement de la manivelle avec ſa roue d'engrenage. *aa*, roue d'engrenage. *b*, manivelle. c, tête de la vis. *d*, morceau de fer tenant enſemble la roue d'engrenage & ajuſté pour emboîter le bâti de la vis & enfiler la tête de ladite vis dans la grande roue d'engrenage pour la faire tourner. *eee*, lignes ponctuées qui deſſinent la forme du bâti de la vis.

4. Jumelle en grand, dans laquelle eſt emboîté le rouleau d'en-bas. *a*, tête du rouleau. *bb*, les deux parties du cotret, dans leſquelles s'emboîte la jumelle. *eee*, bâti de fer qui ſerre les deux parties de la jumelle. *d*, pas de vis pris dans le chaſſis de la jumelle avec ſa vis pour la faire monter ou deſcendre à volonté.

PLANCHE VIII.

Fig. 1. *a*, rouet pour dévider les ſoies & laines ſur les petites bobines. *b*, petite bobine recevant le fil de l'écheveau.

2. *a*, deux petites tournettes portant l'écheveau.

3. *a*, rouet à mettre les laines ſur les broches. *b*, broche recevant la laine de l'écheveau. c, pomme percée à la tête du rouet, dans laquelle ſe met la pointe de la broche pour la faire tourner.

4. *a*, grande tournette pour mettre l'écheveau. *b*, pié de la tournette où ſont des fers pour lever les petites bobines & dévider ſur les broches.

PLANCHE IX.

Fig. 1. Vue du métier du côté où les ouvriers travaillent, avec l'attitude d'un ouvrier dans la diſpoſition de travailler. *a*, maniere de tenir la broche pour la paſſer dans les croiſures. *b*, grande perche de liſſe. *ccc*, petites perches de liſſe ſuſpendues au grand pas des écheveaux de laine pour baiſſer les liſſes à la portée de l'ouvrier. *dddd*, cordage pour attacher au mur & aux petites perches de liſſe pour les tenir. *eee*, liſſes. *f*, bâton de croiſure. g, ficelle de croiſure. h, chaîne, ficelle croiſée pour contenir les picoes. *i*. *Voyez* la *fig.* 4. de cette Planche. *l*, planche inclinée pour parer le faux jour de la tête à la vue de l'ouvrier. *m*, tapiſſerie de haute liſſe ſur le métier. n, broche portant différentes couleurs de laine pour nuancer les figures. *o*, peigne. *Voyez* Planche XIII. *fig.* 4.

2. *a*, platine pour travailler à la chandelle. *b*, chandelle. *c*, couverture de fer-blanc pour empêcher la fumée d'incommoder l'ouvrier. d, crochet pour accrocher ladite platine à la boutonniere de l'habit des ouvriers.

3. *a*, ſiége conſtruit pour aſſeoir l'ouvrier à différentes hauteurs. *b*, rehauſſe.

4. *a*, arguillier, grand crochet de fer qui ſe met dans les trous des cotrets pour ſoutenir les perches de liſſe. *b*, petit trou dans l'arguillier pour des chevilles de fer, pour contenir l'écartement de la perche de liſſe.

PLANCHE X.

Fig. 1. Service de la broche. *a*, tirée des liſſes pour paſſer la broche dans les croiſures. *b*, ſervice de la pointe de la broche pour ſerrer les laines. *c*, perche de liſſe. *d*, bâton de croiſure. *e*, liſſe. *fff*, piene. g, g, broches pour les laines de différentes couleurs. *hh*, tapiſſerie.

2. *a*, repaſſage de la broche dans les croiſures ſans la fonction des liſſes, où l'ouvrier ne fait que paſſer la main dans les croiſures pour en mieux faciliter le paſſage. *b*, liſſe. c, piene. *d*, tapiſſerie. *e*, broches de différentes couleurs.

PLANCHE XI.

Fig. 1. *a*, ouvrier occupé à tracer un calque de tête ſur chaque fil de piene avec de la pierre noire. *b*, calque du tableau. c, baguette pour retenir le calque derriere les fils. *d*, broches de différentes couleurs. *e*, tapiſſerie. *f*, piene. g, liſſe.

2. *a*, ouvrier occupé à tirer à lui tous les fils de piene pour ſerrer définitivement les laines avec le peigne. *b*, peigne. *Voyez* Planche XIII. *figure* 4. c piene. *d*, opération du peigne. *e*, broches de différentes couleurs. *f*, tapiſſerie.

PLANCHE XII.

Fig. 1. *a*, ouvrier occupé à nettoyer le devant de la tapiſſerie pour en ôter les petits bouts de laine. *b*, pince. *Voyez la figure ſuivante.* *c*, piene. *d*, bâton de croiſure. *e*, tapiſſerie vue par-devant.

2. *a*, pince de fer ſervant à ôter toutes les petites laines inutiles.

3. *a*, relais, ouverture qui laiſſe les chaînes de deux couleurs montant d'à-plomb. *b*, ouvrier occupé à reprendre les relais. *c*, tapiſſerie vue par-derriere.

4. *a*, las formé pour la repriſe des relais. *b*, relais.

PLANCHE XIII.

Fig. 1. Diſpoſition d'une tapiſſerie à moitié faite ſur ſon métier vue par-devant. *a*, piece de ſerge pour couvrir les pienes ſur le rouleau. *b*, chaîne formée avec de la ficelle pour contenir également la piene. c, ficelle de croiſure. *ddd*, bâton de croiſure. *eee*, liſſe. *Voyez* Planche V. *fig.* 1. *fff*, broche. *Voyez* la *fig.* 5. de cette Planche. ggg, peigne. *Voyez* la *fig.* 4. de cette Planche. *h*, petit morceau de ſerge que l'on attache avec des épingles pour les empêcher d'être gâtées. *i*, planche pour garantir le faux jour. *l*, grande planche pour garantir l'ouvrage fait ſur le rouleau.

2. *a*, coupe du bâton de croiſure & de la croiſure même. *b*, croiſure. c, liſſe.

3. Chaine que forment les laines autour des pienes & des croiſures pour faire la tapiſſerie. *a*, piene. *b*, laine.

4. *a*, peigne d'ivoire pour ſerrer les laines & pour terminer entierement la tapiſſerie. *b*, dent du peigne.

5. *a*, broche ſur laquelle on met les laines de différentes couleurs pour paſſer dans la croiſure, afin de former les chaînes de la tapiſſerie. *b*, pointe de la broche pour ſerrer les laines. c, partie de la broche où l'on met la laine. *d*, tête de la broche.

Radel Del.   Benard Fecit

Tapisserie de Haute Lisse des Gobelins, Plan et Perspective de l'Attelier, des Metiers, et differentes Opérations.

Radel Del. Benard Fecit

Tapisserie de Haute Lisse des Gobelins,

Proportions Géometralles des Metiers.

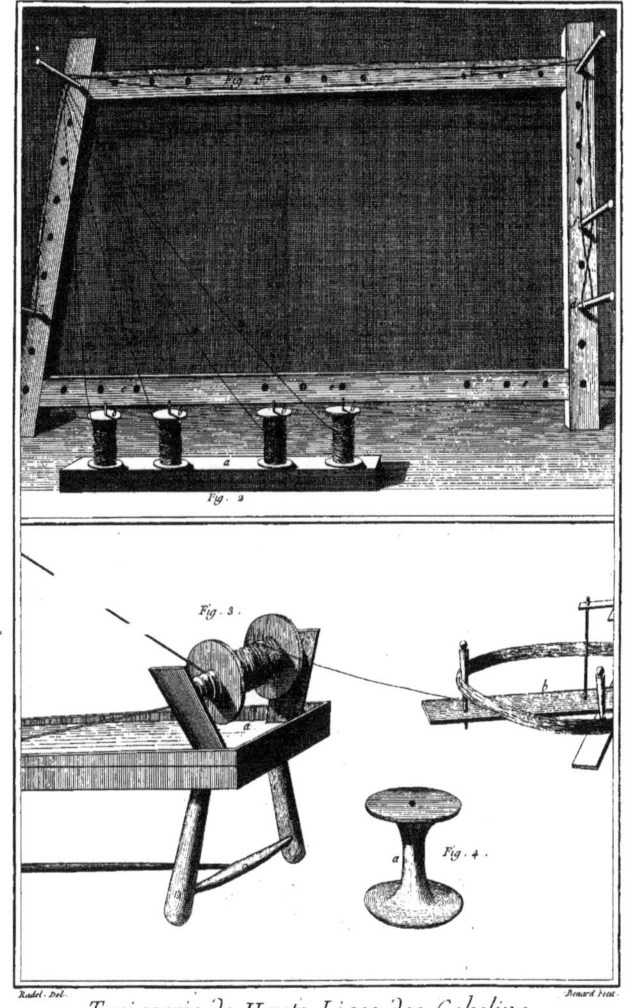

Radel. Del. Benard Fecit.

Tapisserie de Haute Lisse des Gobelins,

Service de l'Ourdissoir.

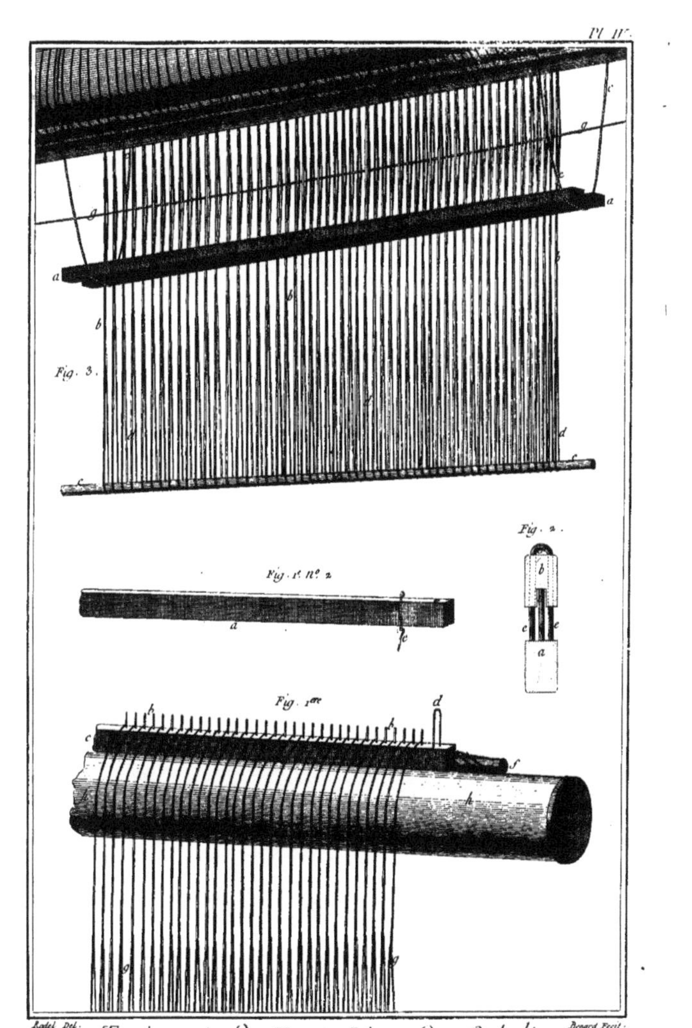

Radel Del. Benard Fecit.

Tapisserie de Haute Lisse des Gobelins,

Service du Vautoir.

Pl. V.

Radel Del. Benard Fecit

Tapisserie de Haute Lisse des Gobelins,

Construction des Lisses.

Radel Del. Benard Fecit

Tapisserie de Haute Lisse des Gobelins,

Service des Tentoirs

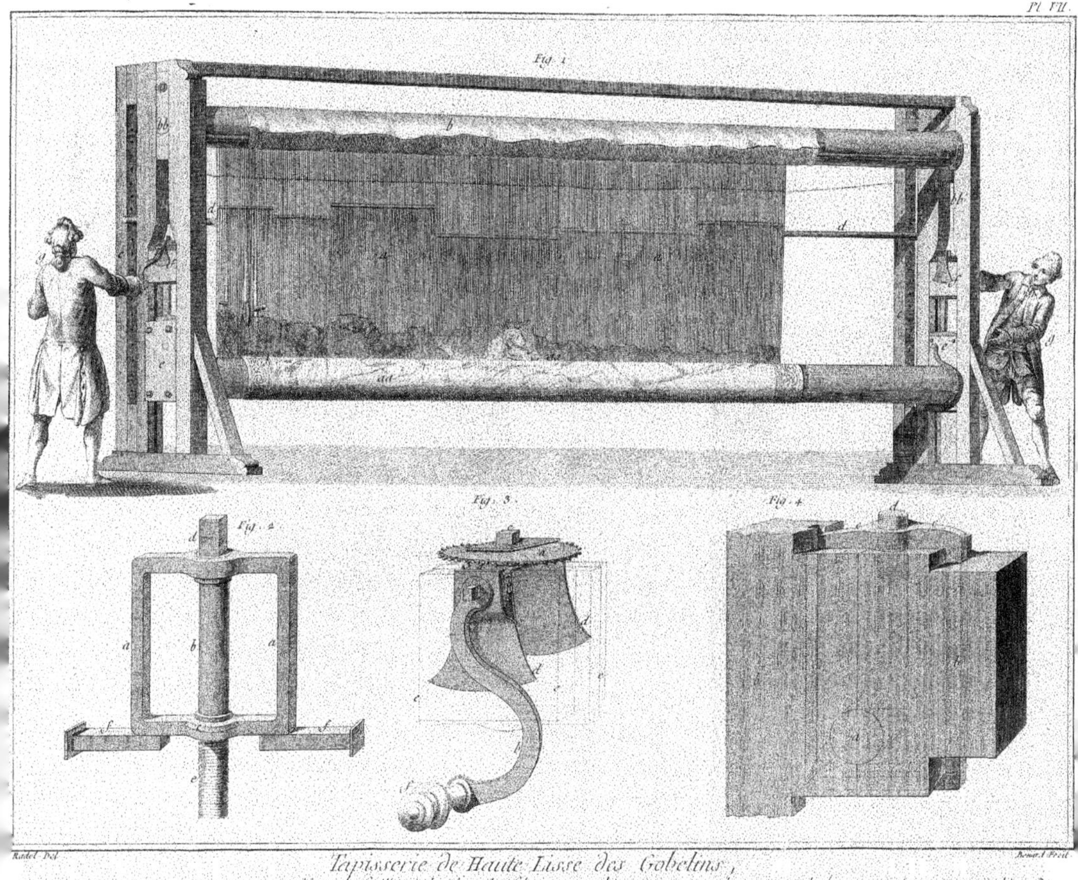

Radel Del. Benard Fecit.

Tapisserie de Haute Lisse des Gobelins,

Vue du Metier monté avec la nouvelle Machine pour faciliter le bandage des fils et avec deux Hommes seulement. Développement de cette Machine.

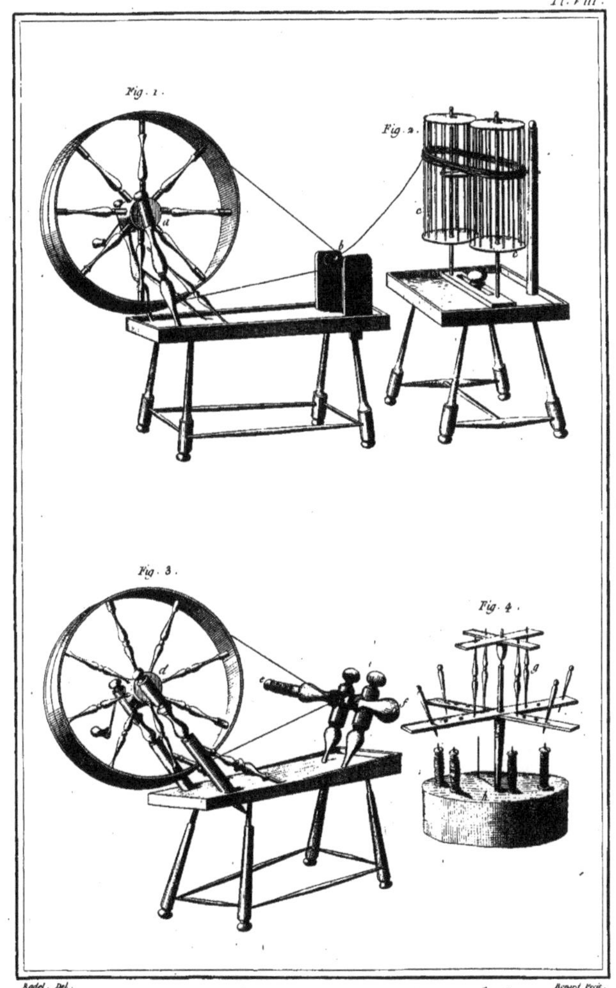

Radel. Del. Benard Fecit.

Tapisserie de Haute Lisse des Gobelins,
Rouets pour les Laines et les Soyes

Radel Del. Benard Fecit

Tapisserie de Haute Lisse des Gobelins.

Attitude de l'Ouvrier pour commencer l'Ouvrage.

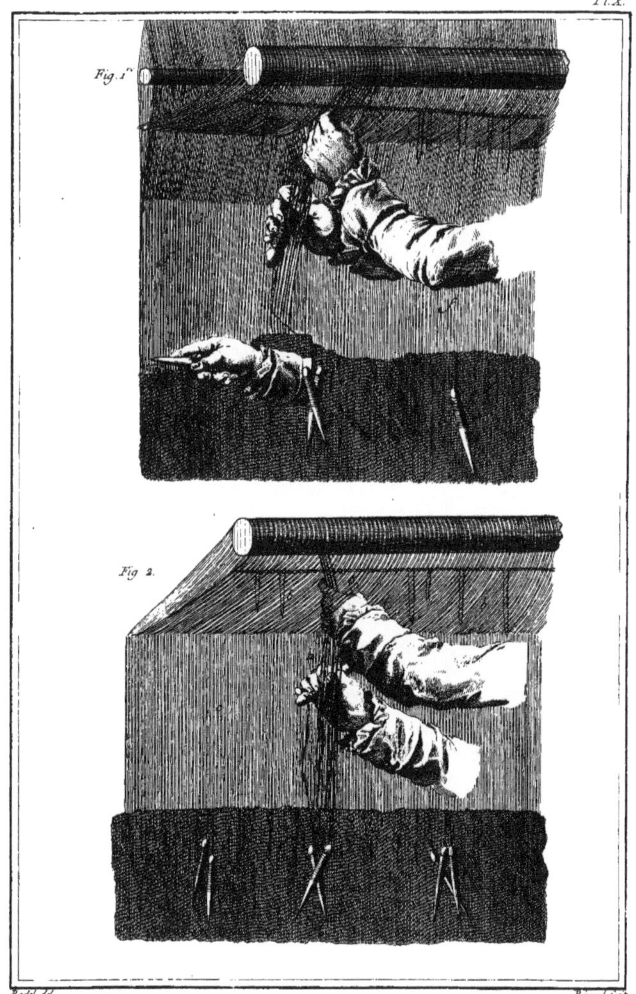

Radel del. Benard fecit

Tapisserie de Haute Lisse des Gobelins.

Service de la Broche.

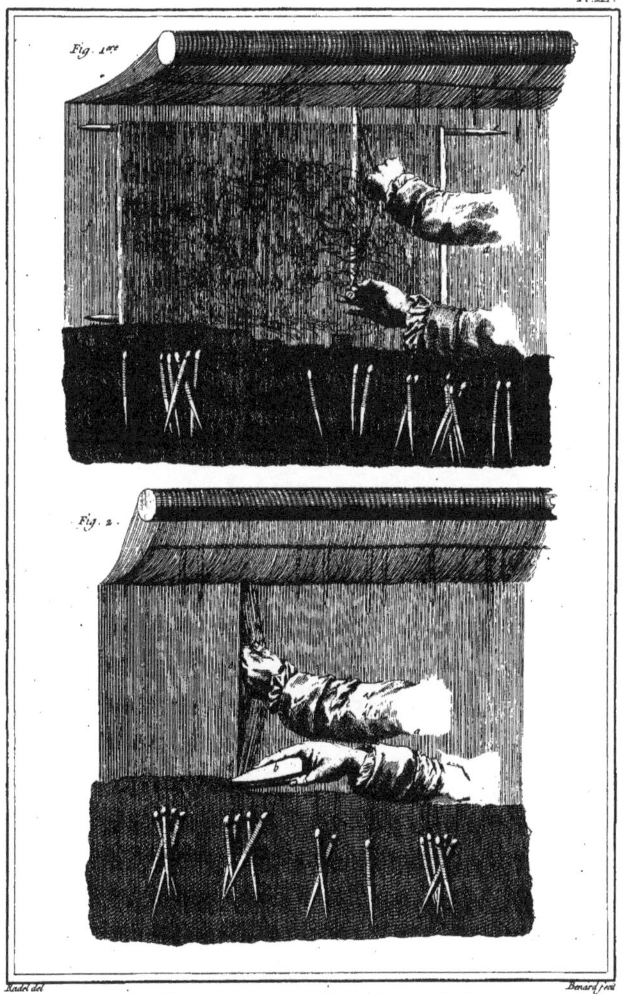

Radel del. Benard fecit

Tapisserie de Haute Lisse des Gobelins.

Tracé du Dessein et Service du Peigne.

Radel Del. Benard Fecit.

Tapisserie de Haute Lisse des Gobelins, Service de la Pince et de l'Equille.

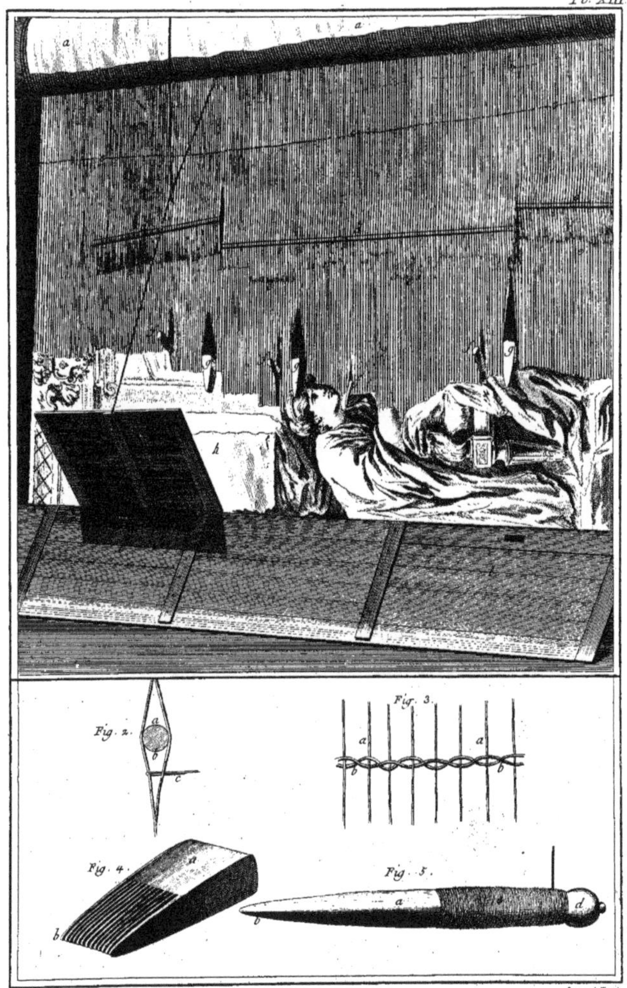

Radel Del | Benard Fecit.

Tapisserie de Haute Lisse des Gobelins.

Disposition d'une partie de Tapisserie faite à moitié et vue sur le Metier par devant.

TAPISSERIE DE BASSE-LISSE DES GOBELINS,

CONTENANT dix-huit Planches équivalentes à vingt-trois, à cause de cinq Planches doubles.

PLANCHE 1ere.

Proportion des métiers détaillée avec toutes les opérations des ouvriers pour faire la tapisserie de basse-lisse.

CETTE Planche représente l'intérieur d'un métier de basse-lisse avec différentes opérations des ouvriers.

aaa, ouvriers occupés à travailler. *b*, ouvrier dévidant des écheveaux de laine de couleurs sur les flûtes. *c*, ouvrier calquant les tableaux, lesquels calques servent à diriger les ouvriers dans le dessein de leurs ouvrages. *d*, ouvrier faisant le service de bander les fils en tournant la vis de la jumelle. *e*, tambour ou tableau roulé sur deux rouleaux & retenu par une crémaillere. *ff*, ouvrier cherchant à assortir les couleurs. g, cabinet pour serrer les laines de couleurs, soies & autres parties nécessaires à l'ouvrage. *h*, grande perche suspendue au plancher par deux poulies pour voir les pieces terminées. *i*, planche sur laquelle se mettent les ouvriers pour choisir les couleurs. *l*, grand crochet de bois en saillie pour soutenir les rouleaux & perche inutile. *m*, armoire pour serrer les couleurs.

PLANCHE II.

Fig. 1. Plan d'un métier de la nouvelle construction par M. de Vaucanson. *aa*, rouleau sur lequel se roulent les fils & l'ouvrage fait. *bb*, nervure dans laquelle on met le verguillon qui retient les boucles des fils. *c*, table sur laquelle on met les calques pour voir au-travers les fils & pour en suivre le trait. *d*, calque (est un trait fait à l'encre & les autres masses au pinceau & rehaussé de blanc) servant de conduite à l'ouvrier pour le dessein; le calque est fait sur le tableau original que l'on coupoit anciennement par bandes pour guider l'ouvrier dans son ouvrage; sans comprendre le désagrément qu'il y avoit de perdre le tableau pour faire une seule tapisserie, il y avoit encore celui de voir les objets de droite à gauche; comme, par exemple, des ombres contraires, le service que les figures faisoient de leur main gauche en place de leur main droite, des épées portées à droite, *&c.* & une quantité d'autres choses ridicules dans la basse-lisse, qui en faisoient la différence de la haute, que M. Nilson a évitées par tous les changemens qu'il a faits dans ce nouveau métier depuis l'année 1750. *e*, toile cirée de couleur petit gris pour donner plus d'effet au calque que l'on met sans-dessus-dessous sur ladite toile, afin que le derriere du calque qui fait contre-preuve, donne le sens droit à la tapisserie, & donne l'effet qui regne naturellement sur le tableau. *ff*, laguer sur lequel se pose la table qui est attachée & posée sur le rouleau par une courroie & une boucle. *ggg*, bâti du métier. *hh*, marche que les ouvriers font mouvoir avec les piés pour faire lever la croisure.

2. Métier géométral vu de côté, où l'ouvrier travaille. *aaaa*, bâti du métier dont la piece supérieure sert à appuyer le siége de l'ouvrier. *b*, rouleau sur lequel se roule l'ouvrage fait. *c*, nervure. *dd*, montant servant à porter la camperche. *e*, camperche sur laquelle s'attachent les sautriaux. *fff*, sautriaux détaillés en grand & avec les poulies de changement.

PLANCHE III.

Fig. 1. Métier du côté de la jumelle. *aaaa*, bâti du métier. *b*, rouleau sur lequel sautent les fils. *c*, montant servant à porter la camperche. *d*, camperche. *ee*, sautriaux.

2. Métier vu de côté. *aaaa*, bâti du métier nommé par les Flamans *le roure*. *bb*, cotter qui sert à emboiter les tourillons des rouleaux. *c*, montant servant à porter le gousset de la camperche. *d*, gousset de la camperche. *e*, piece de bois servant à contenir le tourillon du rouleau dans la jumelle.

3. Coupe sur la largeur du métier. *aa*, coupe des rouleaux. *b*, cheville servant d'ais au rouleau emboîté dans les cotrets pour la tourner & voir au travers de l'ouvrage. *c*, coupe de la camperche avec la rainure dans le gousset pour emboîter la cheville qui lui sert de guide.

4. Coupe du correr pris la ligne *ab* de la *fig.* 6. *aa*, assemblage des morceaux de bois qui servent de supports pour l'axe des cotrets.

5. Coupe du rouleau & son emboîture dans la jumelle.

6. Coupe sur le milieu des épaisseurs du cotret pris sur la jumelle. *a*, tourillon du rouleau. *bb*, morceau de bois servant à contenir le tourillon. *cc*, encadrure de fer pour ceindre toutes les parties du rouleau & le faire mouvoir, dans lequel se trouve le pas de vis pour le faire mouvoir. *dd*, cheville de fer pour servir d'arrêt à la jumelle. *e*, grande équerre de fer à la tête du rouleau pour emboîter la vis.

7. Fer courbé qui sert étant attaché au cotret par une vis & ceignant le rouleau, à mettre une cheville de fer dans le trou dont il est percé & répété à un cercle de fer qui ceint la tête du rouleau à le retenir pour l'empêcher de se débander. *a*, trou pour mettre les chevilles de fer. *b*, autre trou pour mettre la cheville de fer & l'attacher au cotter.

8. Plan & proportion du siége pour asseoir l'ouvrier.

9. Coupe du même banc.

PLANCHE IV.

Fig. 1. Coupe de la vis de la jumelle en grand. *a*, vis. *bb*, fer qui emboîte, la vis est percée de grandeur pour laisser passer l'arrêt de la vis. *cc*, platine de fer qui sert d'arrêt à la vis. *dd*, arrêt de la vis sur la platine. *ee*, fer qui s'engraine dans le pas de vis. *f*, aucan pour faire toucher la vis.

2. Vue sur le côté de la vis de la jumelle. *a*, pas de vis de la jumelle. *bb*, fers qui contiennent la jumelle. *cc*, partie de la platine chevillée sur le fer qui contient la jumelle.

3. Vue de la tête de la vis. *a*, fer d'arrêt. *b*, tête de la vis.

4. Platine seule. Cette platine se met entre l'arrêt de la vis & le fer qui sert à la recevoir pour contenir l'arrêt de la vis immobile contre la platine, & faisant tourner cette même vis, fait avancer ou reculer le grand écrou qui ceint toutes les parties du tourillon qui étant répété aux deux bouts du rouleau autour duquel les fils sont tournés, le font avancer ou reculer également, & bande fortement & avec beaucoup plus de sureté l'ouvrage, même pour les ouvriers qui risqueroient à tout instant d'être blessés. *a*, ligne ponctuée qui marque l'arrêt de la vis.

5. Clé à vis dont les ouvriers se servent pour bander l'ouvrage, en faisant tourner avec la queue de ladite clé dans l'anneau qui est à la tête de la vis, font avancer ou reculer la jumelle autant qu'ils le jugent à propos. *a*, queue de la clé à vis. *bb*,

anneau de la clé à vis qui ſert à tontes les vis qui lient le bâti de charpente du métier.

PLANCHE V.

Fig. 1. Plan du petit métier pour les jeunes éleves. *a a*, cotret qui contient les tourillons des rouleaux. *b b*, tringle de fer qui lie les cotrets & les empêche de s'écarter. *c c*, rouleaux avec leur nervure. *d d*, montant pour porter la camperche. *e e*, montant pour porter toute la partie ſupérieure du métier qui eſt attachée par deux vis qui ſervent d'axe pour tourner le métier & voir au travers de l'ouvrage. *f*, nervure pour placer le verguillon. *g*, table pour tenir le calque qui ſert pour guider le deſſein de l'éleve. *Voyez* Pl. II. lettre *d*. *h*, calque. *Voyez* Pl. lettre *d*. *i*, marche. *Voyez* Pl. II. lettre *m*. *l*, ſiége pour aſſeoir les jeunes éleves.

2. Elévation géométrale du métier des jeunes éleves vue du côté du ſiége. *a*, rouleau pour l'ouvrage fait. *b b*, cottet qui contient le tourillon du rouleau. *c c*, montant qui ſert à porter la cheville pour tourner le métier. *d d*, pié du métier. *e e*, montant de camperche. *ff*, camperche pour porter la poulie. *g g g*, poulies qui font le ſervice des ſautriaux. *h*, élevation du ſiége par-derriere.

PLANCHE VI.

Fig. 1. Elévation du métier du côté de la jumelle. *Voyez* ci-deſſus, *fig.* 2.

2. Vue en perſpective de la partie du cotret, qui porte la jumelle. *a*, *voyez* le détail de la jumelle, Pl. IV. & ſon ſervice. *b*, vis de la jumelle. *c*, tête de la vis de la jumelle. *d*, plaque de fer qui ſert d'arrêt à la vis de la jumelle, & aſſemblée aux tringles de fer qui empêchent d'écarter le cotret. *e*, rouleau. *f*, nervure dans laquelle ſe mettent les deux arguillons. g, pié du métier qui tient par une cheville au cotret, & qui ſe couche ſur le cotret même, quand on veut tourner le métier pour voir au-travers de l'ouvrage.

3. Détail de l'arrêt du rouleau du petit métier. *a*, cotret dans lequel eſt emboîté le tourillon du rouleau. *b*, rouleau. *c*, cheville de fer un peu courbée paſſée dans un trou du correr, dont la courbe eſt faite pour recevoir la cheville qui ſert d'arrêt au rouleau. *d*, cheville d'arrêt du rouleau. *f*, cercle de fer pour ceindre la tête du rouleau, & percé pour recevoir la cheville d'arrêt. g, nervure.

PLANCHE VII.

Fig. 1. Métier vu de côté. *a*, emboîture de la jumelle. *b*, cotret dans lequel s'emboîtent les tourillons des rouleaux. *c*, montant des camperches. *d*, montant de la cheville pour tourner le métier. *e*, pié du métier. *f*, ſiége. g, tourillon du rouleau. *h*, tête de la cheville qui ſert à tourner le métier. *i*, grand crochet de fer pour contenir les piés du métier.

2. Coupe géométrale du métier des jeunes éleves. *a*, coupe du rouleau. *b*, coupe de la camperche avec la maniere dont eſt arrêtée la poulie. *c*, écrou de la vis qui ſert de ceintre à faire tourner le métier. *d*, morceau de bois que l'on tourne pour ſoutenir la table du calque. *e*, coupe du ſiége des éleves. *f*, trou dans un montant des liéges pour mettre un boulon de fer & ſoutenir la marche à la hauteur proportionnée à la grandeur des éleves. g, marche poſée & arrêtée ſur le boulon par un piton.

PLANCHE VIII.

Fig. 1. Ancienne maniere de bander avec le tentoir les rouleaux du métier, ce qui ne ſe faiſoit qu'à un des bouts du métier, & faiſoit tordre le rouleau & bander l'ouvrage inégalement & au riſque de tuer ou bleſſer journellement les ouvriers par la rupture des cordes & la détention du tentoir. *a a a a*, rome ou bâti du métier. *b b*, arguillier, corde qui retient en arrêt les rouleaux au rome & à l'arguillier. c, tentoir. *d*, corde à bander le tentoit qui eſt arrêté à la piece ſupérieure du rome. *e*, cheville du tentoir. *f*, cheville de fer des rouleaux pour arrêter les arguilliers. gg, rouleau. *h*, havreſteque, morceau de bois qui ſert d'arrêt au rouleau.

PLANCHE IX.

Fig. 1. Proportion & ſervice de l'ourdiſſoir. *a a a a a*, trous qui ſervent à placer les bâtons pour ſermer les croiſures & la boucle des verguillons; chaque entre deux de trous eſt écarté de ſix pouces ſix lignes; cet écartement ſe nomme *bâton* qui eſt la meſure flamande. Ainſi en ourdiſſant les fils, on peut donner plus ou moins de grandeur en doublant les bâtons pour leur faire faire plus de chemin ſur l'ourdiſſoir. *b b*, bâtons pour former la boucle du verguillon. *c*, bâton pour former les croiſures. *d d d d*, bâton d'écartement pour grandir plus ou moins l'ourdiſſage des fils pour donner à la piece plus ou moins de bâton ou meſure flamande. *e e*, fils au nombre de ſept, qui doublés pour faire la croiſure, en font quatorze. *f*, fer à porter les bobines ſur leſquelles ſont les fils pour l'ourdiſſage.

2. Cuivre, c'eſt un morceau de cuivre fondu, aux extrémités duquel ſont deux poignées pour donner à l'ourdiſſoir la facilité de s'en ſervir; ce cuivre eſt percé par quatre fentes & cinq trous pour laiſſer un libre paſſage aux fils des croiſures, & pour ourdir avec beaucoup plus de promptitude & de juſteſſe. *a a*, cuivre. *b b*, poignée. *c c*, fente pour le paſſage des fils. *d d d d d*, trous pour le paſſage des fils.

PLANCHE X.

Fig. 1. Perſpective du petit rateau ou vautoir, qui ſert à paſſer les fils de croiſure d'un rouleau à l'autre également pour les tendre. *Voyez-en* le ſervice, Pl. X. Ce petit rateau ſert pour le paſſage du métier des éleves, & s'alonge par le moyen des vis & du trou pour ſervir au petit métier plus ou moins large. *a a*, cotret qui ſert d'appui au vautoir. *b*, morceau de bois qui ſert à aſſembler les deux parties du vautoir. *c*, coin qui ſert à ſerrer la partie inférieure qui porte les dents du vautoir. *d d*, tête des vis qui ſert à alonger le vautoir. *e e*, trous pour mettre les vis.

2. Coupe géométrale du vautoir. *a a*, coupe de morceau de bois ſupérieur qui porte la rainure pour recevoir les dents. *b b*, morceau de bois inférieur qui porte les dents. c, coin qui ſert à joindre les deux parties enſemble. *d d*, têtes des vis qui ſervent à alonger le rateau. *e e*, écrous des vis.

3. & 4. Proportions géométrales vues de face du vautoir au rateau. *a*, piece ſupérieure du rateau renverſée pour laiſſer voir la rainure. *b*, piece inférieure du rateau avec la proportion de l'écartement de ſes dents. *c c*, dents du rateau; chaque entre-deux de dent du rateau ou vautoir contient quatorze fils, compris les ſept de croiſure. Il faut douze entre-deux de dent pour la longueur du bâton de ſix pouces ſix lignes qui eſt la meſure flamande.

PLANCHE XI.

Fig. 1. Grand rateau ou vautoir du grand métier en place avec l'opération des fils de croiſure entre chaque dent. *Voyez* la conſtruction à la Planche X. *a a a*, rateau en place ſur les cotrets. *b b b*, dents du rateau. *c c c*, fil de croiſure paſſant entre les dents du rateau. *d*, verguillon dedans ſa nervure qui retient les boucles des fils. *eee*, cheville de fer qui retient le verguillon dans la nervure. *f*, nervure dans le rouleau pour placer le verguillon. g, cercle de fer percé pour retenir la cheville d'arrêt du rouleau. *h*, cotrer dans lequel s'emboîtent les tourillons des rouleaux, & ſur lequel ſont appuyées les extrémités du rateau ou vautoir. *ii*, les rouleaux. *l*, téte de la vis pour tourner le métier. *m*, la jumelle vue en perſpective. n, bâti du métier pour appuyer la jumelle.

PLANCHE XII.

Fig. 1, *a*, camperche pour attacher les courroies des ſaûtriaux. *bbbb*, courroies des ſautriaux. c c, ſautriaux où ſont attachées les ficelles qui font mouvoir les lames. *dd*, poulies que l'on a ſubſtituées à la place des ſautriaux pour faciliter l'ouvrage. *eee*, cordes avec crochet de fer pour faire lever & bailler les lames. *fff*, bâton de lame. *gg*, lame. *Voyez* leurs conſtructions à la Planche ſuivante. *h*, fil.

PLANCHE XIII.

Fig. 1. Conſtruction des lames; ce font des fils croiſés attachés avec chacun un las autour d'un bâton, deſſus lequel eſt un fil échappé qui paſſe par-deſſus ſept nœuds, diſtingue les fils de croiſure, comme l'on peut voir par cette figure. *aaaa*, bâtons de lame ſur leſquels ſont formés les ſept las qui attachent les lames. *bbbb*, lames au nombre de ſept, qui croiſées dans le milieu & enveloppant les fils ourdis au nombre de ſept, forment les croiſures pour laiſſer le paſſage de la flûte. *cc*, maniere dont ſont gripés les fils pour former les croiſures. *ddd*, fils de croiſure. *ee*, fils reſſautés pour marquer le nombre des ſept las pour diſtinguer les croiſures. *ff*, ficelle de la marche que l'ouvrier fait mouvoir pour faire croiſer. gg, ficelle attachée aux ſautriaux.

PLANCHE XIV.

Fig. 1. Détail ou rouet à dévider les laines ſur les petites bobînes & deſſus les flûtes. *a*, roue du rouet. *b*, planche ſur laquelle ſont aſſemblées toutes les parties du rouet. *c*, tête du rouet. *d*, fer ſur lequel ſe met la bobine pour dévider les laines qu'elles contiennent ſur la flûte. *e*, tournette pour mettre les écheveaux à dévider ſur les flûtes. *f*, écheveaux ſur la tournette. *g*, bâton fait pour retenir les écheveaux ſur les tournettes.

2. Petite bobine à laine.
3. Flûte, eſpece de bobine pour paſſer les laines de couleur dans les croiſures & former le tiſſu.
4. Partie de la tête du rouet grande comme nature, qui eſt une eſpece de petite cuvette en fer pour contenir la flûte ſur le rouet. *a*, fer ſur lequel eſt formée la cuvette. *b*, cuvette. *c*, vis pour reculer la cuvette & ôter la flûte.
5. Autre partie de la tête du rouet, qui eſt une eſpece de crapaudine en fer qui eſt forgée à l'axe de la noix, & eſt faite pour griper par le moyen de la cuvette & de ſes dents la tête de la flûte & la faire tourner pour recevoir les laines. *a*, noix du rouet. *b*, axe de la noix. c, crapaudine. *d*, dent de la crapaudine.

PLANCHE XV.

Fig. 1. La paſſée de la flûte dans les fils de croiſure. *aaa*, paquet de flûte de différentes couleurs.

2. Repaſſée de la flûte dans les fils de croiſure. *aa*, flûte de différentes couleurs.

PLANCHE XVI.

Fig. 1. Ouvrier ſe ſervant de l'ongle pour commencer à ſerrer deux ou trois fils de couleur pour les nuancer.

2. Grattoir en ivoire pour commencer à ſerrer une plus grande quantité de laine de couleur pour les nuancer.
3. Peigne double pour terminer de ſerrer tout-à-fait l'ouvrage.
4. Ouvrier terminant de ſerrer l'ouvrage tout-à-fait avec le peigne. *aa*, flûtes de différentes couleurs pour le nuancer. *b*, petite bobine de laine.

PLANCHE XVII.

Fig. 1. Ouvrier occupé à reprendre le relais qui eſt une fente que laiſſe l'entre-deux de deux couleurs.

2. Ouvrier occupé à former le las qui eſt le nœud qui joint les couleurs.

PLANCHE XVIII.

Fig. 1. *a*, ouvrier qui travaille à la lumiere. *b*, ſerge pour empêcher l'ouvrage d'être ſali. *c*, flûtes de couleurs. *d*, banc de l'ouvrier. *e*, ouvrage. *f*, fil de croiſure. *g*, lame pour lever les croiſures. *h*, ſautriaux. *iii*, courroie pour retenir les ſautriaux. *l*, camperche. *m*, queſcorde, c'eſt une ficelle que les ouvriers attachent des deux côtés du métier pour retenir le havreſteque. n, havreſteque, c'eſt un morceau de bois avec des dents pour retenir & éloigner plus ou moins la petite échelle. *o*, petite échelle qui ſert à élever plus ou moins la platine. *p*, platine ou plaque de fer-blanc pour travailler de nuit. *q*, bâton paſſé dans les courroies des ſautriaux pour tenir le havreſteque.

Lightning Source UK Ltd.
Milton Keynes UK
UKHW011500220119
335966UK00007B/300/P

9 780332 064758